工业锅炉原理与应用

王锁芳　梁晓迪　编著

U0380130

东南大学出版社
SOUTHEAST UNIVERSITY PRESS
·南京·

内 容 提 要

工业锅炉原理与应用是一门传统学科,全书分为 12 章,较为系统地阐述了工业锅炉的种类、锅炉燃料和燃烧的计算、工业锅炉的燃烧设备、锅炉水循环及汽水分离、锅炉本体热力计算、烟风阻力计算、锅炉受压元件强度计算、工业锅炉水处理与蒸汽的净化、工业锅炉除尘与脱硫脱硝等技术、工业锅炉的自动调节和微机控制、工业锅炉的节能与环保措施。

本书内容紧跟国家政策,介绍了锅炉行业最新标准与规范规则,同时介绍了国内外近年来最新的研究成果及相关技术。本书可作为高等学校有关课程的教材或教学参考书,也可作为工业锅炉相关从业人员的参考资料。

图书在版编目(CIP)数据

工业锅炉原理与应用 / 王锁芳,梁晓迪编著. —南京:东南大学出版社,2023.12
ISBN 978-7-5766-0580-8

Ⅰ. ①工… Ⅱ. ①王… ②梁… Ⅲ. ①工业锅炉—研究 Ⅳ. ①TK229

中国版本图书馆 CIP 数据核字(2022)第 249700 号

责任编辑:弓 佩　　责任校对:咸玉芳
封面设计:顾晓阳　　责任印制:周荣虎

工业锅炉原理与应用
Gongye Guolu Yuanli Yu Yingyong

编 著:	王锁芳 梁晓迪
出版发行:	东南大学出版社
出 版 人:	白云飞
社 址:	南京市四牌楼 2 号　邮编:210096
网 址:	http://www.seupress.com
经 销:	全国各地新华书店
印 刷:	广东虎彩云印刷有限公司
排 版:	南京文脉图文设计制作有限公司
开 本:	700 mm×1000 mm　1/16
印 张:	22.5
字 数:	404 千字
版 次:	2023 年 12 月第 1 版
印 次:	2023 年 12 月第 1 次印刷
书 号:	ISBN 978-7-5766-0580-8
定 价:	68.00 元

前　言

　　能源是指自然界中能够转换成热能、光能、电能和机械能等的自然资源，并可为人类的生产和生活等提供各种能量和动力的物质资源，是国民经济的重要物质基础，与人类社会的发展息息相关。能源的开发和有效利用程度以及人均消费量是衡量生产技术和生活水平的重要标志。锅炉是一种把煤炭、石油或天然气等能源储藏的化学能转化为水或水蒸气的热能的能源转换与利用设备。从蒸汽的应用方向来看，可将锅炉分为两大类：一类是用于动力、发电方面的锅炉，称为动力锅炉；另一类是用于工业生产中加热、蒸煮、干燥，或厂房及生活用房的采暖和热水供应方面的锅炉，称为工业锅炉。当前，我国节能与降低排放污染的研究和技术开发正处于主要发展阶段。工业锅炉多于电站锅炉，80％以上是燃煤锅炉，并且污染物排放量居高不下。本书主要就是介绍工业锅炉的工作原理及其相关知识。

　　工业锅炉原理与应用是一门传统学科，一直有着不少相关书籍。但是随着科学技术的逐步进步，锅炉技术也在不断发展，取得了不少新的成果，因此需要一本跟随时代发展的书籍以满足相关读者需求。此外，由于我国经济保持快速增长，能源需求增速，节能和环保两大问题凸显，需要解决。同时，我国与锅炉行业有关的标准与规范规则大多都已进行修订，以便满足我国发展的新需求。

　　本书较为系统地阐述了锅炉及部件工作过程的基本理论、涉及的计算基础及基本方法，全书共分为 12 章节。首先介绍了工业锅炉的种类、锅炉燃料和燃烧的计算、工业锅炉的燃烧设备、锅炉水循环和汽水分离等基本原理。进一步讲解了锅炉本体热力计算、烟风阻力计算和受压元件强度计算。最后介绍水处理和除尘与脱硫脱硝等技术、工业锅炉的自动调节、微机控制、工业锅炉的节能与环保措施。

　　本书第 1 章～第 8 章由王锁芳编写，第 9 章～第 12 章由梁晓迪编写。本书可作为高等学校有关课程的教材或教学参考书，也可作为工业锅炉相关从业人员的参考资料。本书公式和符号较多，尽管作者做出一定努力，但对于符号和术语的继承性和统一性，可能仍难以让人满意，不当之处，请读者包涵与指正。本书注重理论与实践相结合，力求所阐述的原理和内容通俗与透彻，并尽可能反映本专业国内外的最新进展和研究成果，进而更好地适应教学和工程的实际需求。

　　本书的编写基于多年授课自编讲义，编写过程得到了南京航空航天大学能源与动力学院王锁芳课题组多名博士研究生和硕士研究生的帮助，在此一并表示谢意，并对参考文献作者表示由衷的感谢。限于编者水平，书中错误和不足之处在所难免，敬请读者批评指正。

编　者

2022 年 9 月于南京航空航天大学

目录

CONTENTS

第1章 绪 论

1.1 概述

1.1.1 能源利用现状

人们皆知"兵马未动,粮草先行",能源是工业的粮食,动力是发展的基础,人们的日常生活与工作离不开能源。能源短缺是当今世界关注的热点问题,也是国家发展长期战略的需求方向,受到世界上各个国家的重视。随着我国人民生活水平的提高及各行各业的发展,能源与动力的需求急剧增强,能源与动力工程方面的人才需求也持续旺盛。伴随全球经济社会发展,温室气体的排放大幅增加,大气中的温室效应不断增强,导致全球气候变暖,应对全球气候变化危机,核心就在于减少人为活动产生的二氧化碳排放。中国提出力争在 2030 年前实现二氧化碳排放达峰、努力争取到 2060 年前实现碳中和的目标,这是统筹国内可持续发展与应对全球气候变化挑战所做出的战略决策。中国是发展中大国,碳排放量较大,我们要做出和国情发展阶段相适应的贡献,要在全球的生态文明建设和全人类的共同利益面前,展现出中国的责任担当。然而,我国节能与降低排放污染的研究和技术开发正处于发展阶段,因此,针对能源高效利用的理论研究与技术创新是我们能源与动力工程专业发展的目标所在。

能源是指自然界中能够转换成热能、光能、电能和机械能等能量并为人类的生产和生活提供各种能力和动力的物质资源,是国民经济的重要物质基础,与人类社会的发展息息相关。能源的开发和有效利用程度以及人均消费量是生产技术和生活水平的重要标志。煤炭、石油、天然气等能源也被称为常规能源或传统能源,它们可以很容易地转化为其他种类的能源,都是很重要的能源来源。而这些能源不能被重复使用,因此也被称为一次能源。与一些工业化国家以油气为主(油气占 60%～70%)的能源结构不同,中国历年一次能源生产和消费构成中,煤炭所占比例均为第一,但是近年来,中国大力推进能源结构的调整和转型升级,能源生产结构由煤炭为主向多元化转变,能源消费结构日趋低碳化。2020年,我国的煤炭消费量占能源消费总量的比重已经由2005年的72.4%下降到56.8%,非化石能源占能源消费的比重达到了15.9%。能源结构以煤为主的特点,是由我国的能源资源条件所决定的。截至2020年,我国的能源消费总量中,煤炭占56.8%,石油占18.9%,天然气占8.4%,一次电力及其他能源占15.9%。

我国常规能源资源的这个特点,决定了我国能源生产结构、消费结构都以煤炭为主。相比其他能源,煤炭利用效率低,污染严重。我国煤炭资源的特点是高硫、高灰煤比重大,大部分原煤灰分含量在25%左右,约13%的原煤含硫量高于2%,而高硫煤产量在逐年增加。

随着社会的不断发展,人类社会面临化石能源即将枯竭问题、未来能源需求迅速增高问题和因化石能源大量使用引起的环境恶化、地球升温、气候灾害频发问题。所以能源的发展方向应该由化石能源逐步过渡到以再生能源为主的可持续发展能源。我国生物质能源相当丰富,储量约为每年10亿t标准煤,以固体燃料的方式供工业锅炉使用。生物质锅炉也可用于电站锅炉,山东省荷泽市单县生物质发电工程是中国第一个新型环保清洁和可再生能源生物质发电示范项目,采用丹麦生物质发电技术。我国城镇垃圾年产量约1.3亿t,如用于垃圾焚烧锅炉,可节约煤5 000万~6 000万t/a。根据各地可再生能源情况开发太阳能锅炉和地热锅炉等,开发各种余热锅炉,可配合其他行业的节能减排需求。

锅炉是一种把煤炭、石油或天然气等能源储藏的化学能转变为水或水蒸气的热能的能源转换与利用设备。现代锅炉可以看作是一个巨大的蒸汽发生器。从蒸汽的应用方向来看,可以将锅炉分为两大类:一类是用于动力、发电方面的锅炉,称为动力锅炉;另一类是用于工业生产中加热、蒸煮、干燥,或厂房及生活用房的采暖和热水供应方面的锅炉,称为工业锅炉。本书的主要任务就是介绍工业锅炉的工作原理及其相关技术。

1.1.2　锅炉行业概况

据考证,早在公元前200年左右就出现了锅炉的雏形,它是一种宫廷中供欣赏用的装置。而直到工业革命之前,锅炉都没有进一步的发展。工业革命之后,随着科学技术的发展,人们对动力需求的增大,瓦特在前人的基础上,提高了蒸汽机的压力,完善了蒸汽机。当时用于生产蒸汽的锅炉主要为圆筒形,筒外加热,效率很低,图1.1为早期工业锅炉简图。

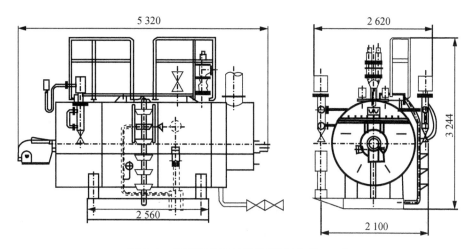

图 1.1　早期工业锅炉结构简图(单位:mm)

随着工业的发展,锅炉出现了两种发展方向:一种是增加圆筒内部的受热面积,后来发展成为现代的火管锅炉;另一种是增加圆筒外部的受热面积;后来发展成为现代的水管锅炉。火管锅炉的原理是在锅内安装一个管火筒(称为火筒锅炉)或多根细烟管,而炉膛在锅外部,燃烧的烟气从火筒或烟管中通过,增大了水的受热面。这种锅炉由于炉膛在锅筒外面,热效率低,水循环和传热效果不好。水管锅炉则是燃料在筒外燃烧,水在管中流动受热。实验证明,减小水筒的直径和增加水筒数量能有效改善传热,且有利于蒸发量和蒸发压力的提高。

伴随着汽轮机的发展,对锅炉的容量和蒸汽参数提出了较高的要求。以往的直水管锅炉已不能满足需求,弯水管锅炉应时而生,而这得益于制造工艺和水处理技术的发展。随后,水冷壁、过热器和省煤器也运用到了锅炉当中,同时,对锅筒内部汽、水分离元件的改进,锅筒数目逐渐减少,使金属的消耗量进一步减少,而锅炉的压力、温度、容量和效率得到了提高。在自然循环锅炉的基础上又发展出辅助循环锅炉,又称为强制循环锅炉。在下降管系统内加装循环泵,以加强蒸发受热面的水循环。直流锅炉中没有锅筒,给水由给水泵送入省煤器,经水冷壁和过热器等受热面蒸发,变成过热蒸汽送往汽轮机,各部分流动阻力全由给水泵来克服。

为适应第二次世界大战后发电机组对高温高压和大容量的要求,自然循环锅炉和强制循环锅炉得到了较快的发展。发展这两种锅炉的目的是缩小或不用锅筒,采用小直径管子作受热面,可以比较自由地布置受热面。随着自动控制和水处理技术的进步,这两类锅炉渐趋成熟。山东省邹城市发电厂是中国电力工业发展的标志性窗口企业,该发电厂同时拥有 30 万 kW、60 万 kW、100 万 kW

3个容量等级和亚临界、超超临界2个技术等级,总装机容量461万kW,是国内装机容量较大、综合节能和环保水平较高的燃煤电厂。

在锅炉的发展过程中,燃料种类对炉膛和燃烧设备有很大的影响。因此,一方面要求发展各种炉型来适应不同燃料的燃烧特点,另一方面还要提高燃烧效率以节约能源。此外,炉膛和燃烧设备的技术改进还要求尽量减少锅炉排烟中的污染物(硫氧化物和氮氧化物)。

早年的锅壳锅炉采用固定炉排,多燃用优质煤和木柴,加煤和除渣均用手工操作。直水管锅炉出现后开始采用机械化炉排,其中链条炉排得到了广泛的应用。炉排下送风从不分段的"统仓风"发展成分段送风。早期炉膛低矮,燃烧效率低。随着对炉膛容积和结构在燃烧中作用的认识,人们开始将炉膛造高,并采用炉拱和二次风,从而提高了燃烧效率。当发电机组功率超过6 MW时,以上这些层燃炉的炉排尺寸太大、结构复杂、不易布置的缺点显现出来,所以20世纪20年代开始使用室燃炉。室燃炉燃烧煤粉和油。煤由磨煤机磨成煤粉后经燃烧器喷入炉膛进行悬浮燃烧,发电机组的容量遂不再受燃烧设备的限制。自第二次世界大战初起,电站锅炉几乎全部采用室燃炉。早年制造的煤粉炉采用了U形火焰。燃烧器喷出的煤粉气流在炉膛中先下降,再转弯上升。后来又出现了前墙布置的旋流式燃烧器,火焰在炉膛中形成L形火炬。随着锅炉容量增大,旋流式燃烧器的数目也开始增加,可以布置在两侧墙,也可以布置在前后墙。1930年左右出现了布置在炉膛四角且大多呈切圆燃烧方式的直流燃烧器。第二次世界大战后,石油价廉,许多国家开始广泛采用燃油锅炉。燃油锅炉的自动化程度容易提高。20世纪70年代石油提价后,许多国家又重新转向利用煤炭资源。这时电站锅炉的容量也越来越大,要求燃烧设备不仅能燃烧完全,着火稳定,运行可靠,低负荷性能好,还必须减少排烟中的污染物质。

燃气锅炉也因其自动化程度高、性能安全稳定、节省燃料的特点,被广泛应用于家庭、宾馆和企事业单位。工业锅炉目前是中国主要的热能动力设备,工业锅炉多于电站锅炉。截至2011年末,全国在用锅炉总数为62.03万台,其中电站锅炉0.97万台,工业锅炉61.06万台,总容量约351.59万kW。2012年,工业锅炉达到了62.4万台,约占锅炉总台数的98%。

在我国,工业锅炉占有很大的比例,因此学习和研究工业锅炉有很重要的意义。而西方国家的锅炉目前以燃油锅炉为主,燃料大多为污染相对较轻的轻油。以德国为例:

(1)燃烧重油　在1980年到1985年限制燃烧重油,1985年以后,停止燃烧重油。

（2）燃烧轻油 有专注于燃烧效率的定期控制机制。

（3）燃煤 在整个 20 世纪 80 年代,逐年递减,趋势是逐渐采取煤粉燃烧锅炉,目前状况,80% 的燃煤锅炉在燃烧煤粉。

（4）燃烧天然气 自 20 世纪 70 年代以来,天然气使用量逐年递增。

（5）使用核能 自 20 世纪 70 年代在增加,但从 1980 年以来直到现在,有放弃使用核能的趋势。特别是 2011 年日本大地震导致核泄漏事件后,核能的安全问题进一步受到人们的关注,人们迫切希望更加安全高效的核能出现。

在工业锅炉中,截至 2017 年,全国工业锅炉约有 40.1 万台,总容量合计约 206 万蒸发量吨,其中燃煤工业锅炉约 30.7 万台,总容量约 164 万蒸发量吨,燃煤消耗量可达到约 5.4 亿 t/a。目前我国工业燃油燃气锅炉平均热效率在 90% 左右,生物质锅炉热效率在 80% 左右,燃煤锅炉热效率在 70% 左右,污染物排放量居高不下。我国锅炉以燃用各种原煤为主,煤种的供应变化比较大,因此锅炉实际运行热效率较低。近年来,随着我国科学技术的不断发展,在锅炉设计制造和运行方面已经接近甚至达到国际先进水平。我国的工业锅炉制造业随着国民经济的蓬勃发展,取得了长足的进步。到目前为止,全国持有各级锅炉制造许可证的企业超过 1 000 家,生产各种不同压力等级和容量的锅炉。

1.1.3 工业锅炉的产品现状

中国锅炉制造业是在中华人民共和国成立后建立和发展起来的。尤其改革开放以来,随着国民经济的蓬勃发展,全国有上千家持有各级锅炉制造许可证的企业,可以生产各种不同等级的锅炉。通过我国工业锅炉企业的共同努力,已形成了自己的工业锅炉产品型谱。至 20 世纪 90 年代,我国就已拥有 8 个大类、38 个系列、85 个品种、300 多个规格的工业锅炉产品。锅炉制造厂的级别分为 A 级、B 级、C 级、D 级等,表 1.1 给出了我国锅炉制造分级标准。

表 1.1 我国锅炉制造级别表

级别	允许制造锅炉范围
A	$p > 2.45$ MPa
B	$p \leqslant 2.45$ MPa
C	$p \leqslant 0.8$ MPa; $D \leqslant 1$ t/h; $t < 120$ ℃
D	$p \leqslant 0.1$ MPa 蒸汽锅筒炉; $t < 120$ ℃; $Q \leqslant 2.8$ MW 热水锅炉
其他	单独部件

改革开放后,我国锅炉制造业的发展分为三个阶段：

1. 整顿规范阶段

2000年前,以发证、完善标准、监督检查体系规范行业为主要特征,从1981年到1984年,经过4年多复查抽查,对其中符合条件的锅炉厂发放生产许可证,锅炉制造企业从1981年的500余家调整到1984年的214家。1992年起常压锅炉迅速发展,在拓展原有行业企业产品市场的同时,为行业后来的发展壮大奠定了基础。

2. 改革发展阶段

2001年起调整锅炉许可证发放条件,降低准入门槛。此阶段,民间资本借助中国加入世界贸易组织(WTO)后巨大的红利释放,不断进入锅炉行业,锅炉行业规模在波动中不断扩大,先前的E1、E2级企业以及得到发展的常压锅炉企业也不断规范升级,一些优势企业因较强的市场适应能力逐步成为行业中坚,与此同时2000年前的202家A、B、C、D级企业因种种原因已淘汰1/2～2/3,仅剩约80家,原行业骨干新疆天山锅炉厂、上海四方锅炉厂已成过去;到2018年底为止,全国持有A、B、C级和有机热载体锅炉制造许可证的企业有815家。表1.2为1998年底和2016年9月底我国持锅炉制造许可证D级及以上锅炉制造许可证企业地区分布对比。

表1.2　1998年底和2016年9月底我国持锅炉制造许可证

D级及以上锅炉制造许可证企业地区分布对比　　　　单位:家

地区	A级		B级		C级		D级	
	1998年底	2016年9月底	1998年底	2016年9月底	1998年底	2016年9月底	1998年底	2016年9月底
全国	9	191	18	445	40	294	149	130
华北	1	19	4	90	6	36	23	37
东北	1	26	1	90	11	58	36	19
华东	4	91	6	133	14	129	46	58
中南	1	30	5	73	1	38	23	9
西南	2	12	1	31	4	10	9	4
西北	0	13	1	28	4	23	12	3

3. 调整提升阶段

2019年6月以后,随着锅炉许可证级别的重新划分和许可条件的再次调整,锅炉行业规模随着锅炉行政许可制度的渐进化、市场化改革继续发生质和量的变化。初步的行业反应是B级许可含金量的稀释,将导致一些原B级企业升A级的冲动,但新的许可条件的总体提高和面临的外部市场环境趋紧将预示着锅炉行业企业质的提升和量的减少趋势日益明显,未来总体规模将进一步缩小,行业集中度进一步提升。

我国是一个煤炭生产大国,长期以来我国实行以煤为主的能源政策。受到我国特殊的燃料结构的影响,工业锅炉每年消耗全国原煤产量的约 1/3。最近十几年来,由于受到国家环保政策的影响及我国大型的油气田的开发,我国的能源结构发生了一些变化。工业锅炉产品的结构也随之改变,燃油燃气锅炉所占比例则由 1991 年的不足 6% 增高至 2012 年的 36% 以上,燃气锅炉有长足的进步;燃用生活垃圾和生物质的锅炉市场潜力较大,蓄热式电热锅炉系统随着电力工业改革和发展,其市场将进一步拓宽;而燃煤锅炉按容量所占比例开始降低,由 1991 年的 90% 降至 2012 年的 50.17%。但是,我国总的能源特征是"富煤、少油、有气"。而且,煤炭因其储量大和价格相对稳定,在 21 世纪前 50 年内,在我国一次能源构成中仍将占主导地位。因此,燃煤锅炉仍将是工业锅炉的主导产品。

1.1.4 我国工业锅炉存在的问题及制约发展的因素

在过去的五十多年,我国工业锅炉的技术水平的发展取得了长足的进步。特别是最近发展起来的燃油燃气锅炉,如图 1.2 所示。生物质锅炉等已经接近国外先进水平,如图 1.3 所示。

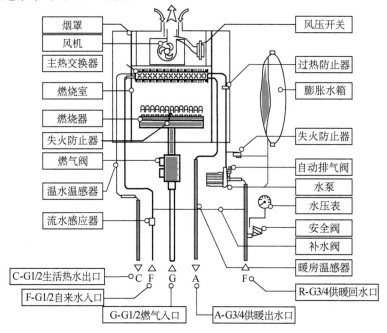

图 1.2 燃油燃气锅炉典型图例

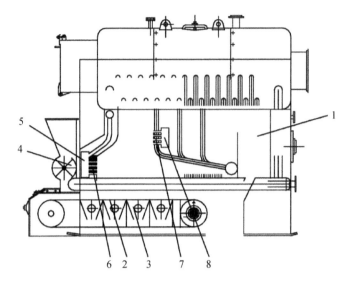

1—炉体；2—物料输送装置；3—送风装置；4—进料口；5—二次风风室；
6—二次风喷风口；7—三次风喷风口；8—三次风风室。

图 1.3   生物质锅炉结构图

由于从一开始,锅炉的燃烧设备就基本上是从国外进口的,在锅炉控制方面也借鉴了国外的先进技术,锅炉达到了全自动控制。因此,燃油燃气锅炉与国外同类产品相比,差距不大。但在燃煤锅炉方面,水平与国外还存在较大的差距。主要有以下几方面:

1. 燃煤锅炉的热效率不高

在我国用工业锅炉中将近 80％是燃煤锅炉,我国燃煤工业锅炉以层燃燃烧为主,并且以链条炉排锅炉为主,锅炉的设计效率一般在 72％～80％,但实际运行时普遍存在运行负荷较锅炉额定负荷低,炉渣含碳量高,过量空气系数大,排烟温度高,因此,热效率一般要比设计效率低。国外先进国家的层燃燃煤锅炉的热效率可达到 80％～85％,有些锅炉已投入运行二三十年,仍可保持很高的热效率,如美国国家职业安全委员会(NIOSH)认证的一台容量为 24.948 t/h 的蒸汽锅炉,1980 年投入运行 23 年后,它的热效率仍达到 83％。表 1.3 所示为兰州市在 1991 年随机抽取 180 台在用工业锅炉运行热效率的测试结果。中国燃煤工业锅炉热效率低,主要是由于机械不完全燃烧热损失及排烟热损失过大所致,6～35 t/h 锅炉的平均热效率为 70％～74％。实际原因在于:

(1) 所燃用的煤不能符合锅炉的燃烧要求;

(2) 燃烧设备的机械质量不佳;

（3）运行负荷较低；

（4）排气温度过高；

（5）锅炉烟气侧的密封不良；

（6）缺乏基本的自动控制；

（7）运行人员培训和监督差。

表 1.3 兰州市在 1991 年随机抽取 180 台在用工业锅炉运行热效率

项目	锅炉容量/(t/h)					
	<1	1	2	4	≥6	合计
锅炉数量/台	38	36	37	42	27	180
平均热效率/%	77.26	68.41	72.59	72.55	73.41	—

2. 燃煤锅炉的污染物排放偏高

由于我国燃料结构的特点,燃煤工业锅炉成为我国大气煤烟形污染的主要污染源之一。再加上我国工业锅炉的运行效率大多数无法达到设计效率,能源的利用率较差,工业锅炉每年的烟尘排放量约 280 万 t;SO_2 的排放量约为 900 万 t;CO_2 的排放量约 12.5 亿 t,以及产生大量的 NO_x。其中 CO_2 的排放是造成温室效应的主要原因,而且因其每年的排放量巨大,减排的任务异常艰巨。

目前工业锅炉的原始排放浓度偏高,国外先进国家的烟尘初始排放浓度一般小于 1 000 mg/m³,而国内中小型工业锅炉的初始排放浓度一般大于 1 000 mg/m³。表 1.4 为国内部分型号锅炉烟尘排放的初始浓度。目前我国正在致力于高效低污染锅炉的研究开发工作,力求使燃料的燃烧对环境造成的破坏最小化。

表 1.4 国内部分型号锅炉烟尘初始排放浓度　　　　单位:mg/m³

锅炉型号	$\alpha=1.8$ 时的初始烟尘排放浓度
SZL4.1.25.A	2 735
DZL4.1.25.A	2 323
SHL10.1.25.A	1 201

注:表 1.4 为我国利用 GEF(全球环境基金会)项目所做的调查之一。

《锅炉大气污染物排放标准》(GB 13271—2014)规定,新建锅炉自 2014 年 7 月 1 日起、10 t/h 以上在用蒸汽锅炉和 7 MW 以上在用热水锅炉自 2015 年

10 月 1 日起、10 t/h 及以下在用蒸汽锅炉和 7 MW 及以下在用热水锅炉自 2016 年 7 月 1 日起执行本标准,GB 13271—2001 自 2016 年 7 月 1 日废止。表 1.5 为新建锅炉大气污染物排放浓度限值,与 2001 年的锅炉烟尘最高允许排放浓度相比相差很大,其原因在于锅炉烟尘初始排放浓度偏高,以及除尘器运行效率不佳。

表 1.5　新建锅炉大气污染物排放浓度限值

污染物项目	限值			污染物排放监控位置
	燃煤锅炉	燃油锅炉	燃气锅炉	
颗粒物/(mg/m³)	50	30	20	烟囱或烟道
二氧化硫/(mg/m³)	300	200	50	
氮氧化物/(mg/m³)	300	250	200	
汞及其化合物/(mg/m³)	0.05	—	—	
烟气黑度(林格曼黑度)/级	≤1			烟囱排放口

按照新发布的《锅炉大气污染物排放标准》,大气污染物控制要求为在用锅炉的,二氧化硫最高允许排放浓度为 400 mg/m³,新建锅炉的二氧化硫最高允许排放浓度为 300 mg/m³。中国高硫煤(S≥2%)约占全国原煤产量的 1/6,尤以中西南地区较多。我国工业锅炉 SO₂ 的排放量占全国总排放量的 21%,减排 SO₂ 可分为燃烧前、燃烧中、燃烧后三大类很多种技术,各种技术的所需投资、运行成本、减排效果等差别很大。

(1) 燃烧后 SO₂ 减排技术由于都有副产品产生,投资较大,对以中小型为主的中国层燃工业锅炉,燃烧后减排较难实现。

(2) 燃烧中 SO₂ 减排技术是在燃烧过程中添加一定脱硫剂,主要技术为采用循环流化床技术,这不仅能在燃烧中脱硫,同时还可脱氮,最有利于在中大型燃煤工业锅炉上采用,脱硫率高达 90% 以上,目前在我国应用发展较快。

(3) 燃烧前 SO₂ 减排技术是采用洗选块煤,洁净动力配煤,以及固硫型煤。这也是中小型燃煤锅炉方面经济实用的主要减排措施。

GB 13271—2014 规定:在用的燃煤、燃油和燃气锅炉 NOₓ 最高允许排放浓度均为 400 mg/m³,对新建锅炉 NOₓ 最高允许排放浓度更低。但在采用流化床燃烧技术时,也具有减排 NOₓ 的效果。

由于历史的原因,我国的在用锅炉的大多数是中小容量的锅炉,尽管平均容量每年呈上升趋势,但单机容量仍然比较小。统计数据表明,我国在用锅炉中工业锅炉的平均单台容量 2008 年为 8.54 蒸发量吨,2009 年为 7.22 蒸发量吨,2010 年为 8.65 蒸发量吨。而脱硫技术应用的一次投资成本和运行成本相对来说较高,从而导致烟气脱硫技术在工业锅炉上的推广和应用还不普遍,在小型锅炉上情况更严重。

由表 1.6 可知,我国工业锅炉平均单台容量仅为 10.1 t/h,其中的大部分属于高污染、高能耗的锅炉,能源利用效率极低。因此大力发展提高生产生活用锅炉即工业锅炉的技术水平,符合我国"十一五"规划纲要中的能源政策。

表 1.6 我国各种容量锅炉所占百分比

容量	年份		
	2010 年	2011 年	2012 年
<4 t/h	54.42%	44.62%	34.95%
4 t/h≤Q≤20 t/h	39.5%	45.24%	55.79%
>20 t/h	6.08%	10.14%	9.26%

3. 用煤质量不稳定

由于中国锅炉用煤的品种较多,质量不够稳定。用煤没有像欧美国家一样,采用链条锅炉专用煤,而是以散煤和原煤为主。中国工业锅炉以层燃锅炉为主,煤炭中的灰分和硫分的比重较高,煤的发热量较大,无法满足层燃锅炉的设计要求,这导致了锅炉热效率降低,同时也增加了锅炉的污染物排放。

1.1.5 对工业锅炉的要求

从上文的叙述,我们可以总结出目前我国对工业锅炉生产及运行的基本要求是:

1. 保产保暖

要按质(工质的温度、压力、净度)按量(蒸发量、供热量)地供出蒸汽或水,满足生产和生活采暖需要。

2. 安全耐用

保证材质合格;正确进行受压元件强度计算,保证有足够的壁厚;正确设计结构和选择工艺,保证制造、安装施工质量;正确进行热工、水力设计,保证工质对受热面进行良好的冷却;采取合理的结构和措施,防止部件受到腐蚀磨损以及由于热应力或机械振动等而发生材料疲劳;选择适当的水处理装置,使水质满足要求。

3. 节能省材

改进设计,完善燃烧过程和传热过程,提高效率,节约燃料,节约金属材料和建筑材料;提高制造质量和安装质量,保证锅炉投运后的较高实际性能水平。

4.脱硫、脱硝及消烟除尘

提高参数设计的合理性,合理地设计锅炉参数,降低运行中的负载荷数;选择合适的脱硫装置,有条件的情况下安装脱硝装置;选择合适的除尘装置,控制污染物的浓度和排烟量;设计合理的烟囱高度,节省建筑材料的同时控制排烟对生活环境的影响。

1.2　工业锅炉的结构及工作过程

1.2.1　工业锅炉的结构

由图 1.4 可见,工业锅炉的整体结构由锅炉本体和辅助设备两大部分组成。锅炉中的炉膛、锅筒、燃烧器、水冷壁过热器、省煤器、空气预热器、构架和炉墙等主要部件构成生产蒸汽的核心部分,称为锅炉本体。锅炉本体中最主要的部件是炉膛和锅筒。

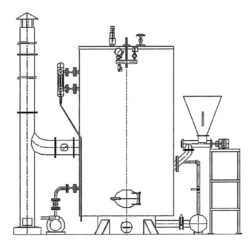

图 1.4　生物质蒸汽锅炉结构图

炉膛又称燃烧室,是供燃料燃烧的空间。将固体燃料放在炉排上,进行火床燃烧的炉膛称为层燃炉,又称火床炉;将液体、气体或磨成粉状的固体燃料,喷入火室燃烧的炉膛称为室燃炉,又称火室炉;空气将煤粒托起使其呈沸腾状态燃烧,并适于燃烧劣质燃料的炉膛称为沸腾炉,又称流化床炉;利用空气流使煤粒高速旋转,并强烈火烧的圆筒形炉膛称为旋风炉。炉膛设计需要充分考虑使用燃料的特性。每台锅炉应尽量燃用原设计的燃料。燃用特性差别较大的燃料时锅炉运行的经济性和可靠性都可能降低。图 1.5 为燃油蒸汽锅炉,它的结构与普通的燃煤锅炉有很大区别。

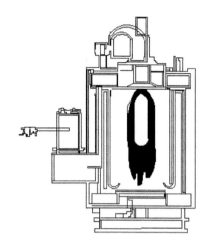

图 1.5　LSS 立式燃油(燃气)蒸汽锅炉

锅筒又叫汽锅,是自然循环和多次强制循环锅炉中,接收省煤器来的给水、连接循环回路,并向过热器输送饱和蒸汽的圆筒形容器。锅筒筒体由优质厚钢板制成,是锅炉中最重的部件之一。

锅筒的主要功能是储水,进行汽水分离,在运行中排除锅水中的盐水和泥渣,避免含有高浓度盐分和杂质的锅水随蒸汽进入过热器和汽轮机中。

锅筒内部装置包括汽水分离和蒸汽清洗装置、给水分配管、排污和加药设备等。其中汽水分离装置的作用是将从水冷壁来的饱和蒸汽与水分离开来,并尽量减少蒸汽中携带的细小水滴。中、低压锅炉常用挡板和缝隙挡板作为粗分离元件;中压以上的锅炉除广泛采用多种形式的旋风分离器进行粗分离外,还用百叶窗、钢丝网或均汽板等进行进一步分离。锅筒上还装有水位表、安全阀等监测和保护设施。

为了考核性能和改进设计,锅炉常要经过热平衡试验。直接从有效利用能量来计算锅炉热效率的方法叫正平衡,通过各种热损失来反算效率的方法叫反平衡。考虑锅炉房的实际效益时,不仅要看锅炉热效率,还要考虑锅炉辅机所消耗的能量。

单位质量或单位容积的燃料完全燃烧时,按化学反应计算出的空气需求量称为理论空气量。为了使燃料在炉膛内有更多的机会与氧气接触而燃烧,实际送入炉内的空气量总要大于理论空气量。虽然多送入空气可以减少不完全燃烧热损失,但排烟热损失会增大,还会加剧硫氧化物腐蚀和氮氧化物生成。因此应设法改进燃烧技术,争取以尽量小的过量空气系数使炉膛内燃料完全燃烧。

锅炉烟气中所含粉尘(包括飞灰和炭黑)、硫和氮的氧化物都是污染大气的物质,未经净化时其排放指标可达到环境保护规定指标的几倍到数十倍。控制这些物质排放的措施有燃烧前处理、改进燃烧技术、除尘、脱硫和脱硝等。借助高烟囱只能降低烟囱附近地区大气中污染物的浓度。

1.2.2 工业锅炉的工作过程

图 1.6 展示了一台 SHL 型锅炉(即双锅筒横置式链条炉),图 1.7 为其燃烧系统图,以该型号锅炉为例简要介绍工业锅炉的工作过程。

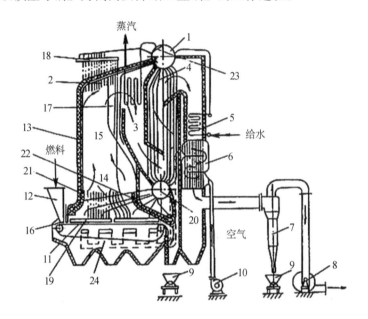

1—锅筒;2—水冷壁;3—蒸汽过热器;4—蒸发管束;5—省煤器;6—空气预热器;
7—除尘器;8—引风机;9—出渣小车;10—鼓风机;11—链条排炉;12—加煤斗;
13—炉墙;14—不受热下降管;15—炉膛;16—煤闸门;17—防渣管;18—上集箱;
19—下集箱;20—水筒;21—前拱;22—后拱;23—汽水分离器;24—风室。

图 1.6 SHL 型锅炉

锅炉的核心构成部分是"锅"和"炉"。锅是容纳水和蒸汽的受压部件,包括锅筒、受热面、集箱(也叫联箱)和管道等,进行水的加热、汽化及汽水分离等过程。炉是燃料燃烧的场所,即燃烧设备和燃烧室(炉膛)。锅和炉是由传热过程联系起来的,受热面即是锅和炉的分界面。凡是一侧有放热介质(火焰、烟气),另一侧有受热介质(水、蒸汽、空气),进行着热传递的壁面称为受热面。

受热面从放热介质中吸收热量并向受热介质放出热量。凡是主要以辐射换热的方式吸收放热介质热量的受热面称为辐射受热面。而主要以对流换热的方式吸收放热介质热量的受热面称为对流受热面。辐射受热面布置在炉膛内,对流受热面布置在炉膛出口以后的烟气温度较低的烟道内。布置对流换热受热面的烟道称为对流烟道。

由锅筒、受热面及其间的连接管道与烟风道、燃烧设备和出渣设备、炉墙和构架(包括平台、扶梯)等所组成的整体称为锅炉本体。由锅炉本体、锅炉范围内水、汽、烟、风和燃料的管道及其附属设备、测量仪表和其他的锅炉附属机械等构成的整套装置称为锅炉机组。

锅炉的工作包括两个同时进行的过程:燃烧过程和传热过程。众多复杂的锅炉部件都是为了完成和强化这两个过程。

1. 燃料的燃烧过程

由图 1.6 所示,燃料在加煤斗中借重力下落到炉面上,电动机通过变速齿轮箱减速后,由链轮带动炉排将燃料带入炉内。燃料一面燃烧,一面向后移动;燃烧需要的空气由风机送入炉排腹中风室后,向上穿过炉排到燃料层,进行燃烧反应形成高温烟气。燃尽成灰渣,在炉排末端被除渣板(俗称老鹰铁)铲除并于灰渣斗后排出。图 1.7 为燃烧过程示意图。

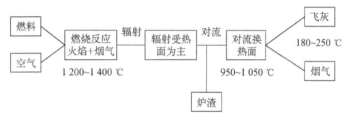

图 1.7　SHL 型锅炉燃烧过程示意图

2. 传热过程

高温烟气与水冷壁进行强烈的辐射换热,将热量传递给管内工质,烟气受到引风机、烟囱的引力向炉膛上方流动,流出烟窗(炉膛出口)并掠过防渣管、冲刷过热器及对流管束,沿途降低温度的烟气最后进入尾部烟道,与省煤器和空气预热器内的工质进行热交换后,以经济的较低温度烟气排出锅炉。同时,经水处理的锅炉给水由水泵加压流进省煤器带到预热进入汽锅吸热汽化,汽锅中处于饱和状态的汽水混合物,在水冷壁和对流管束的自然循环过程中进入汽水分离,水继续循环吸热,蒸汽在过热器中过热,流出锅炉供用户使用。

空气预热器预热送风机来的冷空气将其送入炉排下的风室供燃烧使用。上述过程即为锅炉的传热过程。具体过程可参照图 1.8 理解。

图 1.8　传热过程示意图

由于工业锅炉在工业生产及日常生活中占有重要地位,同时又与电站锅炉有很大区别。工业锅炉的品种繁多,不同的生产生活条件需要不同的工业锅炉来满足。因此很有必要开设工业锅炉原理与应用这门课,对日常生产生活中常见的工业锅炉及其工作过程作系统的介绍。

习题

1. 简述我国能源结构特点。
2. 制约我国锅炉发展的因素有哪些?
3. 试述锅炉设备的工作过程。
4. 工业锅炉的主要组成是什么?

参考文献

[1] 赵钦新,王善武. 我国工业锅炉未来发展分析[J]. 工业锅炉,2007(1):1-9.

[2] 林宗虎. 我国工业锅炉的发展趋向[J]. 世界科技研究与发展,2000(4):7-9.

[3] 林宗虎. 我国能源政策的调整对工业锅炉发展的影响[J]. 工业锅炉,2002(3):4-7.

[4] 中华人民共和国环境保护部,国家质量监督检验检疫总局. 锅炉大气污染物排放标准: GB 13271—2014[S]. 北京:中国环境科学出版社,2014.

[5] 黄学成,张浩. 中国工业锅炉的调研和展望[J]. 工业锅炉,2003(5):1-5.

[6] 贺玄科. 工业锅炉房设计中存在问题的探讨[J]. 山西建筑,2003,29(7):164-166.

[7] 赵钦新,周屈兰. 工业锅炉节能减排现状、存在问题及对策[J]. 工业锅炉,2010(1):1-6.

[8] 仝庆华. 燃煤工业锅炉存在问题及改进措施分析[J]. 能源研究与信息,2009,25(2): 98-102.

[9] Cao J C, Qiu G, Cao S H, et al. Optimization of load assignment to boilers in industrial boiler plants[J]. Journal of DongHua University, 2004, 21(6): 1-6.

[10] Gao H P, Ning P, Wu C F, et al. Corrosion of different materials in combustion chamber of yellow phosphorus tail gas in industrial boiler[J]. Journal of Wuhan University of technology materials science edition, 2010, 25(1): 53-57.

[11] 林颐清,尹惠,史晓虹. 工业锅炉三维结构仿真[J]. 微计算机信息,1999,15(5):30-31.

[12] 叶春生,花世荣. 工业锅炉结构参数的优化[J]. 武汉化工学院学报,1991,13(3):1-7.

[13] 陈纪龙. 工业锅炉产品结构现状和开发方向[J]. 工业锅炉,1995(1):30-37.

[14] Al-Halbouni, Rahms H, Giese A. Development of a low-pollutant-emissions burner concept for industrial boiler combustion systems[J]. Gaswaerme international, 2007, 9 (56): 416-419.

［15］Skea J. A simulation model of interfuel substitution in the industrial boiler market［J］. Energy economics，1987，9(1)：17-30.

［16］余洁.中国燃煤工业锅炉现状［J］.洁净煤技术,2012,18(3):89-91.

［17］王善武.我国锅炉行业演进与发展展望［J］.工业锅炉,2020(1):5-20.

［18］林宗虎.节能减排与工业锅炉技术创新［J］.工业锅炉,2020(1):2-4.

第 2 章　工业锅炉的种类和简介

2.1　锅炉的分类

一台现代化的工业锅炉一般由三部分组成,即燃烧设备、锅炉本体(包括辐射和对流换热面)、锅炉辅助设备(包括上煤出灰设备、炉墙构架、管道阀门、仪表及自动控制设备)。由于辅助设备很难代表一台工业锅炉的特征,因此,只能从燃烧设备和锅炉本体结构的差异方面对锅炉进行分类。

2.1.1　锅炉的分类

锅炉的分类有多种方法,下面对几种主要的分类方法进行介绍。

1. 按用途可分为电站锅炉、工业锅炉、热水锅炉和特种锅炉等。电站锅炉用于发电,工业锅炉用于工业生产。

2. 按结构可分为火管锅炉和水管锅炉。火管锅炉中,烟气在管内流过;水管锅炉中,汽水在管内流过。

3. 按循环方式可分为自然循环锅炉、直流锅炉和控制循环锅炉。自然循环锅炉具有锅筒,利用下降管和上升管中工质的密度差产生工质循环,只能在临界压力以下应用;直流锅炉无锅筒,给水靠水泵压头一次通过受热面,适用于各种压力;控制循环锅炉在循环回路的下降管与上升管之间设置循环泵用以辅助水循环并作强制流动,又称辅助循环锅炉。

4. 按出口工质压力可分为常压锅炉、微压锅炉、低压锅炉、中压锅炉、高压锅炉、超高压锅炉、亚临界压力锅炉、超临界压力锅炉和超超临界压力锅炉。常压锅炉的表压为零;微压锅炉的表压为几十帕;低压锅炉的压力一般小于1.275 MPa;中压锅炉的压力一般为 3.825 MPa;高压锅炉的压力一般为9.8 MPa;超高压锅炉的压力一般为 13.73 MPa;亚临界压力锅炉的压力一般为16.67 MPa;超临界压力锅炉的压力为 23～25 MPa;超超临界压力锅炉的压力一般大于 27 MPa。

5. 按燃烧方式可分为火床燃烧锅炉(层燃炉)、火室燃烧锅炉(室燃炉)、流化床烧锅炉和旋风燃烧锅炉。

6. 按所用燃料或能源可分为固体燃料锅炉、液体燃料锅炉、气体燃料锅炉、余热锅炉、原子能锅炉和废料锅炉。

7. 按排渣方式可分为固态排渣锅炉和液态排渣锅炉。固态排渣锅炉中,燃料燃烧后生成的灰渣呈固态排出,是燃煤锅炉的主要排渣方式;液态排渣锅炉中,燃料燃烧后生成的灰渣呈液态从渣口流出,在裂化箱的冷却水中裂化成小颗粒后排入水沟中冲走。

8. 按炉膛烟气压力可分为负压锅炉、微正压锅炉和增压锅炉。负压锅炉中炉膛压力保持负压,有送、引风机,是燃煤锅炉的主要形式;微正压锅炉中炉膛表压力为 2~5 kPa,不需引风机,宜于低氧燃烧;增压锅炉中炉膛表压力大于 0.3 MPa,用于配蒸汽—燃气联合循环。

9. 按锅筒数目可分为单锅筒锅炉和双锅筒锅炉,锅筒可纵向或横向布置。现代锅筒型电站锅炉都采用单锅筒形式,工业锅炉采用单锅筒或双锅筒形式。

10. 按整体外形可分为倒 U 形、塔形、箱形、T 形、U 形、N 形、L 形、D 形、A 形等。

11. 按锅炉房形式可分为露天、半露天、室内、地下或洞内布置的锅炉。工业锅炉一般采用室内布置,电站锅炉主要采用室内半露天或露天布置。

12. 按燃烧来分,可分为内燃式锅炉、外燃式锅炉。

13. 按锅筒放置形式来分,可分为立式锅炉和卧式锅炉。

2.1.2　工业锅炉性能指标

工业锅炉的性能的衡量标志是其供热能力与供热品位。锅炉的参数是指锅炉的容量,出口蒸汽压力,蒸汽温度和进口给水温度。锅炉的容量用额定蒸发量来表示,是指锅炉在额定的出口蒸汽参数和进口给水温度以及保证效率的条件下,连续运转时所必须保证的蒸发量,符号为 D,单位是 kg/h 或 t/h。那么蒸汽锅炉的供热量为:

$$Q = 0.278D(i_g - i_{gs}) = 1\,000D(i_q - i_{gs}) \tag{2.1}$$

式中: Q ——锅炉供热量,kJ/h;

　　　D ——锅炉蒸发量,t/h 或 kg/h;

　　　i_g、i_{gs} ——分别为给水和蒸汽的焓,kJ/kg。

锅炉的给水温度是指省煤器进口集箱处的给水温度,没有省煤器式,则指进锅筒时水的温度。锅炉的出口蒸汽压力和温度是指锅炉主气阀出口处(或过热器出口集箱)的过热蒸汽压力和温度。一般而言,随着容量的增大,蒸汽压力和温度也相应提高。

2.1.3　锅炉的型号

为了规范锅炉的表示方法,我国制定了锅炉产品的型号表示方法。

我国工业锅炉产品型号由三部分组成,各个部分用短横线相连,见图2.1和图2.2。

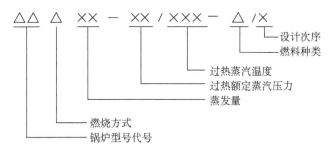

图 2.1　工业蒸汽锅炉型号形式

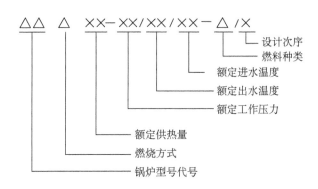

图 2.2　热水锅炉型号形式

第一部分分三段,分别表示锅炉型号(用汉语拼音字母代号,见表2.1)、燃烧方式(用汉语拼音字母代号,见表2.2)和蒸发量(用阿拉伯数字表示,单位为t/h;热水锅炉为供热量,单位为MW;余热锅炉以受热面表示,单位为 m²)。

快装式水管锅炉在型号第一部分用K(快)代替表2.1中的锅炉数量代号。快装纵横锅筒式锅炉用KZ(快,纵)代号;快装强制循环式锅炉用KQ(快,强)代号。

表 2.1 工业锅炉形式代号

锅炉形式	代号	锅炉形式	代号
立式水管	LS(立,水)	单锅筒横置式	DH(单,横)
立式火管	LH(立,火)	双锅筒纵置式	SZ(双,纵)
卧式内燃	WN(卧,内)	双锅筒横置式	SH(双,横)
单锅筒立式	DL(单,立)	纵横锅筒式	ZH(纵,横)
单锅筒纵置式	DZ(单,纵)	强制循环式	QX(强,循)

表 2.2 燃烧方式代号

燃烧方式	代号	燃烧方式	代号	燃烧方式	代号
固定炉排	G(固)	倒转炉排加抛煤机	D(倒)	沸腾炉	F(沸)
活动手摇炉排	H(活)	振动炉排	Z(振)	半沸腾炉	B(半)
链条炉排	L(链)	下饲炉排	X(下)	室燃炉	S(室)
抛煤机	P(抛)	往复推饲炉排	W(往)	旋风炉	X(旋)

常压锅炉的型号在第一部分中增加字母 C。

第二部分表示工质参数,对工业蒸汽锅筒锅炉,分额定蒸汽压力和额定蒸汽温度两段,中间以斜线相隔。蒸汽温度为饱和温度时,型号第二部分无斜线和第二段。对热水锅炉,第二部分由三段组成,分别为额定工作压力、出水温度和进水温度,段与段之间用斜线隔开。

第三部分表示燃料种类及设计次序,共两段:第一段表示燃料种类(用汉语拼音字母代号,见表 2.3),第二段表示设计次序(用阿拉伯数字表示),原型设计无第二段。

表 2.3 燃料种类代号

燃料方式	代号	燃料方式	代号	燃料方式	代号
无烟煤	W(无)	褐煤	H(褐)	稻壳	D(稻)
贫煤	P(贫)	油	Y(油)	甘蔗渣	G(甘)
烟煤	A(烟)	气	Q(气)	煤石	S(石)
劣质烟煤	L(劣)	木柴	M(木)	油页岩	YM(油母)

注:1. 如同时燃用几种燃料,主要燃料放在前面。
2. 余热锅炉无燃料代号。

例如:

DZL4-1.25-W 表示单锅筒纵置式链条炉排锅炉,蒸发量 4 t/h,压力 1.25 MPa,饱和温度,燃用无烟煤,原型设计。

SH510-1.25/250-A2 表示双锅筒横置式室燃锅炉,蒸发量 10 t/h,压力 1.25 MPa,过热蒸汽温度 250 ℃,燃用烟煤,第二次设计。

QXWZ2.8-0.7/95/70-A2 表示强制循环式往复炉排热水锅炉,额定供热量 2.8 MW,额定工作压力为 0.7 MPa,额定出水温度 95 ℃,额定进水温度 70 ℃,燃用烟煤,第二次设计。

我国电站锅炉型号也由三部分组成,见图 2.3。第一部分表示锅炉制造厂代号(见表 2.4),第二部分表示锅炉参数,第三部分表示设计燃料代号(见表 2.5)及设计次序。

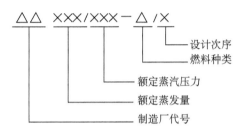

图 2.3 电站锅炉型号形式

表 2.4 某些电站锅炉制造厂代号

锅炉制造厂名	代号	锅炉制造厂名	代号	锅炉制造厂名	代号
北京锅炉厂	BG	杭州锅炉厂	NG	武汉锅炉厂	WG
东方锅炉厂	DG	上海锅炉厂	SG	济南锅炉厂	YG
哈尔滨锅炉厂	HG	无锡锅炉厂	UG		

表 2.5 设计燃料代号

设计燃料	代号	设计燃料	代号	设计燃料	代号
煤	M	气	Q	可燃煤和油	MY
油	Y	其他燃料	T	可燃油和气	YQ

2.2 典型锅炉简介

2.2.1 水管锅炉

水管锅炉最早出现在 19 世纪中期。锅炉受热面由原来的锅壳本身和锅壳内的火筒、火管改为锅壳外的水管。从而锅炉的受热面积和蒸汽压力的增加不再受到锅壳直径的限制,有利于提高锅炉蒸发量和蒸汽压力。这种锅炉中的圆筒形锅壳遂改名为锅筒,或称为汽包。初期的水管锅炉只用直水管,但是直水管锅炉的压力和容量都受到限制。水管锅炉发展的特征主要体现为集箱和水管形状的发展。早期的水管锅炉采用整集箱和直水管,水管呈水平或倾斜布置,虽然便于和锅炉连接及制造,但难以保证整块集箱的强度,后改进为分集箱。近代的水管锅炉,由于焊接技术和制造工艺水平的提高,同时为了改善其水循环,直水管都改为垂直布置的弯水管。方形集箱被锅筒和圆集箱代替,且锅筒的数目逐渐减少。现代工业锅炉多采用双锅筒形式,锅筒间用弯水管连接形成对流管束。而电站锅炉多采用单锅筒、弯水管的形式。

水管锅炉的燃烧室是由水冷壁和炉墙构成的,可根据不同的燃烧条件和锅炉参数对受热面的要求进行制作,而不受锅筒体积的影响。水管锅炉燃烧室的适应性很强,可以设置各种燃烧设备,使用各种劣质燃料,有效减少由于不完全燃烧带来的热损失。

水管锅炉的锅筒内不布置烟管受热面,蒸汽和水的容积相对较大,对负荷变化的适应能力强,此外上锅筒可安装完整的汽水分离装置,蒸汽品质有保证;水管锅炉的蒸发受热面多采用锅炉管束的形式——锅炉管束垂直分布,烟气横向冲刷,管壁不易积灰和污染,受热面的传热能力强。

按锅筒放置的位置可分为双锅筒纵置式和横置式锅炉。双锅筒纵置式常见的有 D 形和 O 形(即长短锅筒形)两种。图 2.4 为 SZS 型双锅筒纵置式水管锅炉外形尺寸图,采用反"D"字形布置。这种锅炉上下锅筒纵向布置,左侧为炉

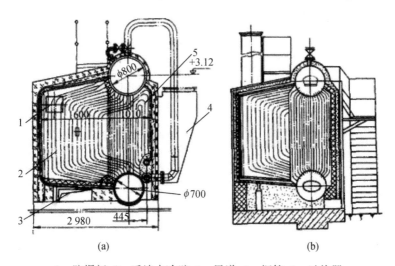

1—防爆门;2—后墙水冷壁;3—风道;4—烟箱;5—过热器。

图 2.4　SZS 型双锅筒纵置式水管锅炉外形尺寸图(单位:mm)

膛,主要由水冷壁包围吸收热量,右侧为对流管束,参数高的还有过热器。锅筒与水冷壁管、对流管一般采用胀接连接。在对流管束中,受热较强的管束为上升管,受热较弱的管束则为下降管。水冷壁管由于受到强烈的辐射热,管内汽水混合物的流向始终向上。这种锅炉燃烧器置于前墙,采用微正压燃烧,炉膛四周密封性要求高,以强化燃烧,消除漏风,降低排烟热损失;全部水冷壁直接与上下锅筒连接,省去了集箱和下降管,减小了水循环阻力,这种锅炉还可快(整)装出厂。

采用 D 形布置的主要特点在于锅炉管束布置灵活,可以调整上下锅筒的中心距离和管子的节距与排数,既能满足受热面积的需要,又可以使气流保持在经济合理的范围内;如前面所说,其燃烧室形状尤其适合采用链条炉等机械化燃烧设备,链条炉为了保证燃料的充分燃烧需要有足够的长度,而在炉排热强度一定时其宽度显得比较窄,而在锅炉一侧面纵向布置的锅筒很容易使燃烧室布置成窄长的形状与炉排尺寸相适应。

选用双锅筒横置式的工业锅炉很多,且以大容量工业锅炉为主,容量为 2~20 t/h,由于上下锅筒的轴线垂直于炉排的运动方向而得名。图 2.5 为双锅筒横置式链条炉排锅炉的结构简图。

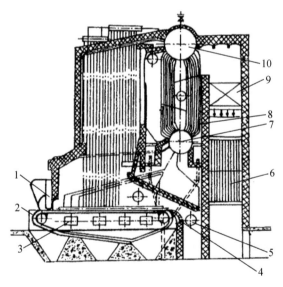

1—煤斗;2—链条炉排;3—风室;4—老鹰铁;5—入孔门;6—空气预热器;
7—下锅筒;8—对流管束;9—省煤器;10—上锅筒。

图 2.5   双锅筒横置式链条炉排锅炉的结构简图

锅炉管束置于锅炉后部,由隔烟墙形成几个烟气通道,提高了烟气流速,改善烟气对受热面的冲刷。燃烧室的形状、结构和锅炉的容量及燃烧设备有很大关系。在较大容量的双锅筒横置式锅炉中,燃烧室是由几个独立循环回路的水冷壁组成的,前后墙水冷壁管的上部直接引入上锅筒,下部由下集箱引出后分别作为前后拱的炉拱管。燃烧室的烟气从燃烧室上部的烟囱出去进入对流烟道,比较完善的汽水分离设备一般装在上锅筒,且上锅筒的直径一般比下锅筒大。锅炉尾部有省煤器和空气预热器的尾部受热面。如果需要,还可以在对流烟道装过热器系统。

某公司设计研制出了长短锅筒布置的 SZL 型组装水管锅炉。其特点主要有:结构紧凑,易于组装出厂;水容积较大;较大的传热系数和较低的金属耗量;安装简单,操作简单;单层布置,基建费用低,周期短。图 2.6 为该公司的 SZL20.2.5/400.AⅡ型锅炉示意图。把长短锅筒连同对流管束相对零面抬高布置,相对增加了炉膛部分的高度,两侧的水冷壁采用了膜式水冷壁结构,并采用轻型炉墙保温层,使锅炉的启停热惯性小,利于锅炉的运行和调节,增加了组装程度和炉膛部分的密封程度;在保证适当的炉排热负荷和炉膛热负荷条件下,协调了炉膛的尺寸,协调的长、宽、高有利于燃烧和传热的组织,同时避免较大容量的组装锅炉的炉膛狭长而偏矮的缺点,四周水冷壁分设了各自独立的循环回路,且由于炉膛高度的增加,增加了循环压头,改善了水循环;给煤层采用分层燃烧装置或者锯齿形煤闸门,为提高燃烧效率提供了条件;蒸汽流动方式采用先逆后顺的方式,中间布置面式减温器,提高了过热器的可靠性。

以江苏太湖锅炉集团公司生产的 SZL6.1.25.AⅡ型组装水管锅炉为例,系双锅筒纵向布置水管式自然循环燃煤蒸汽锅炉。锅炉蒸发量为 6 t/h,工作压力为 1.25 MPa,蒸汽温度为 194 ℃。锅炉由两部分组成:上部本体受热面,下部燃烧设备。上部本体受热面在厂内装配成整体出厂;下部锅炉本体前端的燃烧室由四周布置的水冷壁组成,以吸收炉膛辐射热,后端上下锅筒之间布置密集的对流管束及横向烟道隔板,燃烧后的烟气经二次回程横向冲刷对流受热面后进入鳍片省煤器,最后经除尘器排入烟囱。燃烧设备由轻型链条炉排及风室组成,炉排采用无级变速可任意调节炉排速度,风室采用密封风仓,配风合理。本锅炉结构紧凑,热效率高(鉴定热效率为 83.14%),出力足,煤种适应性广,维修方便。锅炉采用单层布置组装出厂,安装周期短,锅炉房投资低。本锅炉配有电控柜,实现给水自动控制,燃烧遥控及热工参数检测。

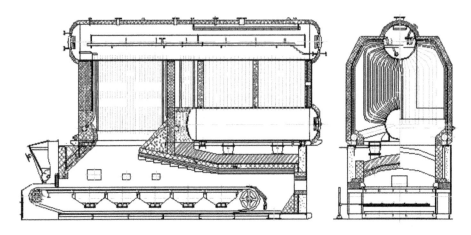

图 2.6　SZL20.2.5/400.AⅡ型锅炉示意图

由中国国家标准化管理委员会发布的国家标准《水管锅炉》(GB/T 16507.1—16507.8—2013)于 2014 年 7 月 1 日正式实施,这标准规范了水管锅炉的设计制造检验验收安装和运行,协调了与锅炉安全技术法规的关系,扩大了标准的适用范围,汇集了行业内先进的技术和宝贵的经验,是锅炉标准体系中重要的核心标准。

2.2.2　火管锅炉(锅壳锅炉)

火管锅炉是在工业上应用最早的锅炉,最早开始于 1808 年的康尼许(Cornish)锅炉,到 1844 年发展为兰开夏型(Lancashire)锅炉,这种锅炉结构比较简单,主要由锅炉外(锅炉直径可以达 2 m)的一个或两个火筒(炉胆)组成,火筒尺寸在 650～950 mm 之间,形状一般为波浪式,以保证热膨胀及火筒本身必要的强度。这种锅炉容量可达 2 t/h,工作压力达 0.8 MPa(表压),锅炉效率在55% 左右,但是平均的单位面积蒸发率仍然比较低。这种早期的锅炉具有以下优缺点:

优点:

1. 结构简单;

2. 水及汽容积大,对负荷变化适应性较好;

3. 相比水管锅炉,火管锅炉对水质的要求更低;

4. 烟、风阻力小,可采用自然通风。

缺点:

1. 受热面小;

2. 传热效率低(容积大、水流速小);

3. 容量小,工作压力低;

4. 金属耗量大,锅炉效率低;

5. 火管锅炉受到了压力方面的限制。

以火管(fire tube)为主要受热面的锅炉属于火管锅炉。水火管锅炉、卧式火管燃油(气)锅炉均属于火管锅炉。目前这两种火管锅炉的在用总容量占我国工业锅炉总容量的半数以上。可见,对这两种火管锅炉进行深入研究、全面革新的意义十分重大。

水火管锅炉是于 1965 年在我国上海首先开发的。由于其优点突出:适于燃煤、结构紧凑、效率较高等,得到广泛采用。几十年以来,水火管锅炉一直是我国工业锅炉中数量最多的炉型。早期采用的旧型结构对锅炉水质较为敏感,因水质欠佳所导致的管板开裂、锅壳底部鼓包、水冷壁爆管等事故时有发生。另外,单台容量不大,最大约为 10 t/h(7 MW)。近年来,在旧的水火管锅炉的基础上,又研制出一批各项性能都有较大提升的新型水火管锅炉。采用了传热效率更高的螺纹烟管来代替一般的平直烟管;新型锅炉明显降低的高度可以提升锅炉的供热能力;新型锅炉即使容量达 80 t/h 也还是采用自身的支承方式,降低了钢耗量,并使其制造和安装简单化;新兴锅炉采用带回水引射的自然循环方式便于运行;新型水火管炉膛内的炉拱上方的较大空间有利于烟气在其中的有效沉降。另外,单台容量不断增大:20 t/h(14 MW)、40 t/h(28 MW)锅炉已大批量投运,65 t/h(约 46 MW)也已投运多台,正向 90 t/h(63 MW)发展。可见,近年来的技术革新使水火管锅炉的面貌发生了深刻变化。

北京之光锅炉研究所开发的卧式燃油(气)锅炉就是在上述新型水火管锅炉的大量成熟经验基础上进行革新的。将旧型结构中两个回程烟管改为单回程烟管,用无拉撑低应力拱形管板取代了原来的拉撑平板,从而使锅炉钢耗、工艺量明显下降,锅壳内检修空间、汽水分离空间明显增大。新炉型采用经验成熟的直燃式(非回燃式)炉胆和运行可靠的湿背结构;热水型高温管板采用了有效保护措施,有效消除了蒸汽型水位局部胀起较高的现象。此外,新炉型也消除了锅炉尾部的滴水现象。1. 20 t/h(0.84 MW)系列新型卧式火管燃油(气)锅炉已得到国内厂家高度重视。该类型锅炉具有以下特点:

1. 优越性

新型水火管锅炉发展很快、数量最多,根据锅炉设计、制造、运行情况,主要有以下几个方面的原因:

(1) 采用高效传热螺纹烟管具有以下优点:

① 由于高效传热的螺纹烟管布置在锅壳内,较排管等形式的受热面更加紧

凑,减小了锅炉的尺寸,降低了锅炉房的造价。

②取消了出水温度小于或等于150 ℃的热水锅炉的尾部受热面,使锅炉长度、锅炉房跨度减小,使锅炉尺寸、锅炉房造价进一步下降。

③合理设计的管内平均烟速使得锅炉运行时基本上不会积累灰尘,使锅炉的出力和热效率不会随着运行时间的增加而有所降低。即使在低于一半负荷条件下运行,烟管尾部出现积灰时,积灰量也会比排管少,便于清除。

④大量高效传热螺纹烟管浸于锅水中,加之锅壳外部1/3~1/2面积直接受火,使锅炉水的升温时间比水管锅炉大幅度减少。

(2)受热面采用混合循环(自然循环加回水引射)方式,相对强制循环具有以下优点:

①运行方便,无须专门排气,即使突然停电,也没有烧毁受热面的危险。

②水容大,停电时不会引起锅水沸腾。

③锅内介质的出入口压降低至0.05 MPa,导致锅炉运行自用电耗下降,下降的值大于螺纹烟管阻力较大而使电耗增多的值。

④炉膛容积大,有明显降灰能力,炉膛最后部的烟气转向室成为灰尘沉降室,足以满足锅炉原始排尘浓度的要求。

⑤自身支承,无须主钢架,减少钢耗。

⑥锅炉制造工艺简单。

⑦锅炉造价明显下降。

新型卧式火管燃油(气)锅炉采用单回程螺纹烟管与拱形管板后,使锅炉结构大为简化,便于制造、检修,钢耗与造价明显下降。

2. 安全性

新型水火管锅炉尽管存在管板、锅壳底部等受火以及小容量锅炉的循环回路较低等缺点;但是对其采取了大量行之有效的专门措施,如采用高温管板回水冲刷,应用八字烟道减小锅壳底部热负荷,部分上升管的水扰动锅壳底部;上升管的水速已接近允许值的两倍等,借以扩大了对水质的适应性。经二十多年、几十万台锅炉运行实践证实,只要锅炉水质基本满足国家标准要求,均能安全可靠地运行。

3. 适用范围

火管锅炉由于锅壳直径较大,为便于制造、减少钢耗,目前工作压力以≤2.5 MPa为限,实际上绝大多数用户要求≤1.6 MPa;另外,锅炉容量不宜过大,目前一般在100 t/h(70 MW)以下。超出以上范围,宜采用水管锅炉。图2.7为DZL新型水火管锅炉结构简图。

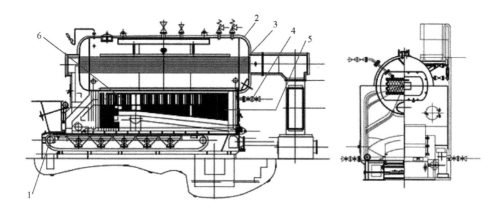

1—炉排；2—拱形管板；3—螺纹烟管；4—回水管；5—下集箱；6—高温管板冲刷管。

图 2.7 DZL 新型水火管锅炉结构简图

图 2.8 所示为西安交通大学设计的一种三回程的常压立式火管油气炉,结构简图如图所示。烟气流程为:燃烧器装在顶部,燃料喷入炉膛燃烧,形成高温烟气流向底部,同时与炉膛壁进行辐射换热,到底部时转 180°返至上部,进入对流烟管部分,首先冲刷螺纹烟管组Ⅰ,进行对流换热,然后转 180°进入螺纹烟管组Ⅱ,继续对流换热,最后经烟囱排入大气。水流程更简单,回水管、补给水管在侧壁下部,出水管在对面侧壁上部,水泵设在出水管处抽水(保证结构不承压),回水与补给水进入水夹层,吸收对流、辐射换热热量,达到设计温度时,经出水管进入水系统供用户使用。

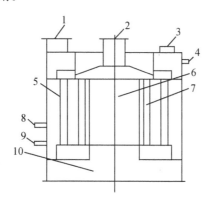

1—接烟囱；2—燃烧器；3—排气孔；4—出水管；5—烟管组Ⅱ；6—炉膛；
7—烟管组Ⅰ；8—补给水管；9—回水管；10—耐火混凝土。

图 2.8 三回程锅炉结构简图

这种锅炉具有结构简单、紧凑、形状规则、制造方便的特点。易于布置受热面;采用全焊接结构,密封性强,安全性好;钢材耗量小。除此之外还有辐射面积较大、吸收热量充分、炉膛内燃烧情况良好、气流组织均匀、温度场均匀的优点。缺点是烟速不能太高,否则会增大烟气阻力,必须换用更大功率的燃烧器,增加了运行成本。

2.2.3　余热锅炉

在 21 世纪,能源问题已经受到世界各国的高度重视。节约能源的途径除了采用高能效的新设备和新工艺外,也可以采用余热锅炉回收各类余热源,这对能源利用率的提高有很大帮助。为此,世界各国都先后开展了余热锅炉和余热利用技术的研究工作,并在节能中大力推广应用余热锅炉以节约能源,取得了显著的节能成果。余热的再利用已经成为国家的一项重要的节能措施。

利用废气、废渣的余热来加热水,产生蒸汽的设备,称为余热锅炉(废热锅炉)。余热锅炉结构上的显著特点是:没有燃烧室和燃烧装置,整台锅炉只有高温和低温对流受热面。

余热资源具有以下特点:

1. 废气中含有 SO_2、SO_3、NO_x、H_2S、NH_3 等有腐蚀性的气体;

2. 废气中夹带有大量半融状态的粉尘或烟;

3. 废气中不但含有丰富的显热,有时还有可燃气体;

4. 热源的温度差别有时很大,高的可达 1 350 ℃,低的只有 500 ℃ 左右。因此,废热锅炉的种类和式样很多。

国外利用余热发电的新趋势,是向余热锅炉—蒸汽—发电的全利用目标推进。和常规锅炉不同,余热锅炉中不发生燃烧过程,也没有燃烧相关的设备,从本质上讲,它只是一个燃气—水蒸气的换热器。其与燃气轮机配合,燃气轮机的排气(温度为 500~600 ℃)进入余热锅炉,加热受热面中的水,水吸热变为高温高压的蒸汽再进入汽轮机,完成联合循环。

余热锅炉按燃料分为燃油余热锅炉、燃气余热锅炉、燃煤余热锅炉及外煤余热锅炉等;按用途分为余热热水锅炉、余热蒸汽锅炉、余热有机热载体锅炉等;按水循环方式分为自然循环锅炉和强制循环锅炉。

余热锅炉由锅筒、活动烟罩、炉口段烟道、斜 1 段烟道、斜 2 段烟道、末 1 段烟道、末 2 段烟道、加料管(下料溜槽)、氧枪口、氮封装置及氮封塞、人孔、微差压取压装置、烟道的支座和吊架等组成。余热锅炉共分为 6 个循环回路,每个循环回路由下降管和上升管组成,各段烟道给水从锅筒通过下降管引入各个烟道的下集箱后进入各受热面,水通过受热面后产生蒸汽进入进口集箱,再由上升管引入锅筒。各个烟道之间均用法兰连接。

余热锅炉是机械产品及余热发电设备中的一个重要组成部分,因此发展余热锅炉,振兴余热锅炉行业,也是振兴机械行业和电力行业,促进产品上质量、上品种和上水平不可缺少的环节。我们要在不断改进老式产品、开发新产品,赶上世界先进水平的同时,加强与国外的技术交流,借鉴国外先进经验。图 2.9 为一典型烟道式余热锅炉。

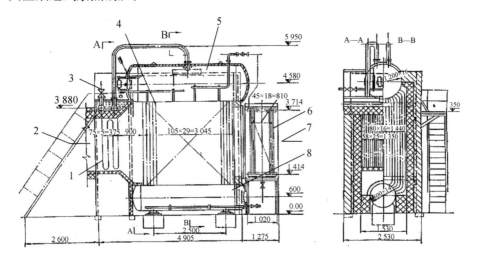

1—过热器;2—废气入口;3—过热蒸汽出口;4—管束;5—锅炉;6—省煤器;7—废气出口;8—下锅筒。

图 2.9　烟道式余热锅炉结构图(单位:mm)

图 2.10 和图 2.11 分别为强制循环余热锅炉和自然循环余热锅炉结构示意图。

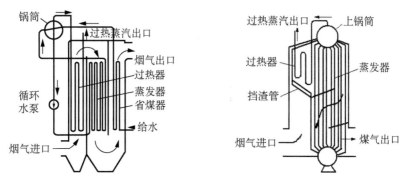

图 2.10　强制循环余热锅炉结构示意图　　图 2.11　自然循环余热锅炉结构示意图

大连锅炉厂受中国航天工业总公司第十一研究所委托,为锦西化工厂设计了一种余热锅炉 SZH2.5.1.1.F。锅炉结构如图 2.12 所示。

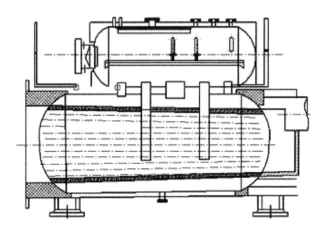

图 2.12　SZH2.5.1.1.F 型余热锅炉结构示意图

该型锅炉采用双锅筒纵置式,下锅筒为换热器,上锅筒为汽水分离器。上、下锅筒通过五根管子相连接,其中一个为腰圆形孔,检修时人可以通过此孔;两个为汽水引出管;另两个为内置式下降管。下锅筒采用凸型管板螺纹烟管。为防止入口侧管端发生裂纹,烟管与管板间采用先胀后焊,管板开焊接坡口,管端扩径装隔热套管等延长锅炉使用寿命。上锅筒内置均汽板及缝隙式汽水分离器和喷射式给水分配管及上排污管来改善蒸汽品质。在锅筒两端均布有四个液位计接口,可根据具体情况来布置液面计。

锅炉基座采用烟气出口侧固定,入口侧自由膨胀的结构,入口侧座设有腰圆孔。锅炉的外侧以岩棉毡包被后,用彩板包外衣。在上锅筒的一侧和一段配有走台。该锅炉具有体积小,安全运行可靠性高,制造质量高,外形美观,操作方便的特点。

实践证明,余热锅炉在各企业的节能中发挥了相当有效的作用,获得了较好的经济效益,其投资一般可在 3～4 年内回本。特别是近年来,随着 IGCC(整体煤气化联合循环发电系统)的兴起,余热锅炉有了更好的发展空间和机遇。比如:①干法熄焦余热锅炉。干法熄焦的技术设备是国外钢铁老工业中炼焦工艺广泛采用的新技术之一。如在日本,干法熄焦余热锅炉已是钢铁界实用化节能效果显著的高温余热回收设备。②燃气轮机余热锅炉。由于采用低热值煤气化联合循环发电能提供比常规燃煤蒸汽发电更高的效率(后者发电效率为 30%～32%,而前者可达 40%),近年来,世界各国都竞相发展。为了满足联合循环中燃气轮机功率提高的要求,余热锅炉技术也需要迅速地发展。

近年来,随着各种能源价格的大幅度上涨,人们对锅炉的选择开始着重考虑它的运行成本,现实中,企业生产离不开蒸汽锅炉,宾馆、酒店、小区、洗浴中心的采暖或洗浴离不开热水锅炉,锅炉的燃料费用是非常大的一笔支出。为了尽量避免出现"买得起锅炉,用不起锅炉"的这一客观现象,精明的锅炉制造商对锅炉进行了一系列节能改造,改造的主要内容就是锅炉的余热回收问题,现在用这种余热锅炉的客户对其设备非常认可。事实上,节能是一个国家能够可持续发展的关键因素之一,如果我们还坚持传统的能源利用方式,不能使资源有效地循环利用,就会使社会的整个资源环境加剧恶化,并且造成能源的快速枯竭。据可靠资料,我国工业能源的消耗在总体成本中占有最多的份额,而能源的有效使用率仅仅有三成左右,成本支出比欧洲发达国家高出很多,所以考虑到经济效益,节能设备的推广是势在必行的一大举措。能源的短缺是目前全世界都面临的一项严峻考验,在这样一个大背景下谋求发展,开发新能源是一个方面,更重要的是在节约能源上下足功夫。目前,国内余热节能锅炉的设计和开发已经逐渐成熟,随着社会的发展,人们会发现节能设备是一个必然趋势。节能锅炉的招牌不仅仅是商家促销的一个重头砝码,更是对社会和环境的一大贡献。

2.2.4　燃油燃气锅炉

燃油燃气锅炉就是以燃料油(简称燃油)或可燃气体(简称燃气)作为燃料的锅炉。既可以燃油又可以燃气的锅炉称为燃油燃气锅炉,亦称双燃料锅炉,俗称油气炉。燃油燃气锅炉是一种有别于一般设备的"特殊设备",它是一种能承受压力的、具有爆炸危险、还可能引发火灾的特殊设备。所以,其设计、制造、安装、使用、检验、修理及改造都必须遵守有关的安全技术规程,并接受国家的安全技术监察。由于其技术复杂程度比一般的燃煤锅炉高得多,为保证安全,防止事故的发生,燃油燃气锅炉的管理者和操作者,除了应掌握一般锅炉的安全知识外,还必须掌握燃油燃气锅炉方面的专业知识和技能。燃油燃气锅炉用于民用建筑供暖,在我国已使用了近十年。从近几年的发展看,仍势头不减。其间,各界人士虽然对其利弊发表了不同看法,但由于市场经济大气候的影响以及各地供暖实际的差异,生产、经营单位愈来愈多,应用也在呈上升趋势,这是一个不可争辩的事实。燃油燃气的优点在于在燃气不足或压力过低时能用燃油让锅炉继续运行,从而不会影响用户的作业进程。

1. 燃油燃气锅炉的类型

(1) 卧式内燃火管锅炉。锅壳纵向轴平等于地面且燃烧室包含在本体里面的火管锅炉称卧式内燃火管锅炉。炉胆是该类型锅炉的燃烧室。燃烧器喷嘴置于炉胆前部,燃烧产生的高温烟气延伸到后部,离开炉胆后折返空间(回燃室),近返后进入第二回程(烟管),如折返一次则称二回程锅炉,如折返二次则称三回程锅炉,以此类推,一般折返次数不超过四次,最常见的是三回程锅炉。此类型锅炉根据炉胆后部烟气折返空间的结构形式可分为干背式锅炉和全湿背式锅炉。干背式锅炉的烟气折返空间是由耐火材料砖围成的;全湿背式锅炉的烟气折返空间是由浸在水中的回燃室组成的。卧式内燃火管锅炉的锅壳和炉胆都是圆筒形元件,为保证安全运行,它们都必须有足够的强度和刚度。由于圆筒形元件的壁厚与筒体直径和压力的乘积成正比,因此无论锅壳或是炉胆,直径的增大和压力的提高,都意味着壁厚的增加。通过技术经济比较,若锅壳直径太大,其制造成本会超过同等容量和压力的水管锅炉,是不经济的;对于炉胆,若壁厚超过 21~22 mm,则将导致热应力过大,危及锅炉运行安全。因此,燃油燃气卧式内燃火管锅炉的工作压力一般都不超过 2.0 MPa;单炉胆锅炉的容量一般不超过 15 t/h;双炉胆锅炉一般不超过 30 t/h。

　　图 2.13 为一卧式快装内燃三回程火管锅炉示意图。采用偏置炉胆湿背式结构,高温烟气依次冲刷第二及第三回程烟管,然后由后烟室经烟囱排入大气。锅炉装有活动的前后烟箱盖,使锅炉检修方便。锅炉配置技术性能良好的工业燃烧器,采用了燃烧自动比例调节、给水自动调节、程序启停、全自动运行等先进技术,并具有高低水位报警和极低水位、超高气压、熄火等自动保护功能。该型锅炉具有结构紧凑、安全可靠、操作简便、安装迅速、污染少、噪声低、效率高等特点。

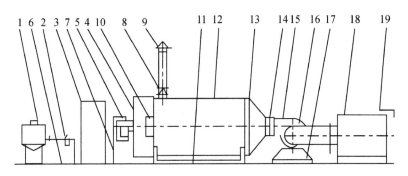

1—储油槽;2—总阀滤油器;3—控制箱;4—燃烧器;5—燃烧器座;6—油管;7—进油管;
8—雨帽;9—烟囱;10—热风出口;11—机座;12—热交换器;13—进风盖;14—软接管;
15—接管;16—送风机;17—风机减震座;18—空气过滤器;19—冷空气进口。

图 2.13　卧式快装内燃三回程火管锅炉示意图

（2）水管锅炉。当锅炉容量≥30 t/h 时,水管锅炉的各项指标明显优于火管锅炉,唯一需要注意的是,燃油气的燃烧特性要求微正压通风,所以对炉墙的强度和密封要求都很高。水管锅炉的主要形式有 D 形、O 形和 A 形。三种形式的共同特点是:卧式布置,燃烧器水平安装,操作检修方便,宽高度尺寸较小,长度伸缩性较大,适于锅筒系列化生产。其中 D 形锅炉是双锅筒纵置式,右(左)侧为水冷壁,左(右)是上锅筒之间的对流管束,根据需要可布置过热器或省煤器;O 形也是双锅筒纵置式,上锅筒长,下锅筒短,前部炉膛两侧的水冷壁管在下部弯向对方并与其下集箱相连,燃烧器于前部布置;A 形是单锅筒纵置式,炉膛和对流管束均由上锅筒和两侧下集箱之间的管子构成,前部布置燃烧器,本锅炉尾部可设过滤器。

（3）小型立式锅炉。锅壳纵向轴线垂直于地面的锅炉为立式锅炉。其燃烧器一般布置在炉顶。中心是一个炉胆,烟气在炉底折返向上流动,冲刷翘片管形成的夹套中被加热,在上部分离出蒸汽;燃烧器也可布置在下部侧面,在炉胆中燃烧后向上冲刷烟管,水在烟管外锅壳里被加热。

2. 燃油燃气锅炉的选择原则

燃油燃气锅炉的选型除按技术与经济相结合的原则来考虑外,还应综合考虑业主的意图,并结合环保、消防、劳动部门的意见,以安全、环保为主。下面列几条需注意的选用原则:

（1）应自动化运行,安全有保障,有可靠的自控和保护装置。

（2）锅炉性能需与用户用热用汽特性一致,适应性好。用户负荷有较大变化时,敏感性要高,追踪性要快,压力要稳定。

（3）视锅炉布置位置及要求,选择立式或卧式锅炉。

（4）视用户供汽时间要求,可选择快速锅炉,一般在 3~5 min 可供汽。

（5）要求用户提供负荷曲线,以便核实所选锅炉的出力和性能。

3. 燃油燃气锅炉的应用

从近几年实际使用的情况来看,小型燃油燃气锅炉的主要优点是轻便、灵活,安装调试方便,对建筑的要求较低,又可以减少烦琐的报批手续,其烟尘排放对大气的污染也比燃煤锅炉小一些。但是燃油燃气锅炉也具有明显的不足,其一次性投资和经常的运行费用均高于燃煤锅炉。这是小型燃油燃气锅炉与大型集中供热锅炉的主要差别。另外,目前使用的小型燃油燃气锅炉多为常压锅炉,因此其使用范围也理所当然地受到了某些局限。就近几年的使用情况看,小型燃油燃气锅炉大多用于城市里的别墅区、度假村,或者是城市集中供热范围以外的地区,以及一些暂时无法设置集中供热的新开发区。从我国国内使用的单位来看,则大多集中于一些外资、合资企业和房地产开发部门,在某些天然气资源、燃气资源比较丰富的地区,采用燃气锅炉供暖无疑是经济的。

随着国民经济的发展,电力需求始终是一个重大能源问题,目前燃油锅炉容量均较小,大多在 $100\sim300$ MW 之间,需要有更为先进和更大容量的燃油锅炉设备。国内自主开发了首台 750 MW 亚临界燃油锅炉,在技术上具有先进性、成熟性,在经济上具有良好的效益,而且也填补了市场空白,是一种在国际上成熟的高效、低污染的发电技术,具有很强的市场竞争力。如图 2.14 为该锅炉总体示意图,采用反向双切圆燃烧方式的长方形炉膛,可保证良好的八角切向燃烧,采用亚临界机组中已有丰富设计和运行经验的带内螺纹管控制循环。

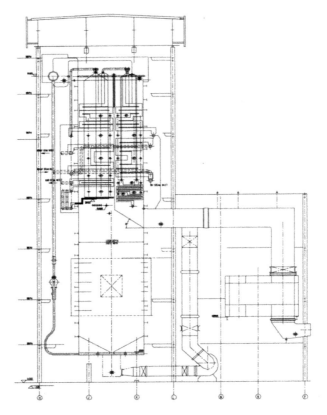

图 2.14　首台 750 MW 亚临界燃油锅炉总体示意图

燃油燃气锅炉的设备费用从总体上讲,要高于同容量的燃煤锅炉。其价格差异随设备容量增大而减小。按东北地区最近的市场价格,对 2.8 MW 以下的锅炉成套设备,燃油锅炉是燃煤锅炉的 $1.4\sim1.8$ 倍,燃气锅炉是燃煤锅炉的

1.6～2 倍。而目前用于供暖的小型燃油燃气锅炉容量大多在 2.8 MW 以下，考虑小型燃油燃气锅炉房建筑费用较低的因素，燃油燃气锅炉房作为供暖热源的一次性投资仍高出燃煤锅炉房。燃油燃气锅炉供暖的运行费用同燃煤锅炉一样，主要包括燃料费、水费、电费、折旧费、大修理费、工资及福利费、材料费和管理费等。在上述各项费用中，占比最大的是燃料费。对燃油燃气锅炉供暖，燃料费占总费用的 75%～85%，对小型燃煤锅炉供暖，燃料费占总费用的 40%～60%。

燃油燃气锅炉供暖的运行费用一般要高出燃煤锅炉的 2 倍。但是，在一些小型燃气采暖器生产厂和一些燃气分户供暖试点单位提供的资料中，燃气供暖的运行成本低于上述估算值，原因如下：其一，小型采暖器分户供暖试点单位计算的运行成本，主要是燃料费、电费，而运行成本中的其他费用则未计算；其二，目前的小型燃气采暖器供暖，多为间歇供暖，因此其供暖质量与连续供暖是有差别的。

小型燃油燃气锅炉作为供暖热源时（小型单户采暖器除外），其管道和用户部分与常规的供暖系统是相同的。有区别的只是热源及整个供暖系统。由于目前用于供暖的小型燃油燃气锅炉多为常压锅炉，因此其系统形式应为吸入式常压锅炉供暖系统。

在燃油燃气锅炉采暖系统中，可利用燃烧机及自动控制装置快速反应的特点，较方便地实现对热源设备进行自动化节能控制，并可结合热循环泵变频控制、供热系统热平衡阀组自动调节控制、不同的供热点分时段供热电动调节阀组自动控制等系统节能改造，实现燃油燃气锅炉采暖系统的节能控制。

对于燃油锅炉，除了采用燃料脱硫的方法外，还可以采用热管空气预热器降低酸性腐蚀，加热助燃空气，回收烟气废热，提高炉子的热效率。相比之下，燃油锅炉更加易于实现对 SO_x 的控制，降低锅炉排放烟气中 SO_x 的含量，提高能量的转化率。一般以煤炭为燃料的工业锅炉平均运行热效率为 50% 左右，而现今燃油燃气工业锅炉的设计和运行热效率比同参数的燃煤锅炉高，通常可达 85%～90%。热效率高意味着燃油燃气锅炉更加节能，可以降低燃料的使用量，从源头上减少了污染物的排放量。

与煤炭相比，燃油和燃气具有发热量高、易于操作调节、热效率高和对环境污染小等特点，非常适于用作锅炉燃料。燃油燃气两用锅炉可以高效利用资源、减少大气污染，符合我国节能减排的政策，并且燃油燃气锅炉结构紧凑，更加利于推广应用。

2.2.5　垃圾焚烧锅炉

垃圾焚烧炉是焚烧处理垃圾的设备,垃圾在炉膛内燃烧,变为废气进入二次燃烧室,在燃烧器的强制燃烧下燃烧完全,再进入喷淋式除尘器,除尘后经烟囱排入大气。垃圾焚烧炉由垃圾前处理系统、焚烧系统、烟雾生化除尘系统及煤气发生炉(辅助点火焚烧)四大系统组成,集自动送料、分筛、烘干、焚烧、清灰、除尘、自动化控制于一体。

垃圾焚烧适用于生活垃圾、医疗垃圾、一般工业垃圾(一般工业垃圾采用高温燃烧、二次加氧、自动卸渣的高新技术措施,达到排污的监控要求)等。与填埋和堆肥相比,垃圾焚烧更节约土地,不会造成地表水和地下水污染。在城市化加速推进、建设用地指标接近极限的情况下,对于中东部人口稠密、用地紧张、垃圾围城的大中型城市来讲,垃圾焚烧逐渐成为一种现实选择。当前我国城市生活垃圾成分有了明显的变化,纸质、塑料、木质、纤维等可燃物和其他有机物大大增加,其质量已基本具备焚烧的条件,城市垃圾焚烧发电已成为可能,为发展垃圾焚烧锅炉创造了条件。采取垃圾焚烧使垃圾体积减小90%,质量减小70%以上,用回收热量产生蒸汽,效率约达85%,转变成电能大约为30%。所以垃圾焚烧技术在我国将成为极具发展潜力的新兴产业。借鉴国外先进技术,迅速研制国产垃圾焚烧锅炉,其市场前景非常广阔。

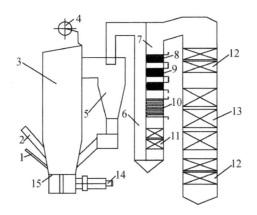

1—加煤器;2—垃圾给料口;3—绝热炉膛;4—锅筒;5—旋风分离器;6—第一烟道;
7—第二烟道;8—低温过热器;9—中温过热器;10—高温过热器;11—前置空气预热器;
12—二次风空气预热器;13—省煤器;14—点火装置;15—布风板。

图 2.15　第九代流化床垃圾焚烧锅炉简图

焚烧系统是垃圾焚烧处理中的核心工艺,在目前垃圾焚烧项目中得到运用的设备主要有机械炉排炉、流化床焚烧炉(其简图如图 2.15 所示)以及回转式焚烧炉。机械炉排炉法工作原理就是将垃圾通过进料斗进入倾斜向下的炉排,由于炉排之间的交错运动,将垃圾向下方推动,使垃圾依次通过炉排上的各个区域。通过一次风机在垃圾储坑的上部将垃圾发酵堆积所产生的臭气引出,然后经过蒸汽预热器的加热处理,将其作为助燃空气送入焚烧炉之中,保证垃圾在较短的时间内得到干燥处理。燃烧空气从炉排下部进入并与垃圾混合;高温烟气通过锅炉的受热面产生热蒸汽,同时烟气也得到冷却,最后烟气经烟气处理装置处理后排出。在流化床焚烧垃圾的过程中,需要将垃圾进行破碎处理,使垃圾达到一定的粒度状态,通过短时间的流化焚烧,借助燃风作用将其在短时间内进行处理。在焚烧过程中,空气会从流化床底部喷入,并实现介质的合理搅动,使垃圾形成流态性。回转式焚烧炉是用冷却水管或耐火材料沿炉体排列,炉体水平放置并略为倾斜。通过炉身的不停运转,使炉体内的垃圾充分燃烧,同时向炉体倾斜的方向移动,直至燃尽并排出炉体。

随着雾霾等极端恶劣天气的频繁出现,对垃圾焚烧发电技术的环保要求被提到前所未有的高度,同时政策利好给相关设备市场带来机遇。在未来的发展中,国内垃圾焚烧发电设备的需求量将会大大增加。循环流化床焚烧锅炉作为最有效的垃圾焚烧方式之一,也在不断地探索更高效、更环保的优化途径。

2.2.6　家用锅炉

随着人们生活水平的不断提高,生活方式和消费观念都有了较大的变化。仅家庭采暖供热,一家一户的自立采暖供热系统已成为一种时尚,走进城乡许多居民家庭。这种家用采暖热水锅炉通常有燃气、燃油、燃煤和电加热四种方式。但普遍存在以下主要问题:

1. 由于系统存水太多,造成热循环启动慢。

2. 通常燃料燃烧后的热烟气都是顺向,一回程就很快离开炉子,使锅炉的出力和热效率都很低,热效率一般均小于 50%。

3. 有的锅炉虽然增加了热烟气的流程,但由于尾部受热而烟道长期被烟尘覆盖污染,不仅严重影响了传热效果,而且严重时烟道会被烟尘堵死,甚至无法继续运行。在具有鼓风机的强化燃烧状态下,不仅加剧了这种现象,而且给环境带来了严重污染。

4. 有的锅炉受热而布置不合理:一种情况是燃料没有良好的着火燃尽条件,使锅炉根本无法正常使用;另一种情况是燃料充分燃烧后所释放出来的热量不能充分地传给工质水就随烟气排入大气,使锅炉的出力和效率都处于较低的水平。家用锅炉可以单独对地暖进行供热,也可以既提供供暖同时也提供生活热水(即供暖＋热水两用系统,现大部分家庭采用的是这种方式)。

优点:

1. 效率高

锅炉热效率在 92% 以上。

2. 燃气费用低

同样价值的燃气所含热量比电能所含热量要高一倍以上,因此使用费用低。

3. 寿命长

锅炉有效使用时间为 20 年以上,平均每年的折旧费很低,从而降低综合费用。

家用锅炉非常适合家庭安装,通常情况下,壁挂燃气锅炉基本上适合安装于室内的任何位置,只要烟道可以直接通到室外即可。它主要用于家庭采暖、家庭洗浴和家庭热水。一般适合建筑面积比较大的房子供暖,现在使用家用锅炉的用户大体用于家庭供暖和生活热水两方面,建议用户采用燃气燃料,因为燃气节能环保,热效率高,供暖速度通常比较快,取暖效果比空调好。家用锅炉的燃料有 3 种:燃油、燃气、燃煤。它们之间的区别是:

1. 燃气和燃油相比:从成本上考虑,燃气的成本低,每立方米大概在 2 元,而燃油锅炉的成本高,全国油价平均每升 7.7 元左右。从家用锅炉的网管上考虑,天然气网管的起源充足,而采用燃油燃料的话,需要隔一段时间才能往储油罐添加燃油。同时也得考虑获取燃料来源的方便性。

2. 燃气和燃煤相比:从环保上考虑,家用燃气锅炉的排放污染小,燃煤锅炉长时间使用会造成废渣、废气、废水污染。从地区能源考虑,燃煤资源丰富的地区,燃煤的价格一般比较低,比较受用户欢迎,而在燃煤资源缺乏的地区,并追求环保高质量的生活条件下,一般使用天然气燃料为主。通过以上对比,建议使用家用燃气锅炉比较环保节能。

1. 家用燃气锅炉

家用燃气锅炉分户式供暖是近几年我国引进欧洲和日、韩等国家的一种成熟的供暖方式。此种供暖方式与城市区域集中锅炉房供暖或城市热电联产供暖相比,具有减少市政挖掘、降低管网投资、使用方便灵活、自主调节便利、易于收费等特点,目前受到国内许多房地产开发商和用户的青睐。家用燃气热水锅炉分户式供暖,在欧洲使用时间较长,相关的技术标准和使用管理规范较完善,使用范围一般为小型独立建筑或别墅类建筑。目前在国内正处于起步阶段,国家的管理部门尚未出台相关的管理政策及规范,各个地方的管理办法和规定亦不尽相同。由于我国地区条件差异大,各地的气源质量差异、气候差异和居民经济承受能力的差异,造成了使用者对其褒贬不一,带来了许多值得我们进一步思考的问题。

（1）家用燃气锅炉在多层住宅小区集中使用,会引起周围环境空气质量的下降。据大连市生态环境局对采用家用壁挂式燃气锅炉供暖的某高层住宅排烟口一侧室外空气质量的检测,排烟口一侧室外大气污染物浓度严重超标。

（2）家用燃气锅炉在多层住宅中使用,安全隐患较多。就家用燃气锅炉的安全保护措施而言,锅炉熄火保护功能、系统的防冻装置、锅炉缺水停炉功能、安全流量开关系统、超压排放及超压停炉功能、过热保护功能、防水垢、过滤功能等,应是安全保护系统的基本内容。

（3）家用燃气锅炉供暖的经济性。影响家用燃气锅炉运行费用的主要因素有:建筑物围护结构的保温性能、冷山的面积、新楼的入住率、住户的使用习惯、开窗通风的次数、自动编程温控器的安装、采用的散热器性能及装修方式等,对家用燃气锅炉的运行效果和运行费用有很大的影响。

（4）家用燃气锅炉在使用和设计中应解决和注意以下问题:

① 家用燃气锅炉分散式供暖,是一种新的供暖方式,国家应尽快出台设计规范、规范使用范围及要求,这样有利于这种供暖方式的健康发展。家用燃气锅炉在我国还属于新产品、新产业,国家应加强监督管理,就像锅炉和压力容器一样,规范生产、经营市场,明确管理监督职能部门。

② 积极改进产品性能,合理布局。家用燃气锅炉的内排气扇风压较小,双层烟囱虽然有利于节能,但不利于设置专用排烟道和进风道。因此,厂家应对此问题进行认真研究改进,配合建筑设计设置专用排烟道和进风道,解决多层住宅垂直污染问题。

③ 家用燃气锅炉安装位置,从安全角度考虑,应设置可燃气体泄漏探测报警装置,并和排风机联动,解决燃气泄漏引起火灾安全隐患。

④ 户内供暖系统的设计应尽量减少用户阀门误操作而引起供暖系统关闭,从而引起家用锅炉燃烧故障,产生安全隐患的可能性。与家用燃气锅炉相配套的用户供暖系统方案,应进一步探讨和完善。

⑤ 家用燃气锅炉不是煤气热水器,其最大工作压力达 0.3 MPa,带有一定的危险性,使用时无人值守的时间长,这样就要求锅炉的自动化程度高,安全保护性强,也要求使用者具备基本的安全操作知识,这样才可以避免安全事故的发生。

家用燃气锅炉在国外已有三四十年的历史,技术上也是比较成熟的。目前,我国市场上可见到的家用燃气锅炉品牌有数十种,其整体情况是好的,其中不乏性能、质量俱佳的产品;但也存在一些性能上有缺陷、粗制滥造的产品。目前我国还没有针对家用燃气锅炉的国家标准,现阶段进行检测一般是参照国标《家用燃气快速热水器》(GB 6932—2015)和城镇建设行业标准《常压容积式燃气热水器》(CJ/T 3031—1995),其中有些指标并不是完全适合的,而且存在参照适用标准混乱的情况。存在以下一些问题:

(1) 燃烧完全与否判据不统一　燃气燃烧是否完全,是衡量一台家用燃气锅炉质量的重要指标之一,燃烧的完全程度由烟气中的 CO 含量来确定。对于冬季长期运行,且所处房屋较封闭的条件下工作的家用燃气锅炉,烟气中的 CO 含量指标应更为严格些。

(2) 热效率指标可提高　热效率是表明家用燃气锅炉综合利用热能的一个指标。它是指家用燃气锅炉的有效利用热与燃气放热量的百分比。一台家用燃气锅炉的热效率较高,表明它工作时燃气耗量较低。若能适当提高热效率,不仅技术上可行,而且可以节省燃气费用,减轻用户负担,使其在经济上更为合理。

(3) 熄火保护装置　熄火保护是家用燃气锅炉必备的保护性能之一。熄火保护装置的作用是在火焰意外熄灭时,迅速关闭燃气通路,停供燃气。否则,有引发火灾、爆炸和人员中毒的危险。对家用燃气锅炉的热电耦式熄火保护装置的关阀时间,应做出较为严格的规定。

(4) 关于噪声控制　随着人民生活标准的不断提高,人们对环境质量的要求也在不断提高。家用燃气锅炉冬季在室内长时间运行,噪声应得到适当的控制。噪声主要来自:(a)机械噪声,主要包括风机、水泵产生的震动噪声,选择高质量的进口产品,这种噪声可以得到有效控制。(b)气流噪声,管路或阀中的气流只有在紊流状态时才产生噪声,主要是由于气流方向和截面的突然变化而引起的。对煤气燃烧器而言,又与喷嘴类型、进风口形状以及加工精度等因素有关。(c)燃烧噪声,主要由于燃烧反应最激烈处形成大量湍流,引起气体振动而产生。上述参照的两个标准对其他的噪声源没有规定,只规定了燃烧噪声≤65 dB,熄火噪声≤85 dB。考虑到家用燃气锅炉的运行时间远比普通热水器使用时间长,因此,宜将噪声控制标准进一步细化,要求也应比上述两个标准中的更高一些。

(5) 耐用性及报废年限　家用燃气锅炉的造价是普通燃气热水器的几倍。因此,对此种产品的耐用性要求也应更高。

2. 家用燃油锅炉

家用燃油锅炉能够同时实现采暖和提供生活热水两个功能,在炉体内存在两套回路:暖房系统和盘管系统,暖房系统提供采暖热水,盘管系统提供生活热水。当夏天不需要采暖时可以关掉暖房系统,只让盘管系统工作;不需要生活用水时,可只让暖房系统工作,也可以两回路同时工作。两套系统可以根据实际需要灵活应用。暖房的设计出力为 2.1 MW,盘管的设计出力为 2.1 MW,两回路同时运行时总出力为 2.1 MW。

高效节能环保型家用锅炉采用了先进的控制系统,使用方便、安全可靠,具体体现在以下几个主要方面:

(1) 采用了燃烧控制装置。采暖时通过监测室温,控制燃烧器的起停,当室温达到设定温度,燃烧器自动停火,低于设定温度时燃烧器自动点火;洗浴时通过监测炉水温度,用相同原理控制燃烧器的起停;利用睡眠功能来控制燃烧器起停,可进行睡眠温度设定,将室内温度设定为昼、夜两种。达到节能效果的同时控制系统中还有外出功能。可按用户需求的时间段、时间点定时起停机器。

(2) 采用了电流过载保护和漏电安全装置,炉内有过压、欠压保护系统,让锅炉使用起来更加安全。

(3) 采用了防空烧装置和液位保护电极,防止用户忘记给水或意外断水时导致锅炉空烧而出现事故。

(4) 采用了防雷击装置,避免了锅炉在户外工作时由于天气等造成意外事故。

(5) 采用遥控器控制锅炉起停,用户可以在房间内随意控制放在地下室或户外的锅炉,使用起来十分方便。

(6) 在锅炉的采暖系统中采用了不冻液,防止锅炉冻结,当锅炉在 20 ℃ 低温下不工作时管道也不出现冻结。

(7) 采用了防震动自动灭火装置。当出现意外震动如地震、意外剧烈晃动时,锅炉自动停机。

可控脉动燃烧因其周期性的强烈气流脉动,对强化燃烧和传热有重要促进作用。同时,由于脉动燃烧还具有污染物排放少的特点,因此是一种非常清洁的燃烧方式,在经济发展和环境保护矛盾日益突出的今天,受到各国科学家和工程师的关注。从产生可控脉动燃烧的装置结构来看,可以分成有阀脉动燃烧和无阀脉动燃烧两大类。其中无阀脉动燃烧因其装置中不需要高频动作的运动部件,可以保证整套装置的长寿命而优势明显,具有很大的工程实用价值。杭州特种锅炉厂研制的卧式弱振荡强化燃烧低排放家用燃油热水锅炉是国内第一个在小尺寸家用锅炉中,采用有利于传热和低排放的湿背式卧式二回程锅炉本体设计技术,成功地应用了热声耦合自激励弱振荡脉动强化燃烧技术,实现燃油锅炉的高强度、低排放燃烧。采用 Rijke-zT 型热声耦合自激励脉动强化燃烧专利技术,通过锅炉本体结构的特殊设计,组织弱振荡脉动燃烧,使得 NO_x 排放低于国家标准。

3. 家用燃煤锅炉

家用燃煤锅炉又称为土暖气炉,尤其在我国的北方地区,品牌种类甚多,申请专利的技术也不少,但普遍存在以下主要问题:

(1) 由于系统存水太多,造成热循环启动慢。

(2) 通常燃料燃烧后的热烟气都是顺向一回程就很快离开炉子,使锅炉的出力和热效力都很低,热效率一般均小于 50%。

(3) 有的锅炉虽然增加了热烟气的流程,但是由于尾部受热面烟道长期被烟尘覆盖污染,不仅严重影响了传热效果,而且严重时烟道会被烟尘堵死,甚至无法继续运行。在具有鼓风机的强化燃烧状态下,不仅加剧了这种现象,而且给环境带来了严重污染。

(4) 部分锅炉受热面布置不合理:一种情况是燃料没有良好的着火燃尽条件,使锅炉根本无法正常使用;另一种情况是燃料充分燃烧后所释放出来的热量不能充分地传给工质水就随烟气排入大气,使锅炉的出力和效率都处于较低的水平。尽管如此,因为贫油富煤的我国,煤的来源方便、价格低廉,这种土暖气炉毕竟为大量居民带来了一定的方便,因此,在一定的时期内,还是具有一定的市场空间的。一种环保型家用燃煤热水锅炉的结构如图 2.16 所示。

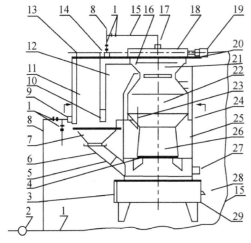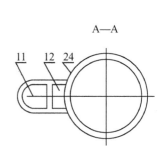

1—阀门;2—微型水泵;3—锅炉底座;4—炉排;5—灰道闸板;6—灰道;7—灰斗;8—管道;
9—锅炉进水口;10—烟气通道;11—2# 对流换热室;12—1# 对流换热室;13—烟气出口;
14—锅炉出水口;15—耐热软管;16—炉膛烟气出口;17—锅体盖出水口;18—锅体盖;
19—锅体盖进水口;20—锅体面板;21—燃烧辐射换热室;22—燃烧辐射换热室;
23—卫燃带高度尺寸;24—锅体;25—炉体;26—燃料层空间;
27—钩火孔;28—灰屉拉手;29—灰屉。

图 2.16 环保型家用燃煤热水锅炉结构图

　　该锅炉主要由锅体盖(18)、锅体(24)、炉体(25)、炉排(4)、灰斗(7)、灰道(6)、锅炉底座(3)、灰屉(29)等组成。其中:锅体(24)由彼此串联的 $1^\#$、$2^\#$ 对流换热室和 $1^\#$、$2^\#$ 燃烧辐射换热室组成;$1^\#$、$2^\#$ 燃烧辐射换热室采用变截面相连,有利于燃料的着火和燃烧,也利于压火,$2^\#$ 燃烧辐射换热室实际上属于燃尽室;$1^\#$、$2^\#$ 对流换热室通过烟气通道(10)彼此串联,由于烟气在此进行 $180°$ 转弯,烟气中大量灰尘由于惯性力的作用而沉落于此处下部的灰斗(7)内,不仅减少了环境污染,而且保证了对流受热面的长期清洁度,从而提高了传热效果;灰斗(7)通过灰道(6)与灰屉(29)相通,灰道中的灰道闸板(5)关闭时使锅炉正常运行,打开时可以使灰斗中的积灰流入灰屉,同时还能起到一定的封火(也即压火)作用,另外在通过钩火孔(27)对燃料层进行钩火疏松时,打开该烟道闸板,可以使钩火时下落的悬浮灰尘,通过灰道(6)、灰斗(7)、$2^\#$ 对流换热室(11)、烟气出口(13)而直接排入住宅厨房的墙体烟道内,防止了锅炉由于钩火而造成的环境污染。需要说明的是:锅炉中的受热面全部采用水膜结构,所以该锅炉具有启动快的特点;微型循环泵能够大大提高热网工质水的循环速度,当系统阻力不大时,循环泵不运转,锅炉在循环水比重差的动力下也能靠自然循环而正常工作;锅体盖(18)和锅体面板(20)采用凹凸接合面密封,该结构对于有鼓风机燃烧情况下的锅炉密封防尘十分有利;锅体盖通过耐热软管可以进行位置移动,在不影响采暖供热的情况下,使锅炉能够烧水或做饭等多功能并存,它的设置可以分别提高锅炉出力和锅炉热效率 10% 左右。这种燃煤环保型家用热水锅炉模拟了大型动力锅炉结构,不仅为燃料的及时着火、充分燃尽和封火提供了良好的条件,而且使燃料燃烧后所释放出来的热量的 80% 以上得以有效利用,同时还彻底根除了污染问题。

　　除此之外,还有其他类型的家用小型锅炉。如全自动家用电热锅炉,其结构示意图如图 2.17 所示。电加热锅炉系统因其投入设备少,易进行自动控制,不污染环境等优点,在小面积的供暖中得到广泛应用。如果采用智能仪表对锅炉的工作过程进行控制,既提高了安全性,又减轻了工作人员的负担。电热锅炉属常压电热设备,不需考虑高压问题,工作温度亦在 $70\sim80\ ℃$ 之间,不存在蒸汽,无须泄压孔,是长寿命加热器。

　　全自动家用电热锅炉的炉体用不锈钢钢板焊接而成,采用上开口结构,这样加热线圈、水位继电器安装在上盖上,便于在线拆卸和更换,同时也不必担心安装部位的密封问题。控制箱由两块数字控制仪表和一块时控器组成,调功采用固态继电器完成。循环方式采用循环泵强制循环,循环泵是低噪声循环泵,采用间歇方式控制。循环水方向为向炉体内灌水。水位继电器用于缺水保护,当水位没有达到设定水位时,水位继电器自动断开,切断线圈的加热电源,同时控制箱上的缺水指示灯亮,通知用户加水。在进线端,接入了短路保护器,即当有短路现象时,短路保护器自动工作,确保操作人员的安全。

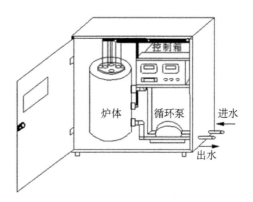

图 2.17   全自动家用电热锅炉结构示意图

2.3   中国工业锅炉的发展现状

工业锅炉产品分两种:一是蒸汽,用于发电;二是供气,比如化肥厂可用蒸汽汽化,以煤为原料,合成化肥,这就是典型的工业锅炉,工业锅炉还是以燃煤占大多数,燃气的一般是余热锅炉用于回收废热。工业锅炉常见的是循环流化床锅炉。

近几年,我国工业锅炉产量波动较大。2021 年中国工业锅炉产量 393 853.4 蒸发量吨,同比 2020 年减少 10.31%。2020 年中国工业锅炉产量 439 112.2 蒸发量吨,同比 2019 年增涨 11.49%。工业锅炉是我国重要的热能动力设备,我国是世界上燃煤工业锅炉生产和使用最多的国家,但是锅炉目前的工作效率在 70%～85%,与发达国家相比有较大差距;污染物排放较高。

中华人民共和国成立之后,尤其是改革开放以来,我国的工业锅炉行业发展迅速。20 世纪 80 年代,我国对锅炉制造企业实行制造许可证制度,分为 A～E 共 5 级,2001 年国家对锅炉制造许可证的等级划分做了调整,同时对常压热水锅炉也采取制造许可证制度:A 级锅炉制造许可证企业可生产各种压力的固定式锅炉,以及生产≥10 t/h 热电联产锅炉和大容量热水锅炉。其中几家大型企业为主业生产电站锅炉。B 级锅炉制造许可证企业生产压力≤2.45 MPa 的蒸汽锅炉和热水锅炉。C 级锅炉制造许可证企业生产压力≤0.8 MPa 且≤1 t/h,

出口水温＜120 ℃的蒸汽锅炉和热水锅炉。D 级锅炉制造许可证企业从事压力
≤0.1 MPa 的蒸汽锅炉和出口水温＜120 ℃且热功率≤2.8 MW 的热水锅炉
生产。

经过半个多世纪的发展,我国的工业锅炉行业已经形成了比较完整的产业
体系,锅炉制造企业近千家,但是真正具有自行设计、研发、制造的企业很少。随
着国民经济的发展和人民生活水平的改善,工业锅炉的需求急剧增加,但是受国
家能源结构的调整和环境保护严格要求的政策约束,工业锅炉的发展趋势开始
产生了新的变化。决定中国锅炉行业质和量的 A、B 级企业数不断增加。2000
年—2019 年 6 月,近 20 年来 A、B 级锅炉企业数变化情况如图 2.18 所示。

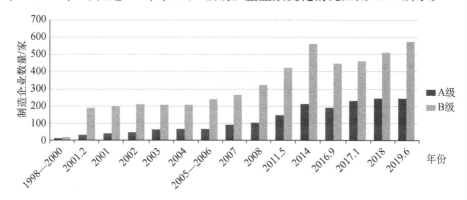

图 2.18　2000—2019 年 6 月我国 A、B 级锅炉企业数变化情况

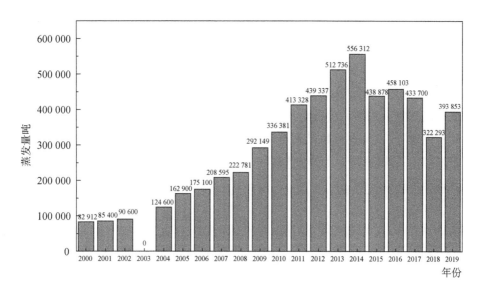

图 2.19　2000—2019 年我国工业锅炉产量

从图 2.19 可以看出,2000—2019 年我国工业锅炉的蒸发量吨情况,2014 年以前锅炉逐年递增达到峰值,在 2015 年和 2018 年均有明显下降。燃煤锅炉会产生严重的环境污染,随着能源供应结构的变化和节能环保要求日益严格,天然气开发应用将进入高速发展时期。小型燃煤工业锅炉将退出中心城区。因此采用清洁燃料和洁净燃烧技术的高效、节能、低污染工业锅炉将是发展的趋势。

我国燃煤工业锅炉的设计效率虽然不低,为 72%～80%,但是实际运行的热效率大多在 60%～65%,主要原因在于普遍存在的锅炉运行负荷低、炉渣含碳量高和过量空气系数大。具体的原因如下:

（1）所用的煤不能符合锅炉的燃烧要求;

（2）燃烧设备的机械质量不佳;

（3）锅炉烟气侧的密封不良;

（4）缺乏基本的自动控制;

（5）运行人员的培训和监督差。

为解决上述问题,提出如下解决办法:

对于机械不完全热损失,可以通过燃用经过洗选、筛分和低膨胀特性的煤来改善;同时若司炉工能够较好地进行燃烧控制,也可以大大降低机械不完全燃烧热损失。

对于排烟热损失,可以通过降低排烟温度和减少烟气量来降低。

长期以来,我国的工业锅炉燃煤一般不经过特别处理,灰分较高,有的硫分也高,不仅浪费了能源,更产生了很严重的大气环境污染,如温室效应、酸雨等。面对日益严峻的环境问题,由国家环境保护部制定与国家质量监督检验检疫总局共同颁布,控制锅炉污染物排放,防治大气污染的国家标准《锅炉大气污染物排放标准》,标准号为 GB 13271—2014,本标准分年限规定了锅炉烟气中烟尘、二氧化硫和氮氧化物的最高允许排放浓度和烟气黑度的排放限值。

总体来看,目前中国燃煤工业锅炉的运行状况仍低于国外同类产品的水平,锅炉房整体系统效率较低,小型燃煤设备污染物排放严重超标,燃煤工业锅炉的节能减排工作任重道远。

习题

1. 锅炉的任务是什么? 它在发展国民经济中的重要性如何?

2. 如何回收工业锅炉的余热? 换热器和余热锅炉的热量回收有何不同?

3. 锅炉是利用燃料燃烧释放的热能或其他能量将中间载热体（工质）加热到一

定参数的设备,这样的说法正确吗?

4. 为什么表示蒸汽锅炉容量大小的指标——额定蒸发量,要用在额定参数下长时间连续安全可靠运行的蒸发量来表示? 能不能用短时间达到的最大蒸发量作为它的额定蒸发量? 能不能用在非额定参数下达到的最大蒸发量作为它的额定蒸发量?

5. 受热面蒸发率、受热面发热率、锅炉的热效率、煤气比、煤水比、锅炉的金属耗率、锅炉的耗电率中哪几个指标用以衡量锅炉的总的经济性? 为什么?

6. SHL20-2.45/400-A 型锅炉的过热蒸汽温度为多少?

7. 型号为 WNS1-1.0-Y 的锅炉表示哪种锅炉?

8. 工业水管燃油燃气锅炉 D 形主要有哪几部分构成?

9. 从锅炉形式的发展来看,为什么要用水管锅炉来代替火管或烟管锅炉? 但是为什么现在有些小型锅炉中仍采用了烟管或烟水管组合形式?

10. 为什么要从多锅筒水管锅炉演变为单锅筒或双锅筒水管锅炉?

11. 说出双横锅筒弯水管锅炉(HH 型)的烟气流向和水循环路线。

12. 立式火管锅炉采用手烧炉排,为什么只宜燃用好的烟煤?

13. 具有双锅筒的水管锅炉,锅筒的横放与纵放各有什么优缺点?

参考文献

［1］丁崇功. 工业锅炉设备[M]. 北京:机械工业出版社,2005.

［2］李之光,范柏樟. 工业锅炉手册[M]. 天津:天津科学技术出版社,1988.

［3］庞丽君,孙恩召,等. 锅炉燃烧技术及设备[M]. 2 版(修订本). 哈尔滨:哈尔滨工业大学出版社,1991.

［4］金定安,曹子栋,俞建洪. 工业锅炉原理[M]. 西安:西安交通大学出版社,1986.

［5］车刚,许卫疆,阎晓. 三回程常压立式火管锅炉[J]. 工业锅炉,1999(1):13.

［6］潘守聚,许建宇. DZW 型快装水管锅炉的研制与开发[J]. 发电设备,1996,10(6):16-19.

［7］White A S. Simulation of domestic boiler control[J]. International journal of simulation:systems, science and technology, 2010, 11(4): 22-32.

［8］Barelli L, Bidini G, Gallorini F, et al. Dynamic analysis of PEMFC-based CHP systems for domestic application[J]. Applied energy, 2012, 91(1): 13-28.

［9］李之光,王昌明. 新型水火管锅壳锅炉开发十七年技术总结[J]. 工业锅炉,2001(1):1-11.

［10］严鸿彬,江建,茅素梅. SZL 型带过热器组装水管锅炉的开发设计[J]. 工业锅炉,2003(3):15-17.

[11] 黄学成,张浩.中国工业锅炉的调研和展望[J].工业锅炉,2003(5):1-5.

[12] 陈文忠.DZG系列水火管快装锅炉的设计[J].机电工程技术,2002,31(S1):85-86.

[13] 蒋绍坚,曹小玲,艾元方,等.高风温无焰燃烧锅炉原理探讨[J].工业锅炉,2001(4):11-13.

[14] 艾元方,蒋绍坚,彭好义,等.高风温无焰燃烧锅炉的节能与环保特性[J].煤气与热力,2002,22(3):251-254.

[15] 任世斌.快装锅炉提高运行效率的有效途径[J].应用能源技术,2002(4):39-40.

[16] 余传林,张俊峰,王宝柱.一种新型的余热锅炉:SZH2.5-1.1-F型余热锅炉的工业应用[J].节能技术,1999,17(3):23-24.

[17] 谭仁玺,帅致其.燃油燃气锅炉采暖系统节能新技术:燃油燃气锅炉节能器[J].工业锅炉,2005(4):17-21.

[18] Yohanis Y G. Domestic energy use and householders' energy behaviour[J]. Energy policy, 2012, 41: 654-665.

[19] Xu X C, Song C S, Miller B G, et al. Adsorption separation of carbon dioxide from flue gas of natural gas-fired boiler by a novel nanoporous "molecular basket" adsorbent[J]. Fuel processing technology, 2005, 86(14/15): 1457-1472.

[20] 李育蕾.燃油燃气锅炉系统运行存在的问题及对策[J].设备管理与维修,2011(S1):25-26.

[21] 赵慧,王博,邓书辉.燃油燃气锅炉环境效益分析[J].黑龙江八一农垦大学学报,2009,21(2):45-47.

[22] 井振,檀相闽.燃油燃气锅炉低负荷运行技术[J].工业锅炉,2009(4):43-45.

[23] 禹红丽,王红莲.燃油燃气锅炉特点的技术分析[J].河南科技,2007(10):60.

[24] 章宏.提高WNS型燃油燃气锅炉的热效率和节能问题[J].甘肃科技纵横,2005,34(6):55-56.

[25] 张宏,李乐明.一种立式模块化燃油燃气锅炉[J].工业锅炉,2005(6):21-23.

[26] 邹炳花,戴景林,卢桂明.燃油燃气锅炉发展趋势分析[J].天津冶金,2003(2):30-33.

[27] 杨锦春.卧式内燃燃油燃气锅炉炉膛出口烟温计算公式探讨[J].工业锅炉,2004(2):21-22.

[28] 钟英杰,卫金海,都晋燕,等.弱振荡强化燃烧低排放家用锅炉研究[J].工业锅炉,2005(2):4-6.

[29] Jiang W. Design of gas-fired boiler's support auto-alarm and processing system[J]. Microcomputer information,2009(32): 113-114, 119.

[30] Pattison J R, Sharma V. The selection of gas-fired boiler plant for the heating of commercial premises[J]. Building services engineering research and technology, 1980, 1

(1)：10-16.

[31] 胡居传,岳永亮,赵明海,等. 家用锅炉的开发及实验研究[J]. 工业锅炉,2001(3)：17-20.

[32] 解晓强. 户式空调与家用锅炉复用的水管路设计方法[J]. 家电科技,2003(4):74-75.

[33] 党军. 既可加热又能制冷新型家用锅炉榆林问世[J]. 中国乡镇企业技术市场,2003(11):33.

[34] 刘效洲,华贲,耿生斌. 燃气家用锅炉污染物排放控制特性的实验研究[J]. 工业锅炉,2005(2):1-3.

[35] 麻志红. 全自动家用电热锅炉的研制[J]. 哈尔滨理工大学学报,2004,9(3):21-23.

[36] Rodriguez V J R, Rivas P R, Sotomayor M J, et al. System identification of steam pressure in a fire-tube boiler[J]. Computers & chemical engineering, 2008, 32(12): 2839-2848.

[37] 谭仁玺,帅致其. 燃油燃气锅炉采暖系统节能新技术:燃油燃气锅炉节能器[J]. 工业锅炉,2005(4):17-21.

[38] 李育蕾. 燃油燃气锅炉系统运行存在的问题及对策[J]. 设备管理与维修,2011(S1):25-26.

[39] 赵慧,王博,邓书辉. 燃油燃气锅炉环境效益分析[J]. 黑龙江八一农垦大学学报,2009,21(2):45-47.

[40] 禹红丽,王红莲. 燃油燃气锅炉特点的技术分析[J]. 河南科技,2007(10):60.

[41] 刘斌. 浅谈燃油燃气锅炉的热效率提高的途径及措施[J]. 科协论坛(下半月),2008(6):66-67.

[42] 邹炳花,戴景林,卢桂明. 燃油燃气锅炉发展趋势分析[J]. 天津冶金,2003(2):30-33.

[43] 张仙平,郑功振. 燃油燃气锅炉的现状分析[J]. 河南纺织高等专科学校学报,2002,14(4):23-24.

[44] Solberg B, Andersen P, Maciejowski J M, et al. Optimal switching control of burner setting for a compact marine boiler design[J]. Control engineering practice, 2010, 18(6): 665-675.

[45] 盛晓文,冯庆祥. 燃油燃气锅炉的应用及前景展望[J]. 哈尔滨建筑大学学报,2000(1):121-125.

[46] 李响,朱焕立. 小型家用燃气锅炉单片机控制系统研究[J]. 黄河水利职业技术学院学报,2009,21(3):36-39.

[47] 冯国民. 家用燃气锅炉供暖方式分析[J]. 科技情报开发与经济,2005(14):271-272.

[48] 冯国民,王跃. 论家用燃气锅炉的适用性[J]. 山西建筑,2003,29(4):150-151.

[49] 卜银坤. 一种燃煤环保型家用热水锅炉[J]. 工业锅炉,2004(5):19-21.

[50] 刘效洲,华贲,耿生斌,等.家用采暖壁挂锅炉的创意设计[J].工业锅炉,2004(5):
22-23.

[51] 田克勤,魏文云,黄文健.高效家用热管锅炉的开发[J].节能,1999,18(9):32-34.

[52] 胡居传,岳永亮,赵明海,等.家用锅炉的开发及实验研究[J].工业锅炉,2001(3):
17-20.

[53] Radin Y A, Grishin I A, Kontorovich T S, et al. Connecting the second exhaust-heat
boiler to the operating first one under the conditions of flow circuits of combined-cycle
plants with two gas-turbine units and one steam turbine[J]. Power technology and
engineering, 2006, 40(2): 113-119.

[54] Ganapathy V. Understand boiler performance characteristics[J]. Hydrocarbon processing,
1994, 73: 131-136.

[55] Fujimoto H, Nishida T. A107 development of hybrid ammonia absorption refrigerator
by gas engine exhaust heat[J]. The proceedings of the international conference on power
engineering (ICOPE), 2003, 2003. 1: 1-59.

[56] 杨桂琥,孙丰春.分析热水锅炉的维护及预防措施[J].化工管理,2014(6):131.

[57] 张志红,王雪锦,李联友.真空热水锅炉的传热分析研究[J].河北建筑工程学院学报,
2007,25(1):43-45.

[58] 王善武,赵钦新.大容量层燃热水锅炉技术发展探讨[J].工业锅炉,2008(1):1-7.

[59] 王善武.我国锅炉行业演进与发展展望[J].工业锅炉,2020(1):5-20.

[60] 殷亚宁.国内首台自主开发750 MW亚临界燃油锅炉设计特点[J].锅炉制造,2012(1):
4-8.

[61] 张薇薇,赵杰飞.流化床垃圾焚烧锅炉的现状与前景[J].工业锅炉,2018(2):1-7.

[62] 国家质量监督检验检疫总局,国家标准化管理委员会.水管锅炉:GB/T 16507.1~
16507.8—2013[S].北京:中国标准出版社,2014.

第3章　锅炉燃料及燃烧计算

3.1　燃料的分类及其组成

3.1.1　燃料的分类

　　燃料是指在燃烧过程中,能够释放大量的热能并且可以取得经济效益的物质。锅炉正是利用燃料产生的大量能量对工质进行加热。

　　地球上的燃料大致可以分为两类,一类是核燃料,另一类是有机燃料。而在锅炉中使用的都是有机燃料,即热量的产生是通过有机燃料燃烧而得到的。

　　有机燃料均是由复杂的高分子碳氢化合物为主体而构成的。有机燃料的分类方法相对比较多。一般的话,按照物态来分,可分为固体燃料、液体燃料和气体燃料;按照获得的方法来分,可以分为天然燃料和人工燃料(人工燃料是经过一定的处理后获得的燃料);按照用途来分,有机燃料又可分为动力燃料和工艺燃料。动力燃料是指除了燃料本身燃烧产生的热量可供利用以外,在其他方面没有更多的利用价值的燃料,这些燃料主要属于劣质燃料范畴,而工艺燃料是指供给特殊工艺生产过程所需的能量的燃料,这些大都是优质燃料。有机燃料的分类如表3.1所示。

表 3.1　有机燃料的分类

类别	天然燃料	人工燃料
固体燃料	木材、烟煤、石煤、油页岩等	木炭、焦炭、泥煤砖、煤矸石、甘蔗渣、可燃垃圾
液体燃料	石油	汽油、煤油、柴油、沥青、焦油
气体燃料	天然气	高炉煤气、发生炉煤气、焦炉煤气、液化石油气

　　作为锅炉的燃料,必须满足以下四个条件:(1)对于单位质量的燃料而言,燃

烧时能够放出大量的热;(2)燃料的燃烧要稳定;(3)在自然界中的储存量要丰富,价格相对低廉;(4)燃烧的产物对人体、动植物及环境的危害较小或无害。锅炉一般使用的是劣质燃料,这些劣质燃料的燃烧比较困难,而且会给锅炉工作带来许多不利影响。虽然我国燃料资源比较丰富,但为了满足国民经济建设的各项要求,做到能源的合理使用,我国的燃料政策规定电站锅炉以燃煤为主,并且在符合效益的前提下主要使用劣质煤。

煤、石油、天然气、油页岩等也称为化石(矿物)燃料。这类燃料是由地壳内动植物遗体经过漫长的地质年代,经过长期的复杂的化学、物理变化而逐渐形成的。而且这些燃料一旦被使用,它们的储量会越来越少,是不可再生的能源。

随着人们对于能源的需求日益增长,作为人类主要能量来源的石油、天然气和煤炭储存量正在急剧减少。寻找可再生的、清洁的能源已经成为全球科学家的当务之急。随着中国绿色低碳能源战略的持续推进,发展清洁能源将成为优化能源结构的重要途径,尽管煤炭仍然是主要的能源消费来源,但其占比会不断下滑,而天然气占比会不断上升。我国目前工业锅炉保有量较大,耗煤量是相当可观的,因而推广各种节能技术和采用新型能源对优化我国能源结构、节约常规能源,将具有深远且重要的意义。

生物质能源是指以木质素或纤维素及其他有机质为主的陆生植物、水生植物和人畜禽粪便等。我国有着丰富的生物质能源。生物质能源具有能源结构疏松、能量密度低、不易储存运输等缺点。但也有许多独特的优点:(1)年产量极大且可再生;(2)含硫含氮量较少;(3)生物质在生成过程中会吸收大量的CO_2,大规模的生产和使用生物质有利于减轻温室效应;(4)生物质灰分少,充分燃烧后产生的烟尘量较少。所以说,生物质是一种很有应用前景的新型清洁能源。工业锅炉可以通过以下途径利用生物质能源:(1)生物压块技术。通过粉碎干燥机械加压等过程,将松散细碎的生物质压成结构紧凑的砖形、棍形或者颗粒状燃料,以增大其能量密度和热值,便于贮存。近年来,在江苏、河南等省已经出现了一批生产生物煤块的企业。(2)流化床燃烧技术。采用流化床燃烧技术有利于克服生物质含水量高的特点,使其可以稳定而充分地燃烧,提高锅炉的燃烧效率。(3)生物质汽化技术。这是一种热化学处理技术,将薪柴、秸秆等其他农业废弃物置于汽化炉中通过热解反应将其转化成CO、H_2等混合可燃性气体,以连续生产的工艺和工业生产方式将生物质能转化为高效的锅炉燃料。

与此同时,为了合理有效地利用现有的煤炭资源,我国已经把发展洁净煤技术提到重要的战略位置。在洁净煤技术中,型煤技术属于最现实有效的技术途径之一,具有很多优点:投资少、建厂周期短、见效快、节能环保、效益显著。发展工业型煤具有重大意义:首先可以缓解块煤供不应求的紧张局面;其次可以提高煤炭的利用效率,减少环境污染;还可以通过加入不同的添加剂而改变原料煤的某些特性,达到更好的燃烧效果。

工业型煤按照其用途可分为以下三类:(1)工业燃料型煤,包括锅炉型煤、窑炉型煤、机车型煤;(2)汽化型用煤,包括化肥造气型煤、燃料气造气型煤;(3)工业型焦用型煤及炼焦配用型煤。

另外,水煤浆是 20 世纪 70 年代发展起来的一种以煤代油的新燃料。它是把灰分很低而挥发成分高的煤,研磨成 250～300 mm 的细微颗粒状煤,按煤 70%、水 30% 的比例,加入 0.5%～1.0% 分散剂和 0.02%～0.1% 浓度的稳定剂配制而成的。水煤浆可以像燃料油一样运输、储存和燃烧。我国生产水煤浆工艺已达国际水平,并已建成商业性示范工程。

燃料特性是锅炉设计、运行的基础。对于不同的燃料,要相应地采用不同的燃烧设备和运行方式。对于锅炉设计及运行人员,必须了解锅炉燃料的性能、特点,才能保证锅炉运行的安全性和经济性。

3.1.2　煤的组成

煤是由埋藏在地下深处的植物残骸,经过几千万年甚至上亿年的地壳作用和化学作用而形成的,煤的能量主要储存在植物的纤维素中,所以煤的发热量也主要来源于纤维素中贮存的能量。

1. 煤的组成成分

煤是由极其复杂的有机化合物组成的,由元素分析,主要的可燃元素是 C,其次是 H,并含有少量的 O、S、N。这些元素构成的可燃化合物称为可燃质,此外,煤中都含有水分(W)和灰分(A),这些都是不可燃的,称为煤的惰性质。一般由煤的 C、H、O、N、S 各元素的分析值及水分、灰分的百分含量来表示煤的化学组成。

碳(C):是燃料中的基本可燃元素,煤中的碳含量(质量分数)一般为 20%～70%。煤中的含碳量随煤龄的增长而增加。1 kg 碳完全燃烧生成二氧化碳时可放出 32 738 kJ 热量,在缺氧或燃烧温度较低时形成不完全燃烧产物一氧化碳,仅放出 9 270 kJ 的热量。

氢(H):是燃料中的可燃元素之一,虽然含量较碳少,但其热值高,所以燃料中氢的含量越多越好。在煤中,氢有两种存在方式:与碳、硫结合在一起,叫作可燃氢,可以有效放出热量;和氧结合在一起,叫作化合氢,不能放出热量。1 kg

氢完全燃烧时放出 120 370 kJ 的热量,约是碳燃烧放出热量的 3.68 倍。氢在高温下燃烧生成水蒸气,冷却后水蒸气冷凝成水并放出汽化潜热,上述热值不包括汽化潜热,称为氢的低位发热量,考虑汽化潜热后则叫作高位发热量。氢的高位发热量为 142 300 kJ/kg。燃料中碳和氢各自质量分数的比称为碳氢比,用符号 K_{CH} 表示, $K_{CH}=w(C)/w(H)$。碳氢比可以用来衡量燃料及燃烧的性能。碳氢比小的燃料热值较高,燃烧过程中着火容易,燃烧完全,形成的不完全燃烧产物(如炭黑、一氧化碳)较少。

氧(O)和氮(N):都是不可燃元素,又称为燃料中的内杂质。煤中的氧有游离态的氧和化合态的氧两部分。前者可以助燃,后者不能助燃。煤中氧的化合物越多,则碳(C)和氢(H)由于被氧化而不能燃烧的就越多,煤的发热量也就越低。氮(N)的含量虽然很少,但是在氧气充足时容易生成 N 的氧化物(NO_x),在阳光中紫外线的作用下,可与碳氢化合物作用而形成光化学氧化剂,污染大气环境。煤中氮的质量分数为 0.1%～2.5%,氧的质量分数一般小于 2%。但泥煤的氧含量可高达 40%。氧随煤的碳化程度加深而减少。

硫(S):也是煤中的可燃元素,但其热值很低。1 kg 硫燃烧后仅放出 9 040 kJ 的热量,同时硫又是煤中的有害元素,燃烧生成 SO_2 和少量 SO_3,排出锅炉后造成严重污染,是形成酸雨的主要物质。硫若与烟气中的水蒸气反应生成硫酸或亚硫酸,在锅炉低温受热面凝结后产生强烈的腐蚀作用。硫在煤中以三种形式存在:(1)有机硫。与碳、氢等结合成复杂化合物。(2)黄铁矿硫。如 FeS_2 等。(3)硫酸盐硫。以 $CaSO_4 \cdot 2H_2O$ 和 $FeSO_4$ 等形式存在于灰分中。其中有机硫和黄铁矿硫参加燃烧,称之为挥发硫,硫酸盐硫进入灰分。我国煤的硫酸盐含量极少,动力用煤的含硫量(质量分数)大部分为 1%～1.5%,一些煤种含硫 3%～5%,个别的高达 10%。含硫量高于 2% 的煤称为高硫煤,直接燃烧可生成大量的 SO_2,若不处理则危害严重。

灰分(A):是煤中的固态矿物杂质,通常指煤中所含矿物质(硫酸盐、黏土矿物质及稀土元素)在燃烧过程中高温分解和氧化后生成的固体废弃物。煤中的灰分有两种:内在灰分(来自古代植物自身所含的矿物质)和外在灰分(煤形成过程中从外界带来的矿物质以及在开采和运输过程中混入的杂质)。灰分降低了煤的品质,会给燃烧造成困难,可能使锅炉积灰、结渣,并磨损金属受热面。燃料灰分的增加将减少可燃元素的含量,降低发热量。通常把灰分含量超过 40% 的煤称为劣质煤。我国煤的灰分随煤种变化很大,少则占 4%,多则达 70%。煤中灰分的组成如表 3.2 所示。

表 3.2 煤中灰分的组成 单位：%

成分质量分数	成分质量分数	成分质量分数	成分质量分数
SiO_2 20～60	Fe_2O_3 5～35	MgO 0.3～0.4	Na_2O 和 K_2O 1～4
Al_2O_3 10～35	CaO 1～20	TiO_2 0.5～2.5	SO_3 0.1～1.2

水分（W）：也是燃料中的不可燃成分，无用成分。不同燃料的水分含量（质量分数）变化也很大。量少的只有百分之几，褐煤可达 40%～60%。水分增加将影响燃料的着火和燃烧速度，增大烟气量，增加助排烟热损失，加剧尾部受热面的腐蚀和堵灰。煤中的水分包括两部分：①外部水分或湿水分，当煤磨碎放在大自然中干燥到风干状态即可除去；②内在水分，是煤达到风干状态后依然存在的水分，内在水分只有在高温分解下才能除掉。通常做分析计算和燃烧评价时所说的水分就是指的这部分水。

2. 煤的成分表示

通过煤的元素分析可以确定其碳、氢、氧、氮、硫以及灰分、水分的含量。但是元素分析不足以确定煤中有机物的复杂性质，不足以判断煤的燃烧性质。所以在表征煤的化学组成时还常采用工业分析。工业分析数据包括可燃质、水分和灰分。

燃料的元素分析主要用途是锅炉的设计计算，采用的燃料不同基准有应用基、分析基、干燥基和可燃基 4 种。

（1）应用基以元素分析中的 7 种成分之和为 100%，是应用情况下的燃料分析值，即以进入锅炉房准备燃烧的煤为分析基准。

$$C^y + H^y + S^y + N^y + O^y + W^y + A^y = 100\% \qquad (3.1)$$

在设计锅炉进行有关计算以及分析锅炉运行情况时多用应用基。

（2）分析基是实验室中进行燃料分析时的基准，以经风干（失去最易变化的外在水分）的煤为基准，元素总量为 100% 表示煤的组成成分。

$$C^f + H^f + S^f + N^f + O^f + W^f + A^f = 100\% \qquad (3.2)$$

（3）干燥基煤烘干除去全部水分后，分析所得的组成成分的质量百分数，即干燥基成分分析。

$$C^g + H^g + S^g + N^g + O^g + W^g + A^g = 100\% \qquad (3.3)$$

（4）可燃基煤的含灰量变化很大，为了更明确地表示原料特性的稳定组成，可采用可燃基来表示煤的成分。即除去水分和灰分后各组成的质量百分数。

$$C^r + H^r + S^r + N^r + O^r = 100\% \tag{3.4}$$

燃料的四种基准是可以相互换算的,已知一种基准,乘上相应的换算因子,就可得另一种燃料基的分析值。换算系数见表 3.3。

表 3.3　燃料成分换算系数

已知成分	欲求成分			
	应用基	分析基	干燥基	可燃基
应用基	1	$\dfrac{100 - W^f}{100 - W^y}$	$\dfrac{100}{100 - W^y}$	$\dfrac{100}{100 - (W^y + A^y)}$
分析基	$\dfrac{100 - W^y}{100 - W^f}$	1	$\dfrac{100}{100 - W^f}$	$\dfrac{100}{100 - (W^f + A^f)}$
干燥基	$\dfrac{100 - W^y}{100}$	$\dfrac{100 - W^f}{100}$	1	$\dfrac{100}{100 - A^g}$
可燃基	$\dfrac{100 - W^y - A^y}{100}$	$\dfrac{100 - W^f - A^f}{100}$	$\dfrac{100 - A^g}{100}$	1

由前所述,炉前使用的煤风干后仍然残留在煤中的水分,称为分析基水分。而在风干过程中溢出的水分,即为风干水分(它的基数是应用基,有时称为外在水分)。风干水分和分析基水分之和为"全水分"(基数是应用基):

$$W^y = W_f^y + W^f \frac{100 - W_f^y}{100} \tag{3.5}$$

即将分析基水分先转换成应用基,再求应用基全水分。

折算灰分:

$$A_{zs}^y = \frac{A^y}{\dfrac{Q_{dw}^y}{4\ 186.8}} \tag{3.6}$$

折算水分:

$$W_{zs}^y = \frac{W^y}{\dfrac{Q_{dw}^y}{4\ 186.8}} \tag{3.7}$$

3. 燃料发热值的计算

燃料的发热值是指单位质量(气体燃料用单位容积)的燃料完全燃烧时所放出的热量,单位是 kJ/kg 或 kJ/Nm³,是燃料的特性指标,表征燃料品质的高低。

燃料的发热值一般都是由实验测定的,但也可以根据燃料的元素分析以及工业分析结果得到近似值。燃料发热量有高位发热量 Q_{gw}^y 和低位发热量 Q_{dw}^y 两种。

固体和液体燃料的发热值可以借助燃料可燃元素燃烧的发热值进行计算，另外，还有一些经验公式：

$$Q_{gw}^{y} = 32\,900C^{y} + 142\,300\left(H^{y} - \frac{O^{y}}{8}\right) + 9\,050S^{y} \tag{3.8}$$

式中：32 900 是 C 的发热值，单位为 kJ/kg；142 300 是 H 的高位发热值，单位为 kJ/kg；9 050 是 S 的发热值，单位为 kJ/kg。

$$Q_{dw}^{y} = 32\,900C^{y} + 120\,300\left(H^{y} - \frac{O^{y}}{8}\right) + 9\,050S^{y} - 2\,500W^{y} \tag{3.9}$$

式中：120 300 是 H 的低位发热值，单位为 kJ/kg；2 500 是常温常压下水加热到 100 ℃汽化所需的热量，单位为 kJ/kg。

和元素基准一样，发热值各基准之间可以换算，此外，高低位发热值之间也可以换算。具体的换算系数可以参照表 3.3。各种基的低位发热量的换算可以通过先求出相应的高位发热量之后再进行换算。对于应用基、高低位发热值的换算公式如下：

$$Q_{dw}^{y} = Q_{gw}^{y} - 2\,515\left(\frac{9H^{y}}{100} + \frac{W^{y}}{100}\right) = Q_{gw}^{y} - 226H^{y} - 25W^{y} \tag{3.10}$$

对于分析基，干燥基和可燃基高、低位发热量之间有如下关系：

$$Q_{dw}^{f} = Q_{gw}^{f} - 226H^{f} - 25W^{f} \tag{3.11}$$

$$Q_{dw}^{g} = Q_{gw}^{g} - 226H^{g} \tag{3.12}$$

$$Q_{dw}^{r} = Q_{gw}^{r} - 226H^{r} \tag{3.13}$$

3.2 燃料的燃烧计算

燃料的燃烧过程实质上是燃料中的可燃物分子与氧化剂分子之间的化学反应。本节将根据化学反应中的质量平衡和能量守恒原理，计算这些化学反应终结时的各项有关参数，包括单位质量（或者体积）燃料燃烧时所需要的氧化剂（空气或者氧气）质量，燃烧产物（或者烟气）的质量和成分，燃烧所能达到的最大温度等。这些数据对于燃烧装置（或燃烧室）直至整个锅炉热力系统的设计和运行操作都是必不可少的。

在实际燃烧装置中，大多数采用空气作为燃烧反应的氧化剂。空气的主要成分是氧气和氮气,并含有少量的氩、氦、氖、氙和二氧化碳,除此之外,空气中往往还含有一定量的水蒸气。在燃烧计算中一般只考虑空气中的氧、氮和水蒸气,并假定干空气成分为 23.2% 的氧、76.8% 的氮(按质量),或者 21% 的氧、79% 的氮(按体积)。大气中的水蒸气含量以相应温度下的饱和水蒸气含量算。

在本章的所有计算中,把空气和烟气成分,包括水蒸气都看作是理想气体,符合理想气体的相关定律。每千克摩尔气体在标准状态下的体积为 22.4 m^3。因此把所有气体的溶剂都折算到标准状态,此时容积单位为标准 m^3,记为 Nm^3。

3.2.1 燃料燃烧所需的空气量的计算

1. 燃料燃烧的理论空气量

碳完全燃烧的反应式为:

$$C + O_2 \xrightarrow{\text{点燃}} CO_2 \tag{3.14}$$

上式表明,12 kg 碳燃烧时需要 32 kg 氧气,或者 1 kg 碳燃烧应需 32/12 kg 氧气。若每千克燃料中含碳 $C^y/100$ kg,则每千克燃料中碳完全燃烧需要氧气量为:

$$\frac{32}{12} \times \frac{C^y}{100} \text{kg 或者} \frac{22.4}{12} \times \frac{C^y}{100} \text{Nm}^3$$

氢完全燃烧的反应式为:

$$H_2 + \frac{1}{2}O_2 \xrightarrow{\text{点燃}} H_2O \tag{3.15}$$

同理可得,若每千克燃料中含氢 $H^y/100$ kg,则其完全燃烧需要的氧气量为:

$$\frac{16}{2.016} \times \frac{H^y}{100} \text{kg 或} \frac{22.4}{2 \times 2.016} \times \frac{H^y}{100} \text{Nm}^3$$

硫完全燃烧的反应式为:

$$S + O_2 \xrightarrow{\text{点燃}} SO_2 \tag{3.16}$$

硫完全燃烧需要的氧气量为:

$$\frac{S^y}{100}\ \text{kg} \ \text{或} \ \frac{22.4}{32} \times \frac{S^y}{100}\ \text{Nm}^3$$

此外,若每千克燃料中含有氧 $O^y/100$ kg 或 $\frac{22.4}{32} \times \frac{O^y}{100}$ Nm^3。则每千克煤完全燃烧所需要的氧气量为:

$$\frac{32C^y}{1\ 200} + \frac{16H^y}{201.6} + \frac{S^y}{100} - \frac{O^y}{100} \tag{3.17}$$

或　　　$$\frac{22.4C^y}{1\ 200} + \frac{22.4H^y}{2 \times 201.6} + \frac{22.4S^y}{3\ 200} - \frac{22.4O^y}{3\ 200}$$

即：　$$1.867\frac{C^y}{100} + 5.556\frac{H^y}{100} + 0.7\frac{S^y}{100} - 0.7\frac{O^y}{100} \tag{3.18}$$

空气中含氧 23.2%(质量)或 21%(体积),因此每千克燃料完全燃烧所需要的理论空气量为:

$$G^0 = \frac{1}{0.232}\left(\frac{32C^y}{1\ 200} + \frac{16H^y}{201.6} + \frac{S^y}{100} - \frac{O^y}{100}\right) \tag{3.19}$$

或

$$V^0 = \frac{1}{0.21}\left(1.867\frac{C^y}{100} + 5.556\frac{H^y}{100} + 0.7\frac{S^y}{100} - 0.7\frac{O^y}{100}\right) \tag{3.20}$$

由上可见,所谓理论空气量是单位质量或者体积燃料完全燃烧所需要的最少空气量。

2. 实际空气供给量和空气消耗系数

大多数燃烧装置运行时,为了实现完全燃烧,都要求实际空气供给量大于理论空气供给量。习惯上,把实际空气供给量与理论空气供给量的比值称为"空气消耗系数",用符号 α 表示,即 $\alpha = V/V^0$,其中,V 对应于每千克(或标准 m^3)燃料的实际空气供给量。易见,过量空气系数有以下三种情况:$\alpha > 1$,表明实际空气供给量大于理论空气供给量,为贫油燃烧;$\alpha = 1$,表明实际空气供给量等于理论空气供给量,为化学恰当燃烧;$\alpha < 1$,表明实际空气供给量小于理论空气供给量,为富油燃烧。

最佳 α 值随燃料的性质和燃烧装置的结构而变化,原则上,易燃燃料搭配设计合理的燃烧装置拥有较小的 α 值。由经验得,液体和气体燃料的最佳 α 值约为 1.10,烟煤约为 1.20,贫煤和无烟煤为 1.20~1.25。

3.2.2　燃烧生成的烟气量

1. 理论的烟气量

由反应式(3.14)可知,每千克燃料完全燃烧生成 CO_2 量为 $\frac{44}{12} \times \frac{C^y}{100}$ kg,折算成体积为:

$$V_{CO_2} = \frac{44}{12} \times \frac{C^y}{100} \times \frac{22.4}{44} = \frac{22.4}{12} \times \frac{C^y}{100} \qquad (3.21)$$

同理,

$$V_{SO_2} = \frac{64}{32} \times \frac{S^y}{100} \times \frac{22.4}{64} = \frac{22.4}{32} \times \frac{S^y}{100} \qquad (3.22)$$

每千克燃料中氢燃烧生成的水蒸气量为:

$$\frac{18}{2.016} \times \frac{H^y}{100} \times \frac{22.4}{18} = \frac{22.4}{2.016} \times \frac{H^y}{100} \qquad (3.23)$$

考虑到燃料本身还有的水分 W%,以及假设参与燃烧的空气中含水量为 g/Nm³ 干空气,则 $\alpha = 1$ 时,每千克燃料燃烧产物中水蒸气的体积为:

$$V_{H_2O} = \frac{22.4}{2.016} \times \frac{H^y}{100} + \frac{22.4}{18} \times \frac{W^y}{100} + \frac{g}{1\,000} \times \frac{22.4}{18} V^0 \qquad (3.24)$$

此外,燃烧产物中还包含有空气中的 N_2, $\alpha = 1$ 时,其体积含量为 $0.79V^0$。燃料本身可能含有氮化物,燃烧分解为 N_2,其体积为 $\frac{22.4}{28} \times \frac{N^y}{100}$ Nm³/kg-fuel。

综合上述各项, $\alpha = 1$ 时,每千克燃料燃烧生成的燃烧产物体积为

$$\begin{aligned} V_P^0 &= V_{CO_2} + V_{SO_2} + V_{H_2O} + V_{N_2} \\ &= \left(\frac{C^y}{12} + \frac{S^y}{32} + \frac{H^y}{2.016} + \frac{W^y}{18} + \frac{N^y}{28} \right) \times \frac{22.4}{100} + \\ &\quad 0.79V^0 + \frac{g}{1\,000} \times \frac{22.4}{18} V^0 \end{aligned} \qquad (3.25)$$

V_P^0 的上标 0 表示 $\alpha = 1$,下标 P 表示燃烧产物。

2. 实际烟气体积

当 $\alpha > 1$ 时,燃烧产物中除了上述各种成分外,还含有 $(\alpha - 1)V^0$ 体积的剩余空气和这些剩余空气中含有的水蒸气。所以,实际烟气体积应为:

$$V_P = V_P^0 + (\alpha - 1)V^0 + 0.001\,24(\alpha - 1)gV^0 \qquad (3.26)$$

3. 燃烧产物浓度

按照定义,燃烧产物的密度应为单位体积燃烧产物的质量。由上面公式知,每立方米的燃烧产物中各产物占的体积为 $CO_2'/100$、$SO_2'/100$、$H_2O'/100$、$N_2'/100$、$O_2'/100$(右上角的撇表示是燃烧产物成分)。总质量为:

$$\frac{1}{22.4 \times 100}[44CO_2' + 64SO_2' + 18H_2O' + 28N_2' + 32O_2'] \tag{3.27}$$

进而,燃烧产物密度的计算公式如下:

$$\rho_p = \frac{1}{22.4 \times 100}[44CO_2' + 64SO_2' + 18H_2O' + 28N_2' + 32O_2'] \tag{3.28}$$

3.2.3 烟气和空气的焓

理论空气的焓:

$$I_k^0 = V_k^0(ct)_k \tag{3.29}$$

理论烟气的焓:

$$I_y^0 = (V_{RO_2}c_{RO_2} + V_{N_2}^0 c_{N_2} + V_{H_2O}^0 c_{H_2O})t_y \tag{3.30}$$
$$= V_{RO_2}(ct)_{RO_2} + V_{N_2}^0(ct)_{N_2} + V_{H_2O}^0(ct)_{H_2O}$$

当 $\alpha > 1$ 时,过量空气焓为:

$$\Delta I_k = (\alpha - 1)I_k^0 \tag{3.31}$$

$\alpha > 1$ 时,每千克燃料所产生的烟气焓为:

$$I_y = I_y^0 + \Delta I_k + I_{fh} = I_y^0 + (\alpha - 1)I_k^0 + I_{fh} \tag{3.32}$$

求得烟气容积 V_y 时,烟气焓可由下列经验公式计算:

$$I_y = V_y c_y t_y + I_{fh} \tag{3.33}$$

3.2.4 烟气中 CO 含量的计算

燃料不完全燃烧时,干烟气实际容积为:

$$V_{pg} = V_{RO_2} + V_{CO} + V_{O_2} + V_{N_2} \tag{3.34}$$

用奥氏烟气分析仪时,烟气中 CO 的含量不易直接准确测得,而用下列公式求:

由 $RO_2' + O_2' + 0.605CO' + \beta(RO_2' + CO') = 21$（气体分析方程） (3.35)

得：
$$CO' = \frac{(21 - \beta RO_2') - (RO_2' + O_2')}{0.605 + \beta} \tag{3.36}$$

式中：RO_2'——三原子容积百分比。

$$\beta = 2.35 \frac{H^y - 0.126 O^y + 0.038 N^y}{C^y + 0.375 S^y} \tag{3.37}$$

称 β 为燃料特性系数，是以燃料的应用基元素分析结果定义的。对于每种燃料，都有确定的数值，且与燃料组成的表示方法无关，燃料的 C、H 比越小，值越大。

3.2.5　空气消耗系数的计算

燃烧的完全程度与空气供给量是密切相关的，也就是说，燃烧过程进行得不完全往往是由氧气不足或者空气消耗系数太小引起的，倒并不是空气消耗系数越大越好，过大的 α 值会引起排烟热损失增大，使整个热工系统的热效率下降。

假定燃烧产物中有 H_2、CO、CH_4 等未燃烧成分，它们在空气中的燃烧反应式为：

$$
\begin{aligned}
&CO + 0.5O_2 + 1.88N_2 \rightarrow CO_2 + 1.88N_2 \\
&H_2 + 0.5O_2 + 1.88N_2 \rightarrow H_2O + 1.88N_2 \\
&CH_4 + 2O_2 + 7.52N_2 \rightarrow CO_2 + 2H_2O + 7.52N_2
\end{aligned} \tag{3.38}
$$

从这些反应式，可以看出：

（1）完全燃烧产物的体积小于不完全燃烧产物的体积；

（2）不完全燃烧产物中的含氧量高于完全燃烧产物的含氧量。由定义

$$\alpha = \frac{V}{V^0} = \frac{1}{1 - \Delta V / V} \tag{3.39}$$

ΔV 表示过剩的空气供给量。

$$V_{O_2} = 0.21 \Delta V + 0.5 V_{CO} + 0.5 V_{H_2} + 2 V_{CH_4} \tag{3.40}$$

化简得：

$$
\begin{aligned}
\Delta V &= \frac{100}{21}(V_{O_2} - 0.5 V_{CO} - 0.5 V_{H_2} - 2 V_{CH_4}) \\
&= \frac{V_{pg}}{21}(O_2' - 0.5 CO' - 0.5 H_2' - 2 CH_4')
\end{aligned} \tag{3.41}
$$

实际供给的空气量也可以用燃烧产物中的氮含量表示。若不考虑燃料中的含氮量,则有:

$$V = \frac{V_{N_2}}{0.79} = \frac{N_2'}{79} V_{pg} \qquad (3.42)$$

联立上述各式并考虑到 $N_2' + O_2' + RO_2' + CO' + H_2' + CH_4' = 100$,得

$$\alpha = \frac{21}{21 - 79 \dfrac{O_2' - 0.5CO' - 0.5H_2' - 2CH_4'}{100 - (O_2' + RO_2' + CO' + H_2' + CH_4')}} \qquad (3.43)$$

这就是空气消耗系数与燃烧产物之间的关系式。如果忽略燃烧产物中的 H_2' 和 CH_4',则上式可化简为

$$\alpha = \frac{21}{21 - 79 \dfrac{O_2' - 0.5CO'}{100 - (O_2' + RO_2' + CO')}} \qquad (3.44)$$

完全燃烧时, $CO' = 0$,所以有

$$\alpha = \frac{21}{21 - 79 \dfrac{O_2'}{100 - (O_2' + RO_2')}} \qquad (3.45)$$

3.3　锅炉的热平衡

锅炉的能量平衡是指由能量守恒定律来建立起来的能量平衡关系。能够相当具体地表达锅炉的总输入能量(包括辅助机消耗的电能)和总的有效利用能量以及各项能量损失之间的平衡关系。本节主要讨论锅炉的热平衡,即热能平衡。

3.3.1　热平衡的基本概念

锅炉的热平衡是指在设备稳定运行的情况下,锅炉输入热量与输出热量和各种热损失之间的热量平衡关系。是研究燃料的热量在锅炉中利用的情况:有多少热量被有效利用,有多少热损失,以及研究这些损失产生的原因及分布情况,目的是更有效地提高锅炉的热效率。根据锅炉热平衡及其测试的目的和要求,锅炉热平衡体系主要包含了汽锅、炉子、蒸汽过热器、省煤器、空气预热器在

内的锅炉整体。锅炉热平衡模型如图 3.1 所示。

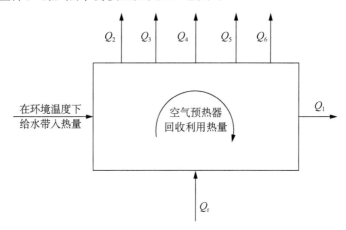

图 3.1   锅炉热平衡模型

锅炉的热平衡方程可写为：

$$Q_r = Q_1 + Q_2 + Q_3 + Q_4 + Q_5 + Q_6 \tag{3.46}$$

式中：Q_r——每千克燃料带入锅炉的热量，即锅炉输入的热量；

Q_1——锅炉的有效利用热量；

Q_2——排烟带走的热量，称为排烟热损失；

Q_3——未燃烧可燃气体所带走的热量，称为气体不完全燃烧热损失；

Q_4——未燃尽的固体原料所带走的热量，称为固体不完全燃烧热损失；

Q_5——锅炉散热损失；

Q_6——其他热损失。

或者用上面的方程右侧各项热量占输入热量的百分比来表示，为：

$$q_r = q_1 + q_2 + q_3 + q_4 + q_5 + q_6 = 100\% \tag{3.47}$$

3.3.2   锅炉热平衡测试

根据热平衡组成方法的目的和要求，在进行热平衡计算之前，应先进行热平衡测试，检验锅炉的性能，以便确定合理的运行工况。主要目的有：

（1）测定锅炉运行的热效率和出力，用以判断锅炉的完善性和运行管理水平；

（2）测定各项热损失，发现运行中存在的问题，分析原因，寻找降低损失、提高效率和节能的途径和方法；

（3）根据测试结果得到锅炉整体运行特性和工况,调整和建立正常的热力及空气动力的要求,制定锅炉工作技术经济指标的标准。

测试要求：

（1）正式测试应在锅炉热工况稳定后进行。从冷态点火开始,对于无砖墙的火管锅炉,燃气或者油时,热工况稳定时间不小于 2 h;燃煤则不少于 4 h;对轻型炉墙,应不少于 8 h,重型炉墙不小于 24 h。

（2）正式测试应在锅炉调整到测试工况 1 h 后进行。

（3）锅炉热效率值取两次计算的平均值。两次测试的热效率偏差,正平衡法不大于 4%,反平衡法不大于 6%。同时使用正、反平衡法时,两种测试方法偏差不大于 5%。锅炉的热效率以正平衡测定值为准。

（4）测试期间,工况应尽可能保持稳定。

（5）测试期间,安全阀不得跳起,不得吹灰,一般不得排污。

（6）测试结束时,锅筒水位和蒸汽压力应与开始时一样;用容量法测燃煤量时,测试前后煤斗位也应一致;测试期间过剩空气系数、给煤率、给水率、炉排速度、煤层厚度应尽可能保持稳定。

（7）测试所需要的时间随燃烧方式和测试方法而异,如表 3.4 所示。

表 3.4　测试持续时间规定表　　　　　　单位：h

测定方法	锅炉类型	时间
正平衡	手烧炉	≥8（至少包括一个以上清灰周期）
	机械层燃炉、抛煤炉、沸腾炉、煤粉炉、油炉、气炉	≥5
反平衡	机械层燃炉、抛煤炉、沸腾炉	4～6
	煤粉炉、油炉、气炉	3～4

（8）当负荷变化≤20%时,两负荷试验之间延续的时间应不少于 4 h;负荷改变≤50%时,应不少于 6 h。

（9）测试结束,应按照"工业锅炉热工测试方法"规定的表格结合计算,整理数据。

各项热损失：

（1）Q_r——锅炉输入热量。对于工业锅炉,一般为燃料消耗量与燃料低位发热量的乘积。此外,其他的向锅炉输入的热量,比如燃料的物理显热,雾化燃油所用蒸汽带入的热量以及空气在进入锅炉整体范围以前用外热源加热的热量,都应该计入 Q_r 内。

（2）Q_1——锅炉的有效利用热量,是指被工质吸收,或者将给水一直加热至过热蒸汽的热量。包括锅炉中的省煤器、蒸发受热面、过热器、再热器吸收的热量。

(3) Q_2——排烟带走的热量,称为排烟热损失是指离开锅炉最后受热面的烟气拥有的热量随烟气直接排放到大气中而造成的热量损失。是锅炉热损失中最主要的一部分。主要因素为排烟温度和烟气容积。可用排烟焓与冷空气焓之差求得。

$$Q_2 = (I_{py} - a_{py} I_{py}^0)(100 - q_4) \tag{3.48}$$

其中:I_{py}——排烟焓,kJ/kg;

      I_{py}^0——进入锅炉的冷空气焓,kJ/kg;

      a_{py}——排烟处的过量空气系数。

热管是一种利用管内工作液体的两相变化,以潜热为主进行传热的新型高效传热元件,其导热系数非常大。当锅炉排烟温度偏高时,在锅炉上加装热管省煤器或热管空气预热器,降低排烟温度,提高锅炉热效率,节能效果明显。

(4) Q_3——未燃烧可燃气体所带走的热量,称为气体不完全燃烧热损失。是指由于有 CO、H_2、CH_4 等可燃气体残留在烟气中所造成的热损失。其值为各种可燃气体的体积与单位体积发热量的乘积。

$$Q_3 = (12\ 640 V_{CO} + 10\ 800 V_{H_2} + 35\ 800 V_{CH_4})\left(1 - \frac{q_4}{100}\right)$$

$$= V_{gy}(126.4 CO + 108 H_2 + 358 CH_4) \times \left(1 - \frac{q_4}{100}\right) \tag{3.49}$$

$$q_3 = \frac{Q_3}{Q_r} \times 100\% \tag{3.50}$$

气体不完全燃烧热损失主要和 CO 等可燃气体多少有关。CO 越多,热损失越大,而 CO 的多少又和空气消耗系数、炉温、混合情况、炉膛容积及其结构形式有关。通常小型煤炉的 Q_3 为 0~4%。

(5) Q_4——未燃尽的固体原料所带走的热量,称为固体不完全燃烧热损失。是指燃料中没有燃烧或者未燃尽的碳所造成的热损失,又称为机械未完全燃烧损失或者未燃碳损失。由三部分组成:①灰渣中未燃烧或未燃尽炭粒引起的损失 Q_4^{hz};②因未燃尽炭粒随烟气排出炉外而引起的损失 Q_4^{fh};③部分燃料经炉排落入灰坑引起的损失 Q_4^{lm} 只存在于层燃炉中。影响 Q_4 的因素有:燃料特性、燃烧方式、炉膛结构及运行情况等。对于气体和液体燃料,在正常燃烧情况下,可认为:

$$q_4 = 0 \tag{3.51}$$

$$Q_4^{hz} = Q_{hz}\frac{R_{hz}G_{hz}}{100B}, \quad Q_4^{lm} = Q_{lm}\frac{R_{lm}G_{lm}}{100B}, \quad Q_4^{fh} = Q_{fh}\frac{R_{fh}G_{fh}}{100B} \tag{3.52}$$

$$Q_4 = Q_4^{hz} + Q_4^{lm} + Q_4^{fh} = \frac{32\ 657}{100B}(R_{hz}G_{hz} + R_{lm}G_{lm} + R_{fh}G_{fh}) \tag{3.53}$$

固体不完全燃烧产生的热损失是小型锅炉热损失中的主要损失项目之一。影响因素众多,主要包括燃料性质、燃烧设备形式、炉膛结构、炉温以及操作情况等。一般来说层燃炉的 Q_4 最大,可达到 $10\% \sim 20\%$ 甚至更多,而燃油,燃气锅炉的 Q_4 则很小。

(6) Q_5——锅炉散热损失,是指由于锅炉中炉墙、锅筒、集箱、汽水管道、烟风管道等部件温度高于外界大气而散失的热量。

$$Q_5 = \frac{F_s \alpha_s (t_s - t_k)}{B}, \quad q_5 = \frac{Q_5}{Q_r} \times 100\% \tag{3.54}$$

实际散热损失 q_5 与额定工况下(额定蒸发量 D)相差不超过 25% 时,按下列计算:

$$q_5' = q_5\frac{D}{D'} \tag{3.55}$$

蒸发量小于或等于 $2\ t/h$ 快装锅炉的:

$$q_5 = \frac{1\ 675F_s}{BQ_r} \times 100\% \tag{3.56}$$

顺便指出,散热损失对锅炉的影响除了降低了总的锅炉效率以外,对各个部件的影响是通过保温系数 φ 来衡量的:

$$\varphi = \frac{Q_1 + Q_{ky}}{Q_1 + Q_{ky} + Q_5} \tag{3.57}$$

当 Q_{ky} 与 Q_1 相比很小时:

$$\varphi = \frac{Q_1}{Q_1 + Q_5} = \frac{\eta}{\eta + \eta_5} = 1 - \frac{q_5}{\eta + q_5} \tag{3.58}$$

(7) Q_6——其他热损失。主要包括灰渣的物理热损失和冷却水热损失。层燃炉及沸腾炉必须考虑其他热损失。

$$Q_6^{\text{hz}} = \left(a_{\text{hz}} \frac{100}{100 - R_{\text{hz}}} + a_{\text{lm}} \frac{100}{100 - R_{\text{lm}}} \right) (c\theta)_{\text{hz}} \frac{A^y}{100} \tag{3.59}$$

$$q_6^{\text{hz}} = Q_6^{\text{hz}}/Q_r \times 100\%$$

$$q_6^{\text{lq}} = Q_6^{\text{lq}}/Q_r \times 100\%$$

$$q_6 = q_6^{\text{hz}} + q_6^{\text{lq}} \tag{3.60}$$

3.3.3 锅炉热效率

1. 锅炉热效率

锅炉热效率是指锅炉中的有效利用热量占锅炉输入热量的百分比,即

$$\eta = q_1 = \frac{Q_1}{Q_r} \times 100\% = 100\% - (q_2 + q_3 + q_4 + q_5 + q_6) \tag{3.61}$$

锅炉热效率的计算方法有两种:正平衡法(直接法)和反平衡法(间接法)。

正平衡法就是直接测定锅炉的工质流量、参数(温度和压力)和燃料消耗量及其发热量,得到锅炉的有效利用热量 Q_1 和输入锅炉的热量 Q_r,并按下式计算锅炉的热效率:

$$\eta = \frac{Q_1}{Q_r} \times 100\% \tag{3.62}$$

该方法简单,但是必须直接测量出燃料的消耗量和总的有效利用热量,对应于热效率较低的工业锅炉较为准确。只能单纯地求出锅炉热效率,不能得到各项热损失。因而只能通过正平衡法了解锅炉出力的大小和效率的高低,无法作为对锅炉结构的改进和节能的理论依据。

反平衡法就是测量锅炉的各项热损失,然后按照式(3.61)计算。此外,由于在设计锅炉时,其热损失 q_3,q_4 和 q_5 可以根据同类型的锅炉选取,q_2 和 q_6 可以根据设计条件计算。反平衡法不仅可以了解锅炉工作经济性的好坏,而且可以从各项损失的分析中,找出减少损失,从而提高锅炉效率。

对于大型锅炉,很难准确地测定其燃料的消耗量,因此正平衡法测试结果精度比较低,但是反平衡方法的精度却比较高;但是对于小型锅炉,燃料消耗量测量相对比较准确,并且正平衡需要测量的项目比较少,较为简单,所以小型锅炉一般采用正平衡方法。

当全面鉴定锅炉时,既要做正平衡法试验又要做反平衡法试验,并保证两者的误差在允许的范围内。具体要求见前文测试要求。对于手烧炉可以只考虑进

行正平衡测定。

2. 锅炉的毛效率 η_{gl} 及净效率 η_j

定义：
$$\eta_{gl} = \frac{Q_1}{Q_r} \times 100\% \tag{3.63}$$

称作锅炉的毛效率(通常所指的锅炉效率)。锅炉净效率是在毛效率基础上扣除锅炉自用汽和耗电后的效率，即

$$\eta_j = \eta_{gl} - \Delta\eta \tag{3.64}$$

$$\Delta\eta = \frac{D_z(i_q - i_{gl}) \times 10^3 + 293\,000 N_z b}{B Q_{dw}^y} \times 100\% \tag{3.65}$$

D_z 为自用汽耗汽量，单位为 t/h；N_z 为自用电耗量，单位为 kW·h；b 为生产每千瓦时电的标准煤耗量，单位为 kg/(kW·h)。

3. 燃料消耗量及蒸发率

锅炉的实际燃料消耗量：

$$B = \frac{Q_1}{\eta Q_r} \times 100 \tag{3.66}$$

锅炉的计算燃料消耗量：

$$B_j = B\left(1 - \frac{q_4}{100}\right) \tag{3.67}$$

3.4　减少污染物排放的措施

我国在用燃煤工业锅炉数量众多，是大气污染物的主要来源之一。随着我国经济的发展，对电的需求大幅度地增加，燃煤电站在燃烧过程中释放出的 CO_2、SO_2、NO_x、烟尘等带来了严重的污染问题。

CO_2 排放产生温室效应，带来全球的气候变暖。数十年来，电力行业一直是 CO_2 排放的主要来源。CO_2 的减排可通过提高能源利用率、CO_2 的分离捕集和 CO_2 的封存利用等几个方面来实现。

酸雨会对环境产生严重影响，使土壤、江河湖泊的环境恶化，还会腐蚀桥梁，破坏工业设备损坏建筑。大气中 SO_2 还会危害人类的健康。为了控制 SO_2 的排放必须使用脱硫技术。脱硫的形式按照脱硫工艺在燃烧中所处的阶段不同可

分为燃烧前脱硫、燃烧中脱硫和燃烧后脱硫。具体的脱硫技术将会在后面的章节介绍。

氮氧化物是大气中的主要污染物之一。NO 可以与血液中的血红蛋白结合,引起缺氧,它还具有致癌的作用;NO 也会氧化形成酸雨等。目前脱硝的研究和应用主要集中在燃烧中和燃烧后对 NO_x 的处理。国际上把燃烧中控制 NO_x 的方法叫作一次措施,也称为低 NO_x 燃烧技术;把燃烧后控制 NO_x 的方法称为二次措施,又称为烟气脱硝技术。

烟尘是煤燃烧引起最明显的常见污染物。烟尘中的有些化合物如苯并芘、苯并蒽等还是致癌物质。因此,高效的除尘装置是电站锅炉必备的组成部分。根据烟尘的特性和不同的除尘原理,设计出不同的除尘器。目前主要有布袋除尘器、电除尘器等。

习题

1. 为什么燃料成分基要用应用基、分析基、干燥基及可燃基这四种基来表示? 一般各用在什么情况下?

2. 为什么要测定灰的熔点? 同一种煤的灰熔点是否完全相同? 决定和影响灰熔点的因素有哪些? 灰熔点的高低对锅炉运行将产生什么影响?

3. 用以计算固、液体燃料燃烧时的过量空气系数的公式,是否也适用于气体燃料燃烧的计算? 为什么?

4. 燃料燃烧的烟气中包含哪些成分? 它们的容积怎样计算?

5. 同样 1 kg 煤,在供应等量空气的条件下,在有气体不完全燃烧产物时,烟气中氧的体积比较完全燃烧时是多了还是少了? 相差多少? 不完全燃烧和完全燃烧所生成的烟气容积是否相等? 为什么?

6. 当一台锅炉改烧多水多灰的煤后,如能保持蒸发量、蒸汽参数和热效率不变,那么它配用的送、引风机的负荷是否会发生变化? 后果如何?

7. 为什么干烟气中各气体成分不论在完全燃烧或不完全燃烧时要满足一定的关系(即燃烧方程式)? 为什么烟气分析中 RO_2、O_2 和 CO 之和较 21% 要小?

8. 烟道中烟气随着过量空气系数的增加,干烟气成分中 RO_2 及 O_2 的数值是增加还是减少? 为什么? 为什么 β 值越大,RO_2^{max} 的数值则越小?

9. 燃料的特性系数 β 的物理意义是什么? 为什么 β 值越大,烟气分析中当 CO 含量较小时,RO_2、O_2 及 CO 之和与 21% 之差就越大?

10. 为什么大容量供热锅炉一般使用反平衡方法测定锅炉热效率,而且比较准确?

而小容量供热锅炉,为什么一般使用正平衡法测定锅炉的热效率?

11. 已知煤的分析基成分:

$C^f=68.6\%$, $H^f=3.66\%$, $S^f=4.84\%$, $O^f=3.22\%$, $N^f=0.83\%$, $A^f=17.35\%$, $W^f=1.5\%$, $V^f=8.75\%$, $Q^f_{dw}=6\,575$ kcal/kg 和应用基水分 $W^y=2.67\%$,煤的焦渣特性为 3 类。求煤的应用基其他成分、可燃基挥发物及应用基的低位发热量,并用门捷列夫经验公式和低位发热量公式进行校核。

12. 某工厂储存有应用基水分 11.34% 及应用基低位发热量 20 092.8 kJ/kg 的煤 100 t,由于存放时间较长,应用基水分变少到 7.18%,问这 100 t 煤的质量变为多少?煤的应用基低位发热量将变为多少?

13. 用氧弹测热计测得某烟煤的弹筒发热量为 26 572 kJ/kg,且已知:

$W^y=5.3\%$, $H^y=2.6\%$, $W^f=3.5\%$, $S^f=1.8\%$,试求其应用基低位发热量。

14. 一台 4 t/h 的链条炉,运行中用奥氏烟气分析仪测得炉膛出口处:

$RO_2=13.8\%$, $O_2=5.9\%$, $CO=0$;省煤器出口处 $RO_2=10.0\%$, $O_2=9.8\%$, $CO=0$。如燃料特性系数 β 为 0.1,则试校对该烟气分析结果是否正确?炉膛和省煤器出口处的过量空气系数即这一段烟道的漏风系数有多大?并以计算结果分析锅炉工作是否正常?

15. 一台蒸发量 D 为 4 t/h 的锅炉,过热蒸汽压力为 1 418.2 kPa,过热蒸汽温度为 350 ℃ 及给水温度为 50 ℃。在没有装省煤器时测得 $q_2=15\%$, $B=950$ kg/h, $Q^y_{dw}=18\,837$ kJ/kg,加装省煤器之后测得 $q_2=8.5\%$,问装省煤器后每小时可节约煤多少千克?

16. 用正平衡法测定锅炉热效率时,用容积法测定锅炉蒸发量,为什么在试验开始和结束时汽包中的水位和压力要保持一致?在层燃炉中为什么试验前后炉排上煤层厚度和燃烧工况应基本一致?

17. 层燃炉燃用较干的煤末时,往往在煤末中掺入适量的水分,试分析这对锅炉热效率及锅炉各项热损失有什么影响?

18. 为什么在计算锅炉热效率时不计入空气预热器的吸热量,而在计算保热系数时反而要计入空气预热器的吸热量?

参考文献

[1] 李之光,范柏樟.工业锅炉手册[M].天津:天津科学技术出版社,1988.

[2] 清华大学电力工程系锅炉教研组.锅炉原理及计算[M].北京:科学出版社,1979.

[3] 金定安,曹子栋,俞建洪.工业锅炉原理[M].西安:西安交通大学出版社,1986.

［4］周斌.工业锅炉的节能［M］.武汉:湖北科学技术出版社,1984.

［5］陈学俊,陈听宽.锅炉原理［M］.北京:机械工业出版社,1981.

［6］顾恒祥.燃料与燃烧［M］.西安:西北工业大学出版社,1993.

［7］车得福,庄正宁,李军,等.锅炉［M］.西安:西安交通大学出版社,2004.

［8］宋永利,杨丽华.工业锅炉生物质燃烧技术［J］.节能技术,2003,21(3):44-45.

［9］李师仑.中国工业型煤的发展现状及展望［J］.中国能源,1997,19(8):24-28.

［10］Pellegrinetti G, Bentsman J. Nonlinear control oriented boiler modeling-a benchmark problem for controller design［J］. IEEE Transactions on control systems technology, 1996, 4(1): 57-64.

［11］De Mello F P, Fellow. Dynamic models for fossil fueled steam units in power system studies［J］. IEEE transactions on power systems 1991, 6(2): 753-761.

［12］De Mello F P. Boiler models for system dynamic performance studies［J］. IEEE transactions on power systems, 1991, 6(1): 66-74.

［13］国家计划委员会,国家经济委员会,国家物资局《企业热平衡》组.企业热平衡［M］.北京:机械工业出版社,1983.

［14］谢万思,王振德,陈兴祥,等.企业能平衡基础［M］.长沙:湖南科学技术出版社,1984.

［15］戴新枝.浅谈 350 MW 机组混煤燃烧技术［J］.上海节能,2021(3):303-308.

［16］贾国山.提高工业锅炉热效率途径探索［J］.冶金管理,2021(5):43-44.

［17］赵钦新,杨文君,孙一睿,等.燃煤工业锅炉污染物协同治理关键技术［J］.工业锅炉,2015(6):1-9.

第4章　工业锅炉的燃烧设备

锅炉的燃烧设备的基本任务在于为燃料提供尽可能良好的燃烧条件,使燃料着火,从而将其化学能最大限度地转化为热能,同时,亦应兼顾炉内辐射传热的要求。

由于所使用的燃料的种类、特性不同,锅炉的容量和参数不同,燃烧设备的形式很多。按照组织燃烧过程的基本原理和特点,工业锅炉的燃烧设备可分为如下三种:

(1)层燃炉——燃料被层铺在炉排上进行燃烧的炉子,也叫火床炉,它是目前国内供热锅炉中采用得最多的一种燃烧设备。有手烧炉、链条炉、抛煤机炉、往复推动炉排炉、振动炉等。适用于燃烧固体燃料。

(2)室燃炉——燃料随空气流喷入炉室呈悬浮状燃烧的炉子,又名悬燃炉,如煤粉炉、燃油炉和燃气炉。适用于粉状固体燃料、液体燃料和气体燃料。

(3)沸腾炉——燃料在炉膛中被由下而上送入的空气流托起,并上下翻腾而进行燃烧的炉子,又名流化床炉。适用于燃烧颗粒状固体燃料,是目前燃用劣质燃料颇为高效、清洁的一种燃烧方式。

特殊的,如抛煤机链条炉排,兼有层燃和室燃的燃烧方式,属于混合燃烧方式。

4.1　燃料的燃烧过程

燃煤锅炉所采用的燃烧方式一般可分为三种:第一种是层燃方式,原煤中只把特别大块的煤粉碎后从煤斗送入炉膛,铺在炉排上燃烧;第二种是悬浮燃烧方式,将原煤磨成面粉那样的煤粉,用风通过燃烧器吹入炉膛,悬浮燃烧;第三种是沸腾燃烧,原煤经过专门的设备粉碎,并在炉膛底部布置布风板,通过来自布风板的风将煤粉吹起来,煤粉在炉膛中上下翻滚、燃烧。

为了消除小型工业锅炉中由于燃料未完全燃烧和化学未完全燃烧所产生的

黑烟问题,需要采用相应的措施使烟尘中的可燃成分在炉膛中尽可能完全燃烧,达到消除黑烟,提高燃料利用率的目的。而煤气化—无烟煤燃烧技术就是在煤气发生炉和层燃锅炉经验基础上而设计开发出的一种崭新的燃烧技术。使用该技术的锅炉在结构上将煤气发生炉和层燃炉有机地结合在一起,同时通过相应的强化燃烧等措施实现飞灰在炉内的分离燃烧,而在无须设置炉外除尘器的情况下达到排烟无色的目的。该技术具有以下优点:(1)直接燃烧原煤,无须特别加工,该技术可以使煤炭中的可燃物质燃烧更加充分;(2)消烟除尘更彻底,烟气中的含尘量较少,烟尘浓度<100 mg/Nm³;(3)燃料的利用率高,可节约大约20%的燃煤;(4)采用分段燃烧措施,可使 NO_x 的排放量大大减少;(5)可大大减轻司炉工人的劳动强度。

燃料中的可燃成分与供给的空气中氧气相遇,在合适的燃烧条件下发生化学反应放出光和热的过程称之为燃烧。试验表明,燃料的燃烧过程是一个非常复杂的物理化学过程,它与许多因素有关。但为了便于分析,对燃料的燃烧过程往往人为地划为几个基本阶段来研究。现以固体燃料为例介绍如下:

1. 着火前的热力准备阶段

这个阶段包括燃料热干燥、挥发物的析出及焦炭的形成。送入炉内的燃料受高温烟气的对流辐射放热以及与炽热焦炭、灰渣的接触导热而升漏,当温度接近 100 ℃时,燃料中水分迅速汽化,直至完全烘干。随着温度的继续上升,当达到挥发分的析出温度时,燃料中开始大量挥发出挥发分,最终形成多孔的焦炭。

2. 挥发分与焦炭的燃烧阶段

挥发分都是 C、H、O、N、S 的有机化合物,易着火,只要析出的挥发分有足够的浓度,炉内燃烧温度足够高,挥发分就开始着火,形成黄色明亮的火焰,放出的热里一部分被汽锅受热面吸收,另一部分则用来提高燃料自身温度,以至将它加热至炽红,放出热量,为焦炭燃烧创造了高温条件。因此,通常把挥发物着火温度粗略地看作燃料的着火温度。通常情况挥发分多的燃料,着火温度较低;反之,着火温度较高。如褐煤在 350~400 ℃就可着火燃烧,而无烟煤则需加热到600~700 ℃才能着火燃烧。

挥发分大量析出,使固体颗粒中的孔隙增多,有利于氧气向里扩散而加速燃烧反应的进行。挥发分燃烧的后期,焦炭颗粒已被加热到高温,随挥发物的减少,燃烧产物的边界层变薄,氧气得以扩散到炭粒表面而着火燃烧。焦炭的碳含量是比较高的,可达93%~95%,其燃烧所需要的时间最长,燃料中能量释放主要来自焦炭燃烧。

3. 灰渣形成阶段

从焦炭燃烧开始,燃料中不可燃的矿物质——灰渣随之形成,给焦炭披上一层薄薄的"灰衣",随着焦炭的燃烧,"灰衣"渐厚,阻止氧气向内部扩散,导致燃尽过程十分缓慢,甚至造成固体不完全燃烧损失。为了使燃料可燃成分能全部燃尽,就要设法破坏灰壳,可以通过拨火等操作来击破"灰衣",让灰渣中的可燃物质烧透燃尽。

所以为了保证一个良好而充分的燃烧过程,首先要保持炉膛的高温环境,特别是在着火区;同时应该为燃料及时提供完全燃烧所需的空气;最后要保证燃料在炉膛内的停留时间,以减少化学和机械未完全燃烧的热损失。

4.2　手烧炉

手烧炉是工业炉中最简单、最古老的燃烧设备。由于它的加煤、拨火、除渣等操作都是由人力来完成的,因此锅炉炉膛的深度和宽度都受到人力的限制而不能太大,容量一般都在 1 t/h 以下。其煤种适应性好,操作简单,但是燃烧效率很低。手烧炉分两种:单层炉排和双层炉排。单层炉排用铸铁制造,有板状和条状。双层炉排,内有上下两层炉排,上炉排是由水冷却管组成的固定炉排,下炉排为普通铸铁的固定炉排。上炉排以上空间为风室,下炉排以下为灰坑,两层炉排之间为燃烧室。

4.2.1　手烧炉的构造和工作特性

手烧炉的基本构造是由炉膛和炉排所组成的,如图 4.1 所示。燃料由人工经炉门铺设在炉排上形成燃料层,燃烧所需空气则经灰坑穿过炉排的通风孔隙进入炉内参与燃烧反应。燃烧形成的灰渣,大块的从炉门铸出,细屑碎末则漏落灰坑,由灰门耙出。高温烟气经与布置在炉内的受热面辐射换热后,进入汽锅对流管束烟道。

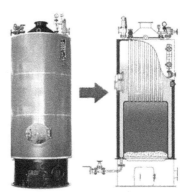

图 4.1　手烧炉结构图

在手烧炉中,绝大部分燃料呈层状在炉排上燃烧,一部分随气流升腾飞扬的细屑燃料,以及逸出的挥发物和焦炭完全燃烧时生成的一氧化碳气体,在炉膛空间内混合,呈悬浮状燃烧。因此炉膛需保持一定的容积和高度,为飞逸出的可燃物的燃烧提供充足的空间和时间。

手烧炉的炉排结构,要求在整个燃烧层的横截面上将空气分布均匀,且通风阻力和漏煤损失要小;同时也须有足够的机械强度和良好的耐热、散热性能,以保证可靠工作。手烧炉的燃烧过程是沿燃料层的高度自下而上进行的。新的燃料层在上,灰渣层在下,中间是灼热燃烧着的焦炭层,如图 4.2 所示。燃烧层的结构示意图如图 4.3 所示。

炉排的结构直接影响着炉排的工作寿命和燃烧经济性。通常炉排分为固定式和手摇式。

(1)固定式炉排   又分为条状、板状和蝶状三种,条状炉排其通风面积较大,适用于大块的高挥发分煤种;板状和蝶状炉排通风面积较小,适用于低挥发分无烟煤或者贫煤。

(2)手摇式炉排   可以减轻繁重的体力劳动,只要转动手柄,就可以完成松动灰渣、平整火床面、均匀通风和使灰渣自动脱落的工作。此外,手摇式炉排的排渣也很简单,只要加大手摇的角度,煤渣就会自动滑入渣斗中。

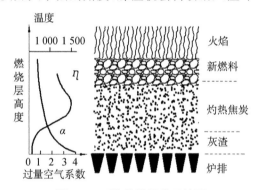

图 4.2   手烧炉燃烧分层简图

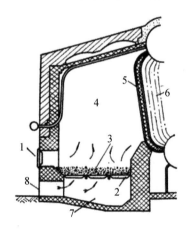

1—炉门;2—炉排;3—燃烧层;4—炉膛;5—水冷壁;6—汽锅管束;7—灰坑;8—灰门。

图 4.3   燃烧层(炉层)的结构示意图

4.2.2　手烧炉的燃烧特点

手烧炉的燃烧特点主要有：

（1）着火迅速而且稳定。新燃料加在焦炭层上，在上下两面受热的条件下预热、干燥，紧接着是挥发物逸出，迅速地完成了燃烧的热力准备阶段，进而开始着火燃烧。

（2）燃烧时间充足，送煤和排渣的时间均可以通过人工手动调节。

（3）燃料适应性好。由于手烧炉具有良好的着火条件和人工控制，燃料在炉膛内的停留时间可以很长，因而可以使用各种品质的煤。

（4）燃烧过程具有周期性。这主要是由间断性地添加燃煤引起的，导致燃烧层厚度、通风量的周期性变化。

（5）空气供给不平衡。主要原因是手烧炉的通风采用的是自然通风，其强度决定于燃烧层的厚度，人力不可控制。

燃烧层内各层常有重叠交错区，焦炭下方因氧化燃烧有许多灰分，而灰渣层中也有未烧尽的焦炭，它们多数被熔渣所包裹着。根据化学反应的性质，燃料层沿高度方向可分为氧化和还原两个区域。各种气体成分的含量也随之有很大变化。如果燃料层过厚，不仅会增大通风阻力，而且势必会使 CO 气体增加，这样就要求在炉膛中使 CO 气体再与氧气混合燃烧，额外地增加了炉膛的负担同时也增加了气体不完全燃烧的可能。但是当燃料层过薄的时候，可能会没有还原区，会引起炉排的不均匀通风，甚至造成"火口"现象。这时空气会大量从火口窜入炉膛，降低炉膛温度，也不利于稳定着火和燃烧。合理的燃料层厚度应该使炉膛内的可燃性气体最少的同时使空气消耗系数达到合理的最小值。燃料颗粒太小也影响燃烧效率。如燃料中直径小于 0.3 mm 的细屑，即便在通风强度较低时，也会被气流携带飞走，造成较大的飞灰损失。细屑碎末燃料既增大通风阻力，又需增加拨火操作而增大劳动强度，还易造成漏落损失。倘若燃料颗粒过大，使燃烧反应面积减小，降低了炉子的放热量，也会增大固体不完全燃烧损失。所以，一般烟煤颗粒直径不大于30 mm，燃料层厚度控制在 100～150 mm。

由于煤层燃烧厚度的不固定导致手烧炉在燃烧过程中不可避免地冒出黑烟。炉膛内刚加入煤时煤层较厚，随着煤的燃烧，煤层因燃烧逐渐变薄，而一般条件下进风量不随煤层厚度的变化而相应调整，致使炉内空气供需不平衡，新煤加入炉膛后迅速被加热、烘干，这个过程中会析出大量挥发物，而参与燃烧的空气量远不能满足燃烧的需要，大量挥发物在高温缺氧条件下裂解成无定形碳——炭黑，这些无定形碳随烟气一起从烟囱排入大气，即看到的浓浓黑烟。为有效消除黑烟需要改变燃烧方式,使挥发物由间歇性析出变为连续均匀地析出,调整送风量,避免燃烧不完全而产生无定形碳。为提高燃烧效率使用"反烧法":先在炉排上铺上一层 50～100 mm 厚的炉渣层,炉渣的粒度一般控制在 30～40 mm 之间,防止漏煤且利于通风,再把需要燃烧的煤一次性加入炉膛内,在煤层上面中央处放几锹燃烧着的火种煤,用鼓风机将燃烧着的火种煤的热量通过传导和辐射传递给上层燃煤,煤被加热到 300 ℃左右开始析出挥发物,待挥发物燃烧后,炉膛温度进一步提高,然后炉拱和炉膛四壁再把热辐射给析出挥发物后的燃煤——焦炭,焦炭开始燃烧。这样燃烧层由中央向四周蔓延,然后再由上往下延伸,直至所有的煤燃尽为止。

为了使手烧炉的燃烧工况更加科学,我们可以采取以下一些主要措施:

(1) 提高操作技术,改善燃烧。此中以"看、勤、快、少、匀"操作法最具代表性。

(2) 采用间断送二次风的措施,加强炉内气流的扰动,可有效降低气体和固体的不完全燃烧损失。

(3) 改进炉排结构,减轻劳动强度,增加科技含量。如广泛采用摇动炉排,采用半自动除灰出渣设备等。

(4) 采用双层炉排,消烟节煤。

4.3　链条炉

链条炉是机械化程度较高的一种层燃炉,因其炉排类似于链条式履带而得名。制造工艺成熟,运行稳定可靠,人工拨火能使燃料燃烧得更充分,燃烧率也较高,适用于大、中、小型工业锅炉。现有链条炉排已有一百多年历史,一直延续到今天,各国仍在使用。

4.3.1　链条炉结构

图 4.4 为链条炉的结构简图。其运行过程:新燃料从位于炉前部的煤斗直接落至炉排上,跟随着链条炉排一起往前运动,根据燃料的种类不同,炉排速度一般可调节在 2～20 m/h 之间。煤层厚度是通过调节送煤阀门的高低来控制的。燃烧所需的一次空气由炉排下方的风室鼓入,而风室沿炉排长度方向被分成若干小段,而且每段的送风量可根据燃烧需要由挡板单独调节。随着炉排的运动,依次完成预热干燥、着火燃烧、燃尽等各个燃烧阶段。形成的灰渣落入尾部的灰坑中。通常情况下,在炉排的两侧装有防焦箱,内部通以冷却水,以防止

炉墙因为高温火床而磨损和侵蚀,除此之外还可以防止紧贴火床的部位黏结渣滓,防止炉排两侧出现严重的漏风。炉排的有效长度指煤闸门与老鹰铁之间的距离。炉排的有效面积是指有效长度与炉排宽度的乘积。

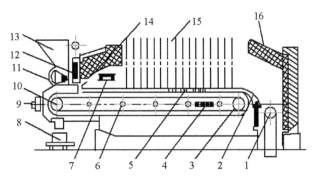

1—灰渣斗;2—挡渣板;3—炉排;4—分区送风室;5—防焦箱;6—风室隔板;
7—看火检查门;8—动力电机;9—拉紧螺栓;10—主动轮;11—煤斗挡板;
12—煤闸板;13—煤斗;14—前拱;15—水冷壁;16—后拱。

图 4.4　链条炉结构简图

4.3.2　炉排的结构

链条炉的炉排对锅炉工作影响很大,炉排的形式分为三类:

1. 链带式

图 4.5 为一种轻型链带式炉排,其炉排片的形状好像链节,整个炉排就是用

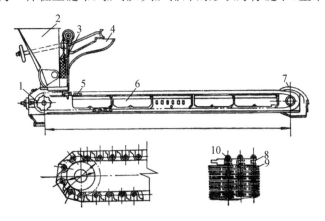

1—链轮;2—煤斗;3—煤阀门;4—前拱砖吊架;5—炉排;6—隔风板;
7—老鹰铁;8—主动链环;9—炉排片;10—圆钢拉杆。

图 4.5　链带式炉排结构

这些链节串成的一个宽阔的链带。两侧有主动链环构成链条,链轮转动时通过两侧的链条带动整个炉排运动。链带式锅炉炉排结构简单、质量最轻、制造容易,但通风截面比较大(达 16% 以上),漏煤较多,主动链环受拉力容易折断,更换炉排比较麻烦,目前多用于 1～4 t/h 的小型锅炉上。

2. 鳞片式

这类炉排结构(图 4.6)比链带式炉排复杂一些,沿炉排宽度有几道炉链,在炉链上装有夹板,一片片炉排嵌装在夹板上,然后用圆钢将夹板连接起来,并使一排炉排片叠压在相邻的炉排之上构成整个炉排。链条由链轮带动,推动整个炉排向前移动。鳞片式炉排通风截面比较小,炉排相互叠压,气流倾斜吹出,漏煤率很小。

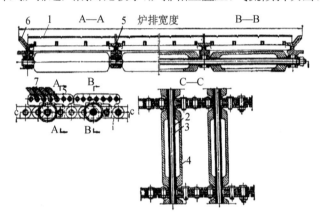

1—链条;2—节距套管;3—拉杆;4—铸铁滚筒;5—炉排中间夹板(手枪板);
6—侧密封夹板(边夹板);7—炉排片。

图 4.6　鳞片式炉排结构

当炉排片转到下面时被翻转倒挂于夹板上,可自行清除上面的灰渣和煤屑。这种炉排的优点是受高温的炉排片不受力,受力的链条又不受热,所以运行可靠,通风均匀,燃煤稳定,炉排拆卸方便。缺点主要是比较笨重,金属耗量较大。目前国内 10～35 t/h 工业锅炉广泛使用这种链条炉排。虽然较横梁式链条炉排成本低廉,但随着经济生活的不断需要与生产技术的发展,鳞片式链条炉排的缺陷也显露出来:第一,炉排基础复杂;第二,由于鳞片式炉排是软性结构,在基础平面下必须安装下部导轨,无形中会增加锅炉房的成本;第三,受到基础的限制,鳞片式炉排的改造潜力不大;第四,鳞片式炉排结构复杂而笨重,每平方米展开面积的质量高达 335 kg;第五,局部的炉排片损坏容易导致炉排片成组地脱落,造成停炉事故;第六,炉排本身不具备防偏措施;第七,老鹰铁过于笨重。可以用双列活芯链条炉排(图4.7)或者夹板活芯链条炉排(图4.8)来替代。

3. 横梁式

炉排片装在刚性很强的横梁上,链轮通过链条带动横梁移动。横梁式炉排通风截面比较小,间隙分布均匀,炉排更换简单,缺点是金属耗量大,制造安装要求较高,多半在容量较大的链条炉上,目前国内已经很少使用。

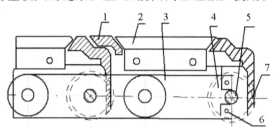

1—炉排片外壳;2—活芯片;3—销轴;4—滚轮;5—长销轴;6—长链板;7—知链板。

图 4.7　双列活芯链条炉排结构

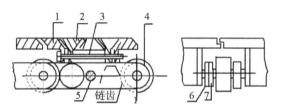

1—夹板;2—活芯片;3—链节;4—卡板;5—长销轴;6—滚轮;7—销轴。

图 4.8　夹板活芯链条炉排结构

4.3.3　几种改型的链条炉排

1. 大块轻型链带式炉排

大块轻型链带式炉排是目前国内出现的一种新型炉排,其炉排片的结构如图4.9所示。这种炉排片工作面较大,上面均匀布置两排通风孔,通风孔铸成圆锥形面孔径 $d=6\sim8$ mm,而底部孔径约为锥面孔径的2倍,目的是减少堵灰和漏煤。

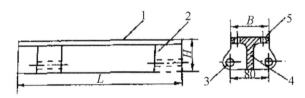

1—炉排工作面;2—炉排片环脚;3—连接孔;4—加强筋;5—通风孔。

图 4.9　大块轻型链带式炉排片

大块轻型链带式炉排片主要特点是:

(1) 工作安全可靠,它克服了以往普通链带式链条炉排的通病,即因一块炉排折断就导致整个炉排的运行受阻,引起事故扩大的通病。该炉排即使一片或两片炉排片损缺时,也能保证整个炉排短期内正常运行。

(2) 质量轻,它比普通链带式炉排片轻一半,比鳞片式炉排轻得更多,可明显地节省材料。

(3) 制造、安装、检修均较方便。这种炉排沿炉排宽度的块数少,刚度好,强度大,不易损坏。

(4) 漏煤少,它克服了普通链带式炉排片数目多、通风间隙不易调整合适的缺点。

2. 活络芯片型链带式炉排

活络芯片型链带式炉排片由炉排壳体及活络芯片两部分组成。芯片及过体上均开有连接孔,通过短销连接在一起。但芯片中孔径略大一些,以使芯片活动自如,并在空行程能自动清理夹灰。芯片两侧均为倾斜表面,芯片上有两处凸起的小条,与壳体装配后形成狭窄的斜向通风间隙,以减少漏煤损失。壳体两端下部开了连接孔,通过短销与主动链带连接。因此,位于主动链上的炉排片仅受热而不受力,而位于炉排片下方的主动链则仅受力而不受热,这就改善了炉排的工作条件。使炉排片不易烧坏,运行安全可靠,这是它的主要优点。此外,还具有金属消耗量最小(比大块轻型炉排片少 9% 左右),漏煤少,通风均匀,炉排片不易堵灰,检修拆换方便等优点。

3. COXE 型横梁式炉排

COXE 型横梁式炉排是横梁式炉排的改进型之一。COXE 型炉排片有一个长长的尾巴,运行时前后炉排可相互交叠,大大减少了漏煤损失。这种炉排的通风截面比较小,通风间隙分布均匀,炉排冷却条件好。

4.3.4　辅助设备结构

1. 挡渣设备

常用的挡渣设备有老鹰铁及挡渣摆,其结构和布置如图 4.10 所示。老鹰铁是一块形如鹰嘴的铸铁板块。它位于链条炉排末端即将转弯处。其主要作用是铲起灰渣以防止灰渣落进炉排,并起保护后轴滚轮

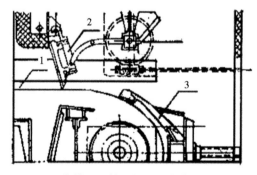

1—炉排;2—挡渣摆;3—老鹰铁。

图 4.10　老鹰铁及挡渣摆的结构与布置

的作用;其次,可增厚尾部灰渣层高度,以使燃烧进一步充分。缺点是不能阻止尾部漏风,热效率也差。但因其结构简单,又不易出故障,故应用普遍。

挡渣摆位于链条炉排尾部的上方,其主要作用是障碍灰渣前进,以延长灰渣在炉内的停留时间,使残留在灰渣中的可燃成分进一步燃尽,减少 q_4 损失。平时挡渣摆关闭,只有当灰渣层堆积到一定厚度,作用于挡渣摆上的力超过阻力时才会开启并将灰渣排出,过后又自动关闭。如此周而复始循环工作。挡渣摆既可防止锅炉尾部渣井处的漏

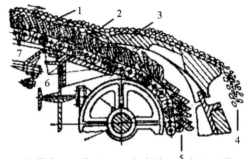

1—炉排孔;2—灰渣;3—老鹰铁;4—灰渣下落;
5—漏煤下落处;6—滚筒;7—搜集漏煤的凹窝。

图 4.11 鳞片式炉排尾部工作示意图

风,又可改变燃尽过程,提高热效率。其缺点是结构较复杂,如果使用不当,可能会造成炉排后部结渣,受热过大而烧坏,其维修量也大,目前工业锅炉中使用较少。图 4.11 为鳞片式炉排尾部工作示意图。

2. 密封装置

链条炉的炉排与两侧静止框架间必须留有一定的间隙,以适应炉排不断移动的要求,但是这样会带来冷空气漏气的问题。严重的漏风,不仅会降低炉膛温度,影响送风的均匀性,导致燃烧工况恶化,还将提高过量空气系数,增大 q_2 损失,影响锅炉效率。

侧密封的方法较多,常用的有按触式及迷宫式等,其结构简图示于图 4.12 和

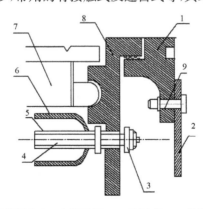

1—密封牙板;2—支撑墙板;3—边链条;4—拉紧螺栓;
5—衬管;6—滚筒;7—炉排片;8—炉排边夹板;9—固定螺丝。

图 4.12 接触式侧密封

图 4.13。接触式侧密封装置,将槽钢型炉排边夹板改为直角型,同时增加其厚度;将密封牙板改为直角型并增加其厚度;对密封面进行机械加工,降低其粗糙度。密封性能良好,成本低,由于结构简单机械加工量减少,导致成本下降,使用寿命长,安全性高。

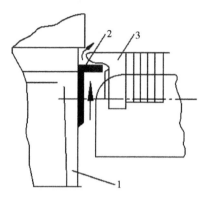

1—框架;2—角钢;3—侧炉排片。

图 4.13　迷宫式侧密封

4.3.5　链条炉的燃烧过程

链条炉的燃料干燥,着火燃烧及燃尽的各个阶段是沿炉排长度相继进行的,但又是同时发生的,所以炉子的燃烧过程不随时间变化,不存在手烧炉那样的热力周期性。图 4.14 展示了链条炉燃料层各个不同燃烧阶段的分布情况。链条炉中燃料层自上而下的导热过程及燃烧过程是在炉排片从前向后的移动中进行的,因而叠加的结果使燃烧各个阶段的分界面均与水平呈一倾角。煤吸收来自炉膛的高温辐射热量后,首先在新燃烧区中预热干燥。从 O_1K_1 线所示的斜面开始有挥发分析出。对于给定的煤,开始析出挥发分的温度大体一样,故 O_1K_1 线实际表示了一等温面。此等温面的倾斜程度主要影响因素是炉排速度及热量传递速度。煤在 O_1K_1 与 O_2K_2 区间内析出全部挥发分。这区间有一挥发分开始着火的边界(图中虚线)平行于 O_1K_1,这个斜面上,挥发分积聚起足够的浓度,在温度约 700 ℃发生着火。挥发分在煤层间隙内着火燃烧一方面降低了空气中氧的浓度,同时也使煤层温度急剧上升。至挥发分全部析出使温度高达1 200 ℃。实验表明,在 O_1K_1 到 O_2K_2 内,沿气流方向煤层的温度梯度很大。从面开始焦炭着火燃烧,温度上升更高,反应异常迅猛,是燃料的主要燃烧放热阶段。这一阶段沿高度又可以分为氧化区和还原区(这是因为氧化层高度远低于煤层厚度所致)。来自炉排下的空气中的氧气在氧化区中被迅速耗尽,燃烧产物中的二氧化碳和水蒸气上升至还原区,立即被炽热的焦炭所还原,生成大量的不完全燃烧产物 CO。

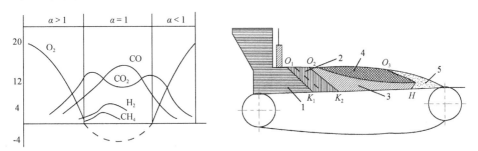

1—新燃料区;2—挥发分逸出燃烧区;3—氧化区;4—还原区;5—灰渣形成区。

图 4.14　链条炉燃烧阶段与烟气成分示意图

最后一个燃烧阶段(以 O_3H 面开始)是燃尽阶段。由于上层燃料受热最强,温度最高,最早形成灰渣,下层燃料则氧气充分,容易燃尽,形成灰渣也较早。因而,未燃尽的焦炭被上下灰渣所夹,使机械不完全燃烧热损失增大,上面介绍的老鹰铁及挡渣摆对燃尽有一定的促进作用,也可采取强拨火措施,以减少 q_4 损失。灰渣随炉排的移动最终翻入渣井结束燃烧过程。

综上所述,链条炉排上燃烧过程有如下几个特点:

(1) 着火条件较差　新燃料不是直接投撒于赤热的已燃焦炭上,而是在链条的一端供入。煤着火所需热量基本上只能从上部炉膛空间的辐射获得,属于"单面着火"。当燃用低挥发分的劣质煤的时候,燃料的着火问题更加突出。

(2) 链条炉的燃烧具有区段性　在炉排前部的准备区域,燃料处于加热升温,析出水分、挥发分的阶段,基本上不需要氧气;炉排后部的燃尽区域,燃料层(灰渣)可燃成分所剩不多,大部分被灰渣所裹挟,因此空气在穿过该层之后它的氧浓度变化也不大。但在燃烧的最旺盛区域,缺氧相当严重,以至于挥发分中可燃气体成分 CO、CH_4、H_2 等也无法燃尽。于是出现了炉排首尾两端空气过剩($\alpha>1$),而中部土燃区空气不足($\alpha<1$)。

(3) 燃料与炉排之间没有相对运动　必须对炉排上结焦的燃料进行人工拨火。

(4) 燃烧工况稳定　炉排上任何一处的燃烧情况不随时间变动,因而不存在手烧炉的燃烧周期性,燃烧效率也较高。

4.3.6　改善链条炉燃烧的措施

根据上面对燃烧过程的分析,为改善链条炉的燃烧,提高燃烧的经济性,目前链条炉在空气供应、炉膛结构以及炉内气流组织等方面采取如下一些措施,并收到了较好的效果。

1. 采用各种形式的炉拱

炉拱是指以各种形状突出在炉膛内部的那部分炉墙。炉拱的作用是合理地调整炉内的辐射和高温烟气的流动,组织炉内气流的扰动及混合以帮助燃料及时而稳定地着火,减少化学和机械不完全燃烧热损失。炉拱对组织炉内燃烧尤其是劣质煤燃烧有重要作用,是提高锅炉燃烧效率和保证出力的有效措施。前、后拱必须作为一个整体来看待,只有前、后拱合理搭配,相辅相成,才能促进炉内正常燃烧。前、后拱的形状和尺寸主要取决于燃料的品种。

炉拱分为前拱和后拱如图 4.15 所示,通常前、后拱同时布设,各自伸入炉膛形成“喉口”,对炉内气体有强烈的扰动作用。前拱位于炉排的前部,接收炉内高温火焰和燃料层的辐射热,并将其中 80% 以上的能量吸收,用于提高拱本身的温度并重新辐射出去。这部分再辐射热量将集中投射到新燃料层上,促进新燃料的迅速着火。前拱实质上是再辐射拱。以再辐射的观点来看,只要前拱的投影尺寸(即拱的两个端点)确定,则前拱的形状对拱的传热效果就不再有影响。前拱宜做成低而稍平的前段和高而陡的后段,以确保煤在 200 mm 内引燃。

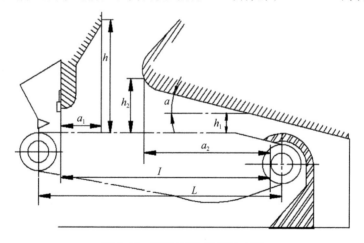

图 4.15　链条炉前、后拱尺寸图

后拱位于炉排后部,主要作用是将大量高温烟气和炽热焦炭粒子输送到燃料的主燃烧区和准备区,以保证那里的高温,使燃烧进一步强化,并发出更多的热量,以达到更高的温度,从而大大增强拱的辐射引燃作用。后拱的另一作用是对燃尽区的保温促燃,以便最大限度地降低灰渣热损失。

后拱高度宜控制在 $800\sim1\,000$ mm,覆盖炉排长度的 $50\%\sim65\%$,后拱前端出口最好设置 $300\sim1\,000$ mm 的水平段,出口处采用直角或者锐角而不采用圆弧形状,以确保后拱向前起间接引燃作用,并以 $5\sim7$ m/s 的速度冲击后拱外强燃烧区,促进高温区烟气混合,提高燃烧强度,加速燃烧过程的进行和燃烧的充分完成,向后起保温促燃的作用,确保燃尽区的温度。

振动炉排、往复炉排锅炉的炉拱也可参考表 4.1 的推荐。表 4.1 所列数据由上海工业锅炉研究所推荐。

表 4.1　链条炉炉拱基本尺寸选用表

名称	符号	褐煤	无烟煤 Ⅰ类烟煤	Ⅱ类烟煤 Ⅲ类烟煤
前拱出口高度/m	$h_1$①	$1.4\sim2.3$	$1.6\sim2.1$	$1.6\sim2.6$
前口覆盖炉排的长度	a_1	$(0.15\sim0.25)l$	$(0.15\sim0.25)l$	$(0.1\sim0.2)l$
后拱出口高度/m	h_2	$0.8\sim1.2$	$0.9\sim1.3$	$0.9\sim1.3$
后拱覆盖炉排的长度	a_2	$(0.25\sim0.5)l$	$(0.6\sim0.7)l$	$(0.25\sim0.55)l$
后拱倾角	a	$12°\sim18°$	$8°\sim10°$	$12°\sim18°$
后拱末端最小高度/m	h	$0.4\sim0.55$	$0.4\sim0.55$	$0.4\sim0.55$

注:1. l 值大者,h_1、h_2 取大值。
2. 对于多灰或灰熔点低的燃料取大值,V_r 小的燃料取小值。
3. 水分高的褐煤,难着火的Ⅱ类烟煤,h_1、a_2 取最大值,a、a_1 取最小值。
4. Ⅱ类烟煤包括 V_r 偏高的贫煤,V_r 偏低的贫煤按无烟煤设计。
① h_1 值主要取决于与后拱的配合。

炉拱的换热实际上遵循的是"再辐射"传热原理:炉拱先吸收高温火焰的辐射能量,本身具有很高的温度,然后再以漫辐射的方式将热量向四面八方辐射出去。所以强化炉拱换热的根本途径是提高拱区的温度。

2. 采用分段送风

链条炉的燃烧是分区段的,沿炉排长度燃烧所需要的空气量相差很大。如果炉排下供入的空气不加控制地送入,即采用统仓送风,则炉排两端供应的空气过多,中部则相对不足(图 4.16)。为适应燃料层沿炉排长度分区段燃烧这一特点,把炉排下面的风室隔成几段,各段都装有调风门可以单独调整风量大小,这称为分段送风。分段送风应能形成"两头小,中间大"的供风布局,改善燃烧工况,降低 q_2、q_3 和 q_4 损失,提高锅炉的热效率。

3. 采用二次风

为减小气体、飞灰的不完全燃烧损失,促进燃料及时着火及防止局部结焦,在链条炉的炉膛可布置二次风。

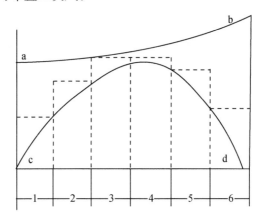

a—b—统仓送风;c—d—燃烧需要风量;虚线—送风。

图 4.16   统仓送风和分段送风比较

链条炉二次风是指布置于炉排上方的炉墙上以高速喷入炉膛的若干股气流。其作用主要是进一步强化炉内气流的扰动与混合,增加未燃尽颗粒在炉内的回旋逗留时间,以促进上行烟气中未燃尽气体和炭粒的充分燃烧。二次风创造的旋涡分离作用把许多未燃尽的碎屑炭粒重新甩回炉排复燃,减少了飞灰,有利于提高锅炉效率和消烟除尘。当布置在后拱时,还能将后拱的高温烟气引到火床头部,以利于燃料的及时着火。此外,如二次风布置得当,可提高炉膛内的火焰充满度,减少炉膛死角涡流区。防止炉内局部集灰结渣,保证锅炉正常运行。

由上可见,二次风的作用不在于补给空气,而在于加强对烟气的扰动混合。因此作为二次风的工质,可以是空气,也可用蒸汽或烟气。二次风具有一定的风量和风速。通常控制在总风量的 5%~15%,出口风速一般不低于 50~70 m/s。

4. 分筛给煤装置

所谓分筛给煤装置是指将原来的水冷煤闸板的给煤方式改为分筛给煤装置,从而使原煤或者动力配煤经过几层筛箅子后按颗粒从大到小的排序均匀地落在炉排上,而不经过其他任何处理,也不加其他任何动力。这样既满足层燃用煤规定的要求,又产生了具有一定粒度及配比的颗粒化燃料,然后入炉燃烧,从根本上改变用煤状态。采用外用机械分筛的方法,使原煤在进入炉膛的时候形成煤粒,下大上小,厚度呈分布均匀的分层状态,增大通风量,使通风均匀,改善煤炭的着火条件。该措施具有投资少、易操作、运行平稳、易着火、煤种适应性强,煤层分布均匀的优点,但是同时也存在缺点:潮湿的原煤易堵塞筛箅子,煤的粒度不能大于 60 mm,煤斗不能空烧。

5. 采用蒸汽蓄热器

为避免频繁的负荷变化带来的锅炉热效率降低和运行安全存在的隐患问题,采用蒸汽蓄热器。蒸汽蓄热器是利用水的蓄热能力把热能贮存起来的一种装置,起到稳定负荷,避免出现水击现象的作用。

6. 通过采用变频调速控制给煤量、送风量和引风量,来保证燃烧的经济性和安全性

通过调节给煤量来维持负荷稳定;调节送风量,使之随时与给煤量保持恰当的比例,即风煤比,以保证燃料完全的燃烧和最小的热损失;调节引风量,使之随时与送风相适应,以保持炉膛负压在一定的范围内,保证锅炉燃烧的安全性和燃煤燃烧的充分性。

链条炉变频控制包括:鼓风机变频调速装置、引风机变频调速装置、炉排机变频调速装置、分层给煤变频调速装置、循环水变频调速装置、补水变频调速装置等。根据链条炉燃烧过程自动控制的任务和目的,燃烧变频控制系统可分为三个子系统:负荷控制系统(给煤调节、烟气含氧量控制、炉膛温度调节)、送风系统和引风系统。

4.3.7　链条炉的燃料适应性及其燃烧调整

链条炉是一种"单面着火"的炉子,着火条件差,需靠人力进行拨火操作,燃料层本身也无自行扰动的作用,其燃料适应能力较差。

强结焦性煤不宜在链条炉中燃烧。因为在高温下,燃烧层表面易结焦并形成板状焦块,使其产生较大的床层阻力,导致空气供给困难。但是对于弱黏结性或者不黏结性的煤也不宜在链条炉中燃烧,因为煤受热时容易爆裂成碎屑细末,过分地增加了飞灰及漏煤的 q_4 损失。此外,燃料的颗粒均匀度,燃料所含的水分、灰分及灰熔点等,都影响着链条炉运行的经济性及安全性。未经筛选的煤炭粒度不一,易使煤层堆得过实,影响水分蒸发和热量传递,使着火和整个燃烧过程推迟。此外密实的料层增加了阻力,易出现火口,破坏燃烧层的稳定。此外,不均匀的颗粒在煤斗中易产生机械分离,导致送风不均匀和燃烧恶化。要求煤块有适当的尺寸,小于 40 mm,且 0~6 mm 的小尺寸碎屑少于 50%。

目前我国的链条炉排的燃煤多为混煤,着火条件差,炉膛温度低,燃烧不完全,炉渣的含碳量高,热效率普遍较低。而分层燃烧技术是将原料进口先通过分层装置进行燃料筛选,较大的煤颗粒直接落入炉排,而小颗粒和粉末则送入炉前型煤装置压成核桃大小形状的煤块,再送入炉排,这样就提高了煤层的透气性,强化了燃烧,提高了热效率并减少了环境污染。

燃料中水分过高,使着火推迟,燃尽困难,q_2 增大。建议 W^y 小于 20%,水分过低,煤含细屑变多,使飞灰及漏煤增加,热损失也增大,合适的水分为 $W^y = 8\% \sim 10\%$。

燃料的含灰量过多,除了焦炭的严重裹灰之外,火床尾部的焦炭层由于被上下层的灰渣裹夹而增加了燃尽的困难。建议燃料 A^g 不超过 30%。此外灰熔点也不可过低,否则,熔渣堵塞通风孔。建议灰的熔化温度 T_3 应高于 $1\ 200\ ℃$。

链条炉的燃烧调整至关重要,若调整不当,会影响锅炉的效率和安全运行。锅炉负荷变动时,首先需调节送风量,紧接着调节燃料量(通过炉排的速度调节来实现)。只有两者配合适当,才能重新获得正常的燃烧工况。所谓正常的一般标准是:燃料应在离煤闸门 $0.3\ m$ 处开始着火,并在挡渣设备前 $0.3 \sim 0.5\ m$ 处基本上燃烧结束。(过早会烧坏煤闸门,过迟燃料又来不及燃尽)。燃烧层上的火苗应密而匀,火床平整,没有局部发黑或吹穿喷火的现象;两头火焰暗红,中部白亮,火床长度应占炉排有效长度的 $3/4$ 以上。烟囱排烟呈浅灰色或近于无色。给煤量不仅取决于炉排速度,还与煤层厚度有关。可以通过人工调节闸门的高度来控制煤层厚度。依据煤种类成分及颗粒度而定,通常可控制在 $100 \sim 150\ mm$。

对黏结性烟煤,薄些为宜,为 $60 \sim 120\ mm$;不黏结性烟煤可达 $80 \sim 140\ mm$;对无烟煤及贫煤,因厚煤层蓄热量大,对于着火及燃尽均有利,可控制在 $100 \sim 160\ mm$ 范围。煤层厚度一经试验确定后,没有特殊情况(如负荷变动大或煤的水分及粒度变动大等)时,就不再进行调整。

4.4　抛煤机炉

抛煤机炉是用机械或风力将煤抛撒在炉排上的一种层燃炉,有两种形式:抛煤机固定炉排和抛煤机链条炉。前者适宜于蒸发量较小的炉子,后者多用于 $D \geqslant 10\ t/h$ 的锅炉。抛煤机按其播撒燃料的方式可分为三种形式:风力抛煤机、机械抛煤机及机械—风力抛煤机。

风力抛煤机借助于高速气流来播撒燃料;机械抛煤机依靠旋转的桨叶或摆动的刮板来播撒燃料;而机械—风力抛煤机则是两种播煤方式兼而有之,但以机械抛煤为主。风力抛煤机其炉排前部颗粒较粗,愈往后愈细。机械抛煤机恰好相反,沿炉排长度,颗粒分布是前细后粗。这样的煤层特点对大颗粒煤的燃尽是不利的。机械—风力抛煤机的煤层由于结合了两种播煤方式,因而粒度分布比较均匀,目前国内主要采用这种形式。

机械-风力抛煤机(图 4.17)主要由两个主要部件构成:一是给煤部件,另一个是抛煤部件。给煤部件由推煤活塞及调节平板组成。抛煤部件由击煤桨叶及转子组成。抛煤机工作时煤从煤斗落于调节平板上,再通过往复移动的推煤活塞将煤推出,煤落在击煤桨叶上,由转子带动的桨叶将其连续不断地播撒于炉排面。抛煤机的伺服电动机通过减速系统一方面带动偏心轴、曲柄连杠机构和摇臂,使推煤活塞做往复运动,另一方面又带动转子,使桨叶旋转运动,将推下的煤粒不断抛出。

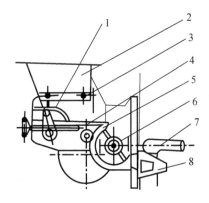

1—煤斗;2—落煤调节板;3—给煤机滑块;4—抛煤远近调节板;5—抛煤转子及叶片;
6—冷却风套;7—冷却风喷出口;8—播煤风槽及喷口。

图 4.17　机械—风力抛煤机结构图

抛煤机的调整主要包括给煤量和煤的抛程调整。给煤量主要通过调整活塞往复运动的频率和冲程;煤的抛程调整主要是通过调整转子的速度或者调整调节平板的前后位置和改变桨叶的击煤角度。必须指出,这种抛煤机对燃料含水量比较敏感。过轻会影响抛煤质量,过重则会使抛煤机停止工作。

某公司使用一台 DZD20-1.27/350 型蒸汽锅炉(抛煤机炉),但是烟尘污染很严重,受到了环保部门的高额罚款,之后采用了哈尔滨电站设备成套设计研究所的方案,不仅达到了消烟除尘的目的,同时还降低了排烟损失,节约了能源,解决了环保的问题。该方案主要是在烟气进入省煤器之前的水平烟道内加装了槽型分离器,如图 4.18 所示,槽型分离器分离下来的烟尘通过落灰管,使烟尘沉降至炉膛内,可以重新燃烧,不可燃物质堆放在炉排上,而利用落灰管到下部的送灰装置的压缩空气射流产生的负压可以平衡分离器处的烟道负压。

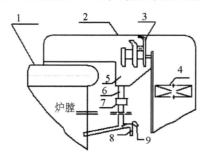

1—锅筒;2—水平烟道;3—槽型分离器;4—省煤器;5—集灰斗;
6—落灰管;7—膨胀节;8—进风管;9—视孔。

图 4.18   槽式分离器安装结构示意图

抛煤机链条炉有诸多的优点,如具有煤种适应性广、负荷调节灵敏以及投资和金属耗量较低,但缺点也不容忽视,如:炉内气流扰动混合情况较差,冒黑烟比较严重;飞灰量较大;出力不足;热效率低。为了解决上述的问题,必须对抛煤机链条炉进行改造。将原来的炉膛开式结构改为半开式;在抛煤机上方增设遮煤前拱;合理布置二次风,采用链条炉加煤粉复合燃烧技术,增设一套风扇磨煤机直吹制粉系统,强化燃烧过程;增设炉内除尘装置。

4.5   往复炉排炉

往复炉排炉是一种利用炉排往复运动来实现给煤、除渣、拨火机械化的燃烧设备。是已经使用多年的炉型,其种类很多,炉排片的形式也多种多样。往复炉排炉按炉排布置方式可分为倾斜往复炉排和水平往复炉排。倾斜往复炉排为倾斜阶梯形,炉排由相间布置的活动炉排片和固定炉排片组成;水平往复炉排是由固定炉排片和活动炉排片交错组成,炉排片相互搭接。但应用广泛的是间隔动作的顺向倾斜往复炉排。下面介绍这种炉子的主要特点。

4.5.1   往复炉排结构

倾斜式往复炉排结构如图 4.19 所示。它主要是由相间布置的活动炉排片及固定炉排片构成,所有活动炉排片的尾部都支在活动框架上,其前端则搭在相应的固定炉排上,因此整个炉排面呈阶梯状,并具有约 20°的倾角。活动框架由推拉杆连到被电动机驱动的偏心轮上,偏心轮旋转使活动炉排做前后往复运动。运动行程 30～100 mm,往复频率为 1～5 次/min,可通过可控硅改变电动机的转速来实现。煤从煤斗落在炉排前端,借活动炉排片的往复推饲作用一步步向后移动,最后落在专为焦渣更好燃尽而设置的一段平炉排——燃尽炉排上,充分燃烧后排出炉外。

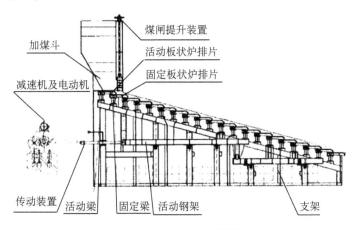

图 4.19　倾斜式往复炉排结构简图

4.5.2　往复炉排的燃烧过程及特点

燃料从煤斗落下,经煤闸门进入炉内,煤层厚度一般保持在 100～140 mm 范围。在活动炉排的往复推饲作用下,燃料沿倾斜炉排面由前向后缓慢移动,并依次经历预热干燥、挥发分析出并着火、焦炭燃烧和灰渣燃尽等各个阶段。位于火床头部的新燃料,受到高温炉烟及炉拱的辐射加热,属单面引燃,着火条件并不理想。但其后的燃料,由于活动炉排片的不断耙拨作用,部分新燃料被推饲到下方已着火燃烧的炽热火床上,着火条件大大改善。活动炉排在返回的过程中,又耙回一部分已经着火的炭粒至未燃煤层的底部,成为底层燃料的着火热源,使这部分煤的着火条件远远优于链条炉。此外,炉排片不断耙拨使燃料层松动,增强了透气性,且焦块及煤粒外表面的灰壳也因挤压及翻动而被捣碎或脱落。有利于强化燃烧和燃尽。

倾斜式往复炉排的燃烧过程是沿炉排长度方向分阶段进行的,每个横断面的燃烧情况并不相同。一般情况下,中段送风量最多,对应的风压也最高,前后段送风量较少。

在运行中,往复炉排的给煤量可以通过煤闸门的高度或者活动炉排的行程即频率来调整。

倾斜往复炉排炉的主要优点是:煤的着火条件和煤种适应性较好,基本上属于双面着火;消烟效果佳,若结构设计合理,操作得当可基本不冒黑烟,有利于环境保护;空气与燃料的接触强,燃烧剧烈,若操作得当,可降低化学及机械不完全燃烧热损失;这种炉子的金属耗量低于同容量的链条炉。缺点是:由于活动炉排片温度很高,容易烧坏(主要为中段的高温区);由于结构上的缺陷,倾斜推动炉排两侧的漏风及漏煤较严重,火床不够平整,运行时易造成火床燃烧不稳定,甚至在火床两侧出现两条"火龙",而中间的煤层因通风欠佳而发暗。对于倾斜往复推动炉的侧面,需要进行更好的密封改造,保证更好地充分燃烧。

4.6　振动炉

振动炉排也是一种机械化燃烧设备,是由偏心块激振器、横梁、炉排片、拉杆、弹簧板、后密封装置、激振器电机、地脚螺钉、减震橡皮垫、下框架、前密封装置、侧梁、支点(固定或者活络)等部件组成。振动炉排具有结构简单、制造容易、质量轻、金属耗量少、设备投资省、燃烧条件好、炉排面积负荷高、煤种适应能力强等优点。目前在国内用的不多,而一些工业发达国家由于采取了一系列技术措施,振动炉排仍受到用户的好评,作为燃煤工业锅炉的炉型之一。

4.6.1　振动炉排的结构

国内现有振动炉排有两种形式:固定支点振动炉排和活络支点振动炉排。两者结构基本相同,主要区别在于支点的位置,而炉排片均靠下部通风冷却。

图 4.20 为固定支点振动炉排,炉排呈水平布置,主要构件有激振器、上下框架、炉排片、弹簧板、固定支点和密封墙板。激振器依靠电动机带动偏心块旋转,从而驱使炉排振动。上框架是组成炉排面的长方形焊接框架,其前端横向焊有安置激振器,下框架通过地脚螺栓紧固在炉排基础上。上框架炉排片和其上燃料层质量靠这些弹簧板支撑在固定支座上。固定支座用钢材冲压而成。若弹簧板与下框架的支座连接方式不是固定的,而是活络的,就称为活络支点振动炉排。振动炉排面积与锅炉容量有关,单位炉排有效面积的质量约 $500\ \mathrm{kg/m^2}$,约为链条炉排的一半。

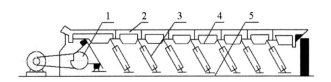

1—激振器；2—炉排片；3—弹簧板；4—上框架；5—下框架。

图 4.20　固定支点振动炉排结构

4.6.2　振动炉排的工作原理

整个振动炉排可看成一个弹性振动系统。当弹簧板从最低位置向右上方运动到最高位置时，存在着先加速后减速的两个不同运动过程。在加速过程中，炉排上煤粒压紧炉排片并不断地被加速，直至达到最大速度，这时，由于偏心块产生垂直于弹簧板的惯性分力消失，而在弹簧板反弹力作用下，炉排突然进入减速阶段，当减速运动的负加速度的垂直向下分量等于或大于重力加速度时，炉排上的燃料就会漂浮起来或脱离炉排面，并按原来的运动方向抛出。就在燃料沿抛物线轨迹飞行过程中，弹簧板已从最高位置回到最低位置，当燃料落到炉排面新的位置时，炉排又开始一个新的周期性的向上加速运动。如此循环下去，就形成了燃料在炉排面上的定向的微跃运动。由于炉排振动时是间歇的，因此燃料也是间歇地微跃运动，实现了加煤、除渣的机械化。

4.6.3　振动炉排上煤的燃烧及存在的问题

在炉排前的煤斗中加入煤，通过炉排振动，将煤带入炉膛燃烧，烧后的渣可自动从尾部排入渣坑。煤在振动炉排上的燃烧过程与链条炉一样，也分为预热干燥、着火、燃烧和燃尽四个阶段，因而也必须有相适应的分段送风。与链条炉不同的是振动炉排上的煤层不是匀速前进的，在振动停止的间歇内，煤层处于静止状态燃烧；由于炉排的振动作用，煤颗粒在振动时上下翻滚，不易结块，与空气接触也好，燃烧比链条炉强烈；燃料适应性较广，燃用弱黏结的烟煤为最佳。

在振动炉排实际运行中需要注意以下几个问题：

（1）为了保证正常着火、燃烧、燃尽，必须合理配置前、后拱。

（2）根据燃烧四个阶段对空气量的不同需求，合理分区分段送风并做到风室严密不漏风。

（3）为了减少正压，炉膛应稍带负压运行。如能在风管内加装电控蝶形调节阀，在炉排振动的几秒内，阀门自动关小，减少送风量，则可使振动时飞灰减少。

（4）炉排下面的漏煤一定要及时处理，并收集回烧，否则会因存积太多，引起漏煤着火，烧坏整个炉排装置。

（5）为了防止炉膛两侧炉排焦结，一定要采用结构合理、易于检修、使用可靠的防焦箱，防止炉膛两侧炉排焦结，影响炉排振动。防焦箱的冷却水可作锅炉给水。

（6）为了防止炉排片受热卡死或胀裂损坏，在安装时炉排间必须预留间隙，纵向 3 mm，横向 2 mm。为防止炉排片通风眼堵死，应采用斜缝式炉排片，活芯相对炉排座有 1.5 mm 左右的活动余地。

（7）尽量采用先进的自控系统：水位、振动、鼓风等均可采用自控装置，并可配备燃烧工况检测仪表，对燃烧进行自动、半自动调节，微机处理，数量控制等，目前国外运用燃烧自动控制可使锅炉热效率提高 5% 以上。

（8）为了防止煤层不均匀或结大块焦，在运行中仍要根据燃烧情况，适时拨火，改善燃烧情况，避免焦块影响炉排振动。

4.7　沸腾炉

沸腾燃烧锅炉是采用沸腾燃烧方式的锅炉（简称沸腾炉），是二十世纪六十年代才在我国发展起来的一种新型燃烧锅炉。这种锅炉具有强化燃烧、传热和低温燃烧及自动溢流出渣等特点。其突出的优点是能够燃烧其他燃烧设备难以适应的劣质燃料，包括石煤、煤矸石、油页岩、劣质无烟煤等。我国劣质煤资源丰富，因此，沸腾炉在我国有着广阔的发展前途。

4.7.1　沸腾燃烧的一般概念

沸腾燃烧的流体动力学基础是固定颗粒的流态化。沸腾燃烧又称为流化床燃烧，是介于固定火床燃烧和煤粉悬浮燃烧间的一种燃烧方式。在流化床中，空气经过布风板均匀地通过料层，如果不断提高通过料层的风速，料层就随着气流速度提高而相继出现如下三种状态。

1. 固定床［图 4.21(a)］

当气流以较低的速度通过时，气流对煤粒的吹托力较小，不足以克服料层的重力，因此料层在布风板上静止不动，这种状态称为"固定床"。火床燃烧就是在这种状态下进行的。

2. 流化床［图 4.21(b)］

若增大风速，则颗粒间隙的空气流动速度增加，气流对煤粒的推力也增大。

当风速达到某一数值时气流的吹力超过煤粒的重力,整个燃料层会被托起,但绝大多数颗粒并不会被气流带走,而在这个高度范围内不断翻滚运动。若继续增大风速,床层高度也开始增加,颗粒间隙加大,燃料层出现明显的悬浮相(颗粒相)和气泡相,而颗粒实际气流速度都保持不变,这种状态称为"流化床"。颗粒在床中产生强烈的翻滚跳跃,整个燃料层与气流混合具有流体一样的流动性。沸腾炉就是在这种状态下进行的。

流化床燃烧技术是 20 世纪 60 年代迅速发展起来的一种新型清洁燃烧技术。它利用炉内燃料的充分流动、混合,达到高效燃烧。我国在利用流化床燃烧技术燃用低热值燃料方面处于国际领先水平。

对于液固流态化的固体颗粒来说,颗粒均匀地分布于床层中,称为"散式"流态化。而对于气固流态化的固体颗粒来说,气体并不均匀地流过床层,固体颗粒分成群体做紊流运动,床层中的空隙率随位置和时间的不同而变化,这种流态化称为"聚式"流态化。循环流化床锅炉属于"聚式"流态化。

固体颗粒(床料)、流体(流化风)以及完成流态化过程的设备称为流化床。

3. 气力输送[图 4.21(c)]

如果再加大送风量,当风速增大到某一极限值时,颗粒将全部被气流吹走,炉内没有原先那样明显的流化床界面,转入悬浮状态,这种状态称为"气力输送"。煤粉燃烧就是在这种状态下进行的。

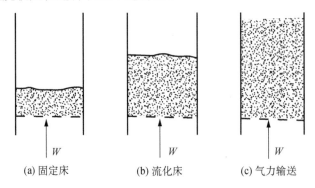

W	W	W
(a) 固定床	(b) 流化床	(c) 气力输送

图 4.21　床层颗粒运动的三种状态

沸腾炉中料层高度、气流实际速度及料层阻力三者和流化床空截面气流速度的关系可用图 4.22 所示的料层特性曲线来描绘:(a)料层高度与空截面速度关系;(b)空隙中实际速度与空截面气速 W_0 关系;(c)料层阻力与空截面速度 W_0 的关系。AB 段上,料层高度不随流速的增加而变化,一直保持一定值,成为固定床。气体在颗粒间的实际流速与空截面流速之间存在线性关系。料层阻力

与空截面流速之间基本上呈二次曲线关系。当
达到 B 点以后,随流速增加,料层高度不断增
加,进入了流化床。B 点即为固定床与流化床的
分界点(称为临界点)。B 点所对应的空截面流
速即为临界沸腾速度 W_{lf}。

在流化床中,颗粒间的实际流速保持不变。
因为随着空气流量增加,料层不断膨胀,颗粒之
间的间隙随之增大,所以流通截面也相应增加。
正因为气流的实际速度不变,料层阻力也基本保
持恒定。实际应用中,利用沸腾床中空截面风速
增加而料层压降不变这一特征来判断料层是否
进入流态化。

料层阻力曲线在 B 点处出现了一个小"峰
值"。因为当空间面风速等于临界沸腾速度 W_{lf}

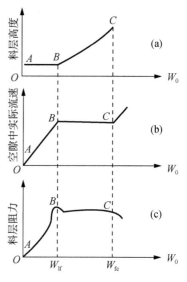

图 4.22　料层特性曲线

时,并不是全部料层都进入流态化,而是局部在松动,局部有穿孔,使料层阻力瞬
时突增,待速度 W_0 超过 W_{lf} 后,则料层全部进入流态化,这时颗粒间间隙加大,
料层阻力又下降。C 点为极限点,此点以后,颗粒不能停留在床层内而被气体带
出,因而床层高度急剧上升。C 点所对应的空截面气流速度称为极限速度或飞
出速度 W_{fc}。

4.7.2　沸腾炉内的燃烧与传热

沸腾炉的燃烧和传热过程是在气、固介质特有的运动形式下发生并进行的,
具有如下特点:

(1) 着火沸腾床中保此着很厚的灼热料层。仅占料层颗粒总量约 5% 的新
燃料进入沸腾床,就被炽热料层所"吞没",料层内固体颗粒的掺混接近于理想混
合状态,故新燃料的着火异常迅速、稳定。如此优越的着火条件,是目前其他燃
烧设备都无法比拟的。沸腾炉甚至可燃用含碳量在 15% 左右的炉渣。其燃料
适应范围是最广的。

(2) 燃烧与燃尽沸腾炉中煤粒的绝大部分是在沸腾层内燃烧,只有一小部
分细屑是在悬浮段内燃烧。沸腾层燃烧温度不高,这对于燃烧化学反应是一个
限制因素。但根据目前的试验研究,沸腾层内燃烧反应速度上还是要受煤粒边
界层中气体扩散速度的控制,煤粒越粗转入扩散区的温度就越低。所以在沸腾
层中混合极为强烈的情况下,煤粒燃烧速度还是很快的。对粒径较小(1 mm 以

下)的煤粒,其燃烧处于过渡区,适当提高沸腾层温度是有利的。由于相互碰撞不断去除灰壳,过量空气系数为 1.1 时可得到充足氧气,使燃烧充分。燃料颗粒在沸腾层内的强烈脉动和大范围的往返循环,大大延长了颗粒在沸腾层停留时间,燃尽程度高。

一部分粒径较小的煤粒未经充分燃烧就被气流带到沸腾层上部空间(悬浮段),那里氧气浓度很低(不到 3%),烟温也低(700～800 ℃),并且失去了强烈的气、固相对流动和氧的扩散条件,所以燃烧速度进行得很慢,飞灰含碳量很高,一般在 20%～40%,甚至更高一些,这是沸腾锅炉效率低的主要原因。

(3) 传热沸腾层内布置管式受热面(埋管)主要是为控制料层温度的,否则料层温度过高而造成结渣,中止沸腾是难以避免的。为提高燃烧效率,料层温度当然也不能太低,由于灼热的颗粒与管壁发生激烈频繁的撞击接触,因而埋管受热面的传热过程是极为强烈的,试验埋管传热系数可达 230～300 W/(m² · K),比一般锅受热面高出数倍。

4.7.3 沸腾炉的构造

在沸腾炉的发展过程中,出现了采用链条炉排的半沸腾炉和采用固定布风装置的全沸腾炉。全沸腾炉的构造和火床炉的大体相同,差别仅在于布风装置和炉膛装置。

(1) 布风装置主要包括风帽、花板和风室,是建立沸腾炉的重要设备。

(2) 炉膛结构:沸腾炉炉膛主要由沸腾段和悬浮段组成。沸腾段的设计必须满足颗粒正常沸腾和稳定燃烧的要求;悬浮段是沸腾段以上的部分,其横截面积一般较大,以降低上升烟气的速度,使悬浮段中的细颗粒得以沉降。

(3) 沸腾炉的进料和排渣进料主要可以分为正压进料和负压进料。前者通过绞龙(螺旋给煤机)把煤从流溢口以下直接推入炽热的沸腾床;负压进料是将燃料从沸腾层的上方加入,虽然简单,但是会使燃料中的细颗粒被上升烟气带走,增加飞灰中的含碳量。

4.7.4 沸腾炉存在的几个问题

1. 效率问题

目前沸腾炉存在的主要问题之一是热效率不高,这主要是因为固体燃料不完全燃烧损失 q_4 较大。q_4 值之所以较大,主要是由于飞灰损失所造成的。减少飞灰损失的方法:一是减少飞灰量,二是减少飞灰含碳量。一般采取的措施如下:

（1）采用高温度、低烟速的悬浮段。沉降大颗粒，延长细颗粒停留时间。

（2）燃用挥发分较高的燃料时可以设置旋风燃尽室。

（3）飞灰在副床中燃烧。副床也是一个沸腾床，又称为灰床。

（4）采用播煤风和二次风助燃，随着锅炉容量加大，床层面积也相应加大，为简化输煤系统和锅炉结构布置，往往采用集中给煤方式。给煤口煤量大，易造成低温缺氧，因此可在给煤处设置播煤风。在悬浮段采用二次风组织燃烧，减少飞灰。

2. 磨损问题

磨损问题直接影响沸腾炉的安全性和经济性。其原因是埋管在沸腾层内受固体颗粒撞击、冲刷和烟气中的飞灰量大。主要影响因素是烟气速度、颗粒大小和飞灰浓度。采用小颗粒、薄料层、低风速压运行，既可降低飞灰含碳量，而且也会减轻磨损。

3. 结渣问题

结渣常导致运行中熄火和被迫停炉。有两种情况：高温结渣和低温结渣。前者是由于沸腾层温度超过了煤的熔点，后者则是属于局部过热问题，整个料层平均温度并未达到熔点。

4. 改进脱硫方法和降低 NO_x 排放量

沸腾燃烧方法也称为清洁的燃烧方法，将脱硫剂与煤一起放入沸腾床中，脱硫剂可在沸腾燃烧过程中吸收 SO_2，减少锅炉对大气的污染。沸腾炉的低温燃烧为抑制 NO_x 等有害气体的生成创造了有利条件。

4.8　循环流化床锅炉

循环流行化床锅炉技术是近十几年来迅速发展的一项高效、低污染、清洁燃烧技术，由于它在燃料适应性和变负荷能力以及污染物排放上具有的独特优势，故而使其得到迅速发展。这项技术广泛地商业化运用于电站锅炉、工业锅炉和废弃物处理利用等方面，并向几十万千瓦级规模的大型循环流化床锅炉发展；国内在这方面的研究、开发和应用也逐渐兴起，已有上百台循环流化床锅炉投入运行或正在制造之中。可以预测，未来几年将会是循环流化床发展的黄金时期。

图 4.23 为德国鲁奇（Lurgi）循环流化床的系统示意图，燃料和石灰石从炉膛的下部供入，燃烧空气分为一次风和二次风，一次风作为流化风，二次风从炉膛的中部供入，即通过分级燃烧方式，可以将 NO_x 的排放浓度控制在 200 mg/m³ 以下，此外在燃烧室的下部没有布置受热面，这就不存在密相区受热面磨损的问

题。采用较高的流化速度,大部分床料颗粒从炉膛出口进入由耐火材料砌成的热旋风分离器,固体床料分离以后,在旋风分离器底部通过一个热灰控制阀将部分热灰送入下面外置的鼓泡床换热器(EHE),经其将热量传给床中埋管受热面,冷却的热灰再送回炉膛,或者经过一个 U 形阀输送器将床料送回炉膛。

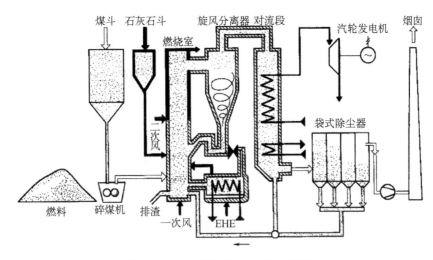

图 4.23　鲁奇循环流化床系统示意图

　　循环流化床锅炉采用流态化的燃烧方式,这是一种介于煤粉炉悬浮燃烧和链条炉固定燃烧之间的燃烧方式,即通常所讲的沸腾燃烧方式。在循环流化床锅炉内存在大量的床料(物料),这些床料在锅炉一次风、二次风的作用下处于流化状态,并实现炉膛内的内循环和炉膛外的外循环,从而实现锅炉不断地往复循环燃烧。

　　与其他锅炉相比,循环流化床锅炉增加了高温物料循环回路部分,即分离器、回料阀;另外还增加了底渣冷却装置——冷渣器。分离器的作用在于实现气固两相分离,将烟气中夹带的绝大多数固体颗粒分离下来;回料阀的作用一是将分离器分离下来的固体颗粒返送回炉膛,实现锅炉燃料及石灰石的往复循环燃烧和反应;二是通过循环物料在回料阀进料管内形成一定的料位,实现料封,防止炉内的正压烟气反窜进入负压的分离器内造成烟气短路,破坏分离器内的正常气固两相流动及炉内正常的燃烧和传热。冷渣器的作用是将炉内排出的高温底渣冷却到 150 ℃以下,从而有利于底渣的输送和处理。

　　循环流化床锅炉可实现炉内高效廉价脱硫,循环流化床锅炉处在 850～900 ℃的工作温度下,在此温度下石灰石可充分发生焙烧反应,使碳酸钙分解为氧化钙,氧化钙与煤燃烧产生的二氧化硫进行盐化反应,生成硫酸钙,以固体形式排出,达到脱硫的目的。一般脱硫率均在 90% 以上。同时,由于较低的炉内燃烧温度,循环流化床锅炉中生成的 NO_x 主要由燃料 NO_x 构成,即燃料中的 N 转化成的 NO_x;而热力 NO_x 即空气中的 N 转化成的 NO_x 生成量很小;同时循环流化床锅炉采用分级送风的方式,即一次风从布风板下送入,二次风分多层从炉膛下部密相区送入,可以有效地抑制 NO_x 的生成。因此循环流化床锅炉中的污染物排放很低。

在锅炉运行时,炉内的床料主要由燃料中的灰、未反应的石灰石、石灰石脱硫反应产物等构成,这些床料在从布风板下送入的一次风和从布风板上送入二次风的作用下处于流化状态,部分颗粒被烟气夹带在炉膛内向上运动,在炉膛的不同高度,一部分固体颗粒将沿着炉膛边壁下落,形成物料的内循环;其余固体颗粒被烟气夹带进入分离器,进行气固两相分离,绝大多数颗粒被分离下来,通过回料阀返送回炉膛,形成物料的外循环。所以循环流化床锅炉具有很高的燃烧效率。

在循环流化床锅炉中,一般根据物料浓度的不同,将炉膛分为密相区、过渡区和稀相区三部分。密相区中固体颗粒浓度较大,具有很大的热容量,因此在给煤进入密相区后,可以顺利实现着火,因此循环流化床锅炉可以燃用无烟煤、矸石等劣质燃料,还具有很大的锅炉负荷调节范围;与密相区相比,稀相区的物料浓度较小,稀相区是燃料的燃烧、燃尽段,同时完成炉内气固两相介质与炉内受热面的换热,以保证锅炉的出力及炉内温度的控制。

循环流化床锅炉的不同部位处于不同的气固两相流动形式,炉内处于快速床的工作状态,具有颗粒间存在强烈扰动和返混等性质;回料阀进料管内处于负压差移动填充床状态,返料管内处于鼓泡床流动状态;尾部烟道处于气力输送状态。

但是,对于循环流化床,如果操作不当,很可能会产生爆燃现象(炉膛内可燃物质的浓度在爆燃极限范围内,遇到明火或温度达到了燃点发生剧烈爆燃,燃烧产物在瞬间向周围空间产生快速的强烈突破)。产生爆燃现象的主要原因有:

(1)扬火爆燃　压火时燃料加得过多或者停得晚时,会由于不完全燃烧产生大量的 CO,扬火时,床流开始流动,高温床料从下面翻出,遇到明火,瞬间燃烧,如果可燃物的浓度在爆炸极限内,就会发生爆燃。

(2)大量返料突入爆燃　循环流化床锅炉都带有物料循环系统,运行中如果返料风过小,可能会导致返料器堵塞,细灰会在返料器内堆积,当细灰累积到一定程度而突然进入炉膛时,在炉内高温条件下,极易发生爆燃。

(3)油气爆燃　流化床锅炉一般采用柴油点火,在点火过程中可能由于杂质,点火风的调配,油压低等灭火,如果没有及时发现,雾化的燃油会持续喷入炉膛,当再次点火或遇到明火时,就会产生整个系统的爆燃。

预防措施主要有:

(1)扬火时一定要先启动引风机通风 5 min 后再启动送风机,以保证炉内积聚的可燃性气体排出,防止遇到明火。

(2)锅炉压火时一定要先停止给煤。当床温趋向稳定或稍有下降趋势时,再停送风机,防止压火后床料内煤量太多,产生大量可燃性气体及干燥的煤粉。

(3)压火后,扬火前尽量避免有燃料进入炉内,不可在扬火时先给燃料后启风机。

(4)当运行中发生返料堵塞存灰较多时,通过放灰系统将灰放掉。

(5)点火过程中如果发生油枪灭火,应先关闭油阀,保持风机运行通风 5 min 后,再次点火。

(6)点火过程中,如果油枪喷嘴堵塞,油枪雾化不良,导致床温上升困难,达不到加煤温度,应停止点火,对油枪喷嘴进行清洗或更换后再点火。

(7)点火过程中,一定要控制好加煤量,一般总加煤量不能超过床料量的 20%。

4.8.1 煤粉炉

煤粉炉是把煤先经磨煤设备磨成煤粉,然后用空气将煤粉喷入炉膛内燃烧,整个燃烧过程在炉膛内呈悬浮状进行,这种锅炉称为煤粉炉。煤被磨成煤粉后,与空气的接触面大为增加,这不仅改善了着火条件,也强化了燃烧,使煤粉炉的煤种适应范围较广,而且燃烧也较为完全,锅炉热效率高达 90%。煤粉颗粒的大小及煤粉细度是煤粉的一个重要特性。通常是用一个具有标准筛孔尺寸的筛子测定,最常用的是 70 号(筛孔为 90 μm×90 μm)和 30 号(筛孔为 200 μm×200 μm)开口筛,对应的煤粉细度用筛上剩下的煤粉占进筛煤粉总重的百分数 R_{90} 和 R_{200} 来表示。

炉膛、制粉系统、燃烧器共同组成了煤粉炉的悬浮燃烧设备。炉膛的作用是组织煤粉与空气连续混合,着火燃烧直到燃尽的空间;制粉系统的作用是为锅炉连续、稳定而均匀地提供合格而经济的煤粉,可分为直吹式和中间储仓式。磨煤机的制粉量等于锅炉的燃料消耗量。燃烧器的作用是保证煤粉和空气在进入炉膛时能充分混合,煤粉能连续而稳定地着火,强烈燃烧和充分燃尽,并保证在燃烧过程中炉膛水冷壁不接渣。

4.8.2　磨煤机

原煤先经碎煤机打碎,再在磨煤机中磨制成煤粉。磨煤机种类很多,常用的有竖井式磨煤机、筒式磨煤机(又名球磨机)和风扇式磨煤机。

竖井式磨煤机是一种快速锤击式磨煤机,由外壳转子和竖井组成(参见图4.24)。竖井高度不低于 4 m,气流速度为 1.5～3.0 m/s,转速为 730～960 r/min。

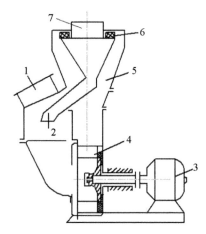

1—原煤与干燥剂入口;2—煤粉;3—电动机;4—磨煤叶轮;
5—煤粉分离器;6—切向挡板;7—合格煤粉的出口。

图 4.24　竖井式磨煤机结构图

球磨机是一种低速磨煤机,转速为 16～25 r/min,它是一个直径为 2～4 m,长 3～10 m 的圆柱筒(图 4.25),筒内装许多直径为 30～60 mm 的钢球(约占筒体积的 20％～25％)。筒旋转时,球被提升到一定的高度后落下,煤在筒中一方面受球的撞击,另一方面也受到球移动而研磨成粉。

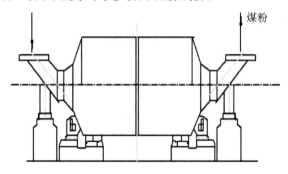

图 4.25　球磨机示意图

风扇式磨煤机的结构形式与风机相似,主要由叶轮、机壳等部件组成。转速为 $500 \sim 3\,000$ r/min,转子圆周速度为 $65 \sim 85$ m/s。

供热锅炉容量不大,通常采用结构简单、电耗及金属耗量都低的竖井式风扇式磨煤机(图 4.26)。

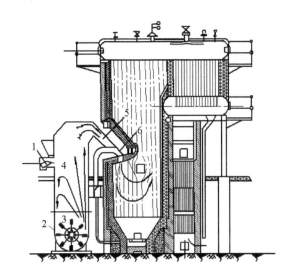

1—振动给煤机;2—竖井式风扇式磨煤机;3—磨煤机转子;
4—竖井;5—煤粉与一次风;6—二次风。

图 4.26　SZS10-1.3-W 型锅炉简图

4.8.3　燃烧器

煤粉炉燃烧器有直流式和旋流式两大类。旋流式有蜗壳型和叶片型(切向和轴向)两大类。

蜗壳型燃烧器常见的为双蜗壳式旋流燃烧器,由大小两个蜗壳和套管组成。煤粉随一次风由小蜗壳进入炉内,二次风则由大蜗壳送入。一、二次风经蜗壳产生旋转运动,沿套管呈螺旋形前进,进入炉膛形成锥形扩散的旋转射流。此类燃烧器主要缺点是调节性能差,不能适应于运行中煤种变化的要求。

图 4.27 所示为轴向叶片式燃烧器,一次风携带煤粉进入一次风管,一般为直流。在其出口有一蘑菇形扩流锥,使煤粉气流进入炉膛就迅速向四周扩散。二次风则通过轴向叶片组成的叶轮而产生旋转,叶轮可以前后移动。

直流式煤粉燃烧器喷出的一次风和二次风气流均为直流。为增大着火边界,喷口常做成狭长形,如图 4.28 所示。通常布置在炉膛四角,燃烧器喷口中心线与炉膛中心的一个假想圆相切,燃烧时在炉内形成强烈的旋转气流,称这种燃烧方式为切圆燃。

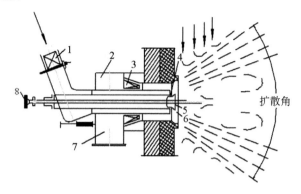

1——一次舌形挡板;2—二次风壳;3—二次风叶轮;
4—蘑菇形扩流锥;5—喷油嘴;6—旋口;7—二次风入口。

图 4.27　轴向可动叶轮旋流式燃烧器

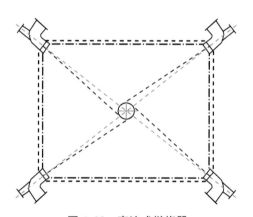

图 4.28　直流式燃烧器

　　旋流式燃烧器出口处气流扰动强烈,一次风与二次风早期混合强烈,但旋转射流的流动速度衰减快,后期混合较弱,射程短,火焰粗短。直流式燃烧器结构简单,流动阻力小,射程远,一、二次风后期混合较强烈,有利于燃尽。旋流燃烧器一般前墙或者后墙交错布置。

4.8.4　煤粉气流的燃烧

　　煤粉气流喷入炉膛,会卷吸炉内高温烟气而产生对流换热,另外还有炉内高温烟气辐射换热,使煤粉气流温度迅速提高,当温度上升到某一数值,开始着火,着火以后进入剧烈的燃烧阶段。这时,挥发分的燃烧基本结束,已转向焦炭的燃烧过程。焦炭的燃烧速度既取决于化学反应速度,又取决于空气向炭粒输送氧气的扩散速度。煤粉炉的着火燃烧是从挥发分开始的,被加热分解出来的挥发分着火燃烧所放出来的热量,促进了焦炭的着火与燃烧。

煤粉炉的空气过量系数比层燃炉小,一般在炉膛出口处保持在 1.15～1.25。燃用挥发分低的煤或低负荷运行时,过量空气系数则要大一些。

煤粉炉的节能措施主要有以下几个方面:

(1) 合理控制入炉风量。

(2) 合理控制煤粉细度。煤粉越细,燃烧越完全,但是制粉的电量、金属消耗增加。入炉煤粉的细度存在一个最佳值,即煤粉经济细度,在此细度下,使锅炉的不完全燃烧损失和制粉电耗及金属消耗之和最小。煤质不同,其煤粉经济细度也不同。

(3) 调整好燃烧器的配风及运行方式。在燃烧允许和温度条件允许的情况下,运行时尽量投运下排燃烧器,以降低火焰中心高度,降低炉膛出口烟气温度。

(4) 合理安排锅炉燃烧优化调整。优化运行各主要参数,如氧量,煤粉细度,一、二次风量的配比,二次风旋流强度等,以提高锅炉燃烧水平和锅炉热效率。

(5) 运行人员要及时掌握入炉煤质的变化,以便及时调整锅炉燃烧情况。

(6) 加强制粉系统运行管理。

(7) 加强设备运行检查,减少厂房通风,减少工质和热量的损失。

(8) 引用新技术降低能耗。煤粉炉除了节煤之外还要节油。例如引入微油点火和等离子点火等节油新技术,以减少点火用油,降低能耗。

4.9　燃油炉与燃气炉

4.9.1　燃油的燃烧过程

在锅炉中,燃油总是先通过雾化器雾化成细滴后再燃烧的。这是为了极大地扩大燃料的表面积,以便通过空间燃烧达到燃烧的迅速和完全。这一点同把煤磨成煤粉后燃烧的道理是一样的。通常,在炉膛中,油雾在喷入空气流中后形成雾化炬,并在悬浮状态下进行着火燃烧。这种燃烧方式从宏观上来看和煤粉炬的燃烧情况是相仿的,因而组织煤粉燃烧的一般原则在这里也是适用的。不过,从微观上看,油燃烧的火炬由许多燃烧着的油滴所组成,而油滴的燃烧和煤粉的燃烧不同,具有一些显著的特点,图4.29为某卧式内燃燃油燃气锅炉结构示意图。

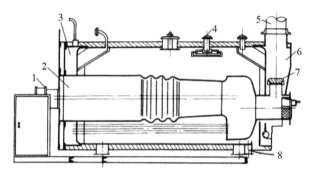

1—燃烧器;2—火筒;3—前烟箱;4—蒸汽出口;5—烟囱;6—后烟箱;7—防爆门;8—排污管。

图4.29   卧式内燃燃油燃气锅炉结构示意图

与气体燃料不同,液体燃料在燃烧之前必须完成以下的燃烧预备过程:

(1)汽化或者蒸发   一方面是因为燃料的着火温度总是高于燃料的燃点,燃烧之前必定存在着汽化过程;另一方面,只有完成了汽化过程,才能使燃料分子与空气中的氧有最为充分的接触,并最终完成油气混合的过程。

(2)燃油的雾化   即把液态的燃料变成油雾,其中单个雾滴的直径只有几十微米,最大的也只有几百微米。液体燃料的雾滴状态是加速汽化所不可缺少的。计算表明,雾滴越细则雾滴数越多,一定体积的燃料所具有的表面积就越大,油珠表面积越大,单位时间从周围气体中吸收的热量就越多,进而使汽化过程加速。

(3)混合过程   包括液态油珠与空气的混合以及燃油蒸汽与空气的混合。混合速度与喷油嘴的特性、进气方案和燃烧室内湍流度有关。

液态燃料的燃烧过程相当复杂。包括燃油的雾化、油珠的蒸发、燃料与空气的混合和燃烧四个阶段。

图4.30展示出了油滴燃烧的大致情况及气体浓度和温度的分布。由图可见,油滴燃烧时存在着油滴、油蒸汽区、燃烧区和外层空气区四个区域。在油滴表面,油蒸汽的浓度最大,随着油

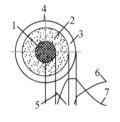

1—油滴;2—油蒸汽区;3—燃烧区;
4—外层空气区;5—油蒸汽浓度;
6—氧气浓度;7—温度。

图4.30   油滴燃烧示意图

蒸汽向周围扩散,其浓度却不断降低。而当进入燃烧区域后,则更因油蒸汽燃烧而使其浓度突降为零。与此相反,空气(氧气)是从周围向油滴扩散的,因此其浓度曲线具有与油蒸汽浓度曲线相反的特性。在燃烧区域中,由于油蒸汽的燃烧,因而具有最高的温度。随着热量向内外的传散,离开燃烧区后温度即不断降低。

以上油滴燃烧的三个阶段虽是同时存在的,但是依次串联发生的。因此燃烧速度取决于其中最缓慢的阶段。

在油滴的燃烧中,着火是不成问题的。因为低分子烃在 150 ℃ 左右时已开始蒸发燃烧。低分子烃的燃烧促使周围温度更快地升高,这又为高分子烃的蒸发和着火创造了条件。油的燃尽条件也颇为优越,因为油中所含的灰分极少,燃烧过程主要是气相反应。这些都说明油燃烧的化学反应是极为迅速的,属于扩散燃烧。显然,油滴燃烧的真正限制因素是油的蒸发或气体的扩散混合。也就是说,油滴燃烧所需要的时间可以是油滴完全汽化所需要的时间,或是相当于理论量的空气向油滴表面扩散所需的时间。

在燃烧重油时,情况要稍差一些。因为高分子烃的燃尽相对要难一些。例如,燃烧 1 个氢分子仅需 1 个氧原子,燃烧 1 个甲烷(CH_4)分子也只需 4 个氧原子;而完全燃烧一个高分子烃,如 $C_{24}H_{18}$ 就需要 57 个氧原子。此时,如果空气供应不充分,或油滴分子和空气分子的混合不太均匀,那就会有一部分高分子烃在高温缺氧的条件下发生裂解,分解出炭黑来。重油燃烧时获得发光火焰就证明了这一点。炭黑是直径小于 1 μm 的固体粒子,它的化学性质不活泼,燃烧缓慢,所以一旦产生炭黑往往就不易燃尽,严重时未燃的炭黑还会逸入烟气中,而使烟囱冒黑烟。当然,由于炭黑直径小、分散性大、光散射和吸收性好,故虽烟色浓黑,通常机械不完全燃烧损失仍不超过 1%。此外,在重油燃烧中,重油中的沥青成分也会由于缺氧而分解成固体油焦。油焦破裂后即成焦粒,后者也是不易燃烧的。由此可见,重油燃烧中的一个重要问题是必须及时供应燃烧所需的空气,以尽可能减少油的高温缺氧分解。

综上所述可知,强化油的燃烧可有如下途径:

(1)提高雾化质量,使油滴直径小而均匀　这样可以增大油滴的传热面和蒸发面,从而加快油的蒸发速度。实际上油滴汽化所需的时间是和其直径的平方成正比的。

(2)增大空气和油滴的相对速度　这样可以加速气体的扩散和混合,从而有效地加强了燃烧。为此,应该采取一些扰动措施,例如组织空气流高速切入油雾及使气流保持旋转等。

(3)合理配风　分别对不同区域及时地供应适量的空气,以避免因高温缺氧而产生炭黑,并能在最少的过量空气下保证油的完全燃烧。正由于油的燃烧和配风条件较煤粉有利,因此应该采用较低的过量空气系数。在采用所谓低氧燃烧时,过量空气系数达到很低的数值,甚至可达 $\alpha < 1.03$。

油燃烧的上述要求是通过油燃烧器来达到的。油燃烧器主要由油雾化器(油枪)和配风装置构成。燃油通过雾化器雾化成细滴,以一定的雾化角喷入炉内,并与经过配风器送入的、具有一定形状和速度分布的空气流相混合。油雾化器与配风器的配合应能使燃烧所需的绝大部分空气及时地从火炬根部供入,并使各处的配风量与油雾的流量密度分布相适应。同时也要向火炬尾部供应一定量的空气,以保证炭黑和焦粒的燃尽。与煤粉的燃烧一样,油喷入炉膛之后一般也是由两种方式进行加热,即炉膛中的高温辐射以及喷出气流卷吸炉内高温烟气的对流换热。

4.9.2　油雾化器

油雾化器俗称油枪或者油喷嘴。它是由头部的喷嘴和连接管等构成的。油雾化器按照喷嘴的种类可以简单地分为两大类:机械式雾化器(包括离心式和旋杯式)及介质式雾化器(以蒸汽或空气为介质),如图 4.31 所示,其中采用最多的是离心式机械雾化器。

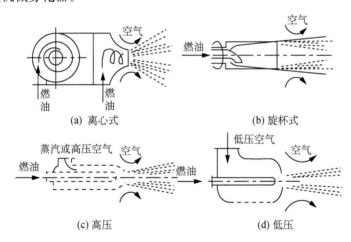

(a) 离心式　　　　　　　　(b) 旋杯式

(c) 高压　　　　　　　　(d) 低压

图 4.31　雾化器分类示意图

如前所述,油雾化器工作的好坏对油的燃烧过程有着很大的影响。评价油雾化器雾化质量的主要指标有雾化粒度、雾化角、流量密度等。

(1) **雾化粒度**　是表示油滴颗粒大小的指标,一般有最大直径、平均直径和中值直径等。平均直径按平均方法的不同又有不同概念的平均值(算术平均值、表面积平均值、体积平均值和索特尔平均直径),它们分别用来表示油雾化炬的油滴粒度对燃烧的一种影响方式。最常用的一种雾化粒度指标是体面积平均直径(索特尔平均直径 S. M. D)(Surface Mounted Devices),其计算公式为:

$$体面积平均直径 = \frac{\sum n_i d_i^3}{\sum n_i d_i^2} \tag{4.1}$$

式中: d_i ——某种油滴直径, μm;

　　n_i ——油雾中直径为 d_i 的油滴数。

和煤粉颗粒一样,油滴颗粒也存在着一个均匀性问题。试验表明:油滴颗粒度的分布基本上和煤粉颗粒度的分布规律相似,因此也有一个粒度均匀性指标 m, m 值愈大,则油滴粒度愈均匀。对于一般的机械雾化器, $m = 2 \sim 4$。

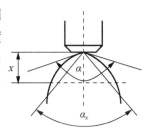

一般来说,为了燃烧良好,要求雾化的油滴细而均匀。

(2)雾化角　油雾化锥边界上两根对应的切线的 **图 4.32　雾化角的定义图** 夹角称为雾化角,如图 4.32 所示。

由于油雾离开喷嘴后受到周围气体的压力而不断收缩,因此油雾化锥的边界不是直线,也就是说雾化角是随喷出的距离而变的。雾化角有所谓出口雾化角和条件雾化角之分。

① 出口雾化角:在喷嘴出口处,作油雾化锥边界的切线,两根对应切线的夹角即为出口雾化角,用 α 表示。出口雾化角的数值可以通过油嘴的理论计算来粗略确定。

② 条件雾化角:在离开喷嘴一定距离 x 处,作一垂直于油雾化锥中心线的垂线,或以喷嘴出口中心为圆心作一圆弧,使它们与雾化锥边界相交而得两个交点,用 α_x 表示。常用的距离或半径值(x)为 100 mm 或 220 mm。

雾化角的大小取决于喷嘴出口处切向速度与轴向速度之比。雾化角的大小对油滴与空气的混合有较大的影响。雾化角过小,油滴容易穿进风层;相反,雾化角过大,则油滴将穿过紊流最强烈的空气区域,而使混合不良,甚至使油滴穿透风层,打在碹口或水冷壁管上,或掉在炉底上,造成结焦或燃烧不良。

(3)流量密度　单位时间内,流过垂直于油雾速度方向的单位面积上的燃油体积,叫作流量密度,以符号 q_v 表示,单位为 cm³/(cm² · s)。离心式机械雾化喷嘴的流量密度分布呈马鞍形,如图 4.33 所示。

为了便于组织合理配风，要求流量密度沿圆周方向分布均匀，即流盘密度曲线应该是对称的。同时，在雾化维的中心区，流量密度应该较小，因为此处在燃烧时属于火炬的回流区。此外，流量过于集中也是不适宜的，因为此时高流量密度的地方有可能出现空气供应不足。

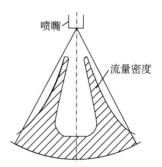

图4.33　机械雾化喷嘴的流量密度分布

旋杯式雾化器如图4.34所示，它的旋转部分是由高速(3 000～6 000 r/min)的旋杯和通油的空心轴组成的。轴上还装有一次风机叶轮，后者在高速旋转下能产生较高压头(2 500～7 000 Pa)。在旋转轴的左端安装有旋杯，旋杯是一个由耐热铸铁或青铜制成的空心圆锥体。燃油从油管引至旋杯的根部，随着旋杯的旋转运动沿杯壁向外流到杯的边缘(送油压力不大，一般为0.005～0.3 MPa)。燃油在进入旋杯后，在旋转的旋杯表面形成一层很薄的油膜。在离心力作用下，沿着扩张型表面快速前进，油膜越来越薄，并在尾部与一次风相遇。高速的一次风(40～100 m/s)则帮助把油雾化得更细。一次风通过导流片后做旋转运动，其旋转方向与飞出油的旋转方向相反，这样能得到更好的雾化效果。

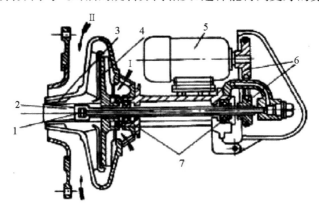

1—旋杯；2—空心轴；3—一次导流片；4—一次风机叶轮；
5—轴承；6—电动机；7—传动皮带轮；Ⅰ—一次风；Ⅱ—二次风。

图4.34　旋杯式雾化器示意图

介质式雾化器是利用高速喷射的介质(蒸汽或空气)冲击油流，并将其吹散而达到雾化的目的。由于锅炉本身会产生蒸汽，因此常用蒸汽雾化器。常用的高压雾化介质是蒸汽(也可用于压缩空气)。雾化压力一般为0.2～0.7 MPa。相对于其他雾化器，其压力较高，它是利用介质的压头和膨胀力，使介质本身产生很高的速度,从而把油滴粉碎。高压介质雾化器常分为外混式(气体和油在喷嘴外混合)和内混式(气体和油在喷嘴内混合)两种。

4.9.3　离心式机械雾化器

离心式机械雾化器是发电厂锅炉中应用最多的一种油雾化器。这种油雾化器又分为简单压力式和回油式两种。

1. 简单压力式雾化喷嘴

简单压力式雾化喷嘴(图 4.35)主要由雾化片、旋流片和分流片所构成,又称为离心式雾化器。由管路送来的具有一定压力的燃油,首先经过分流片上的几个进油孔汇合到环形均油槽中,并由此进入旋流片上的切向槽,获得很高的速度,然后以切线方向流入旋流片中心的旋流室。油在旋流室中产生强烈的旋转。最后从雾化片上的喷口喷出,并在离心力的作用下迅速被粉碎成许多细小的油滴,同时形成一个空心的回锥形雾化炬。

压力式雾化喷嘴,除上述最常用的切向槽式以外,尚有切向孔式的具有球形、柱形和锥形旋流室的喷嘴。这类喷嘴一般结构较为简单,工作阻力较小,但雾化质量较差,雾化角较小,射程较远。

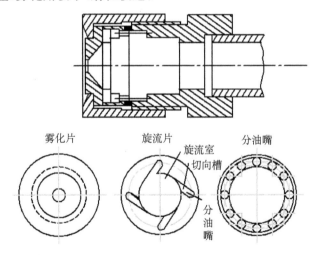

图 4.35　切向槽式简单压力式雾化喷嘴(喷油量 1 700～1 800 kg/h)示意图

简单压力式喷嘴的进油压力,一般为 2～5 MPa,单只喷油量为 120～4 000 kg/h,选用雾化角为 60°～100°。这种雾化喷嘴的雾化粒度较粗,索特尔平均直径一般为 180～200 μm,但油雾流量密度分布较为理想,火焰短而粗。

在运行过程中,简单压力式喷嘴的喷油量是通过改变进油压力来调节的。

通常喷油与油压的平方根成正比。但是,进油压力降低会使雾化质量变差。这就是说进油压力的降低受到了雾化质量的限制。因而也使负荷的调节范围受到了限制。这种喷嘴的最大负荷调节比仅为1:1.4,当锅炉在更低负荷下运行时,需要减少投入的燃烧器的数量或更换油喷嘴。由此可见,这种喷嘴适用于带基本负荷的锅炉。

2. 回油式压力雾化喷嘴

回油式压力雾化喷嘴如图4.36所示。其结构原理与简单式基本相同,结构区别在于油管部分。它们的不同点在于回油式喷嘴的旋流室前后各有一个通道,一个通向喷孔,将油喷入炉膛;另一个则是通向回油管,让油流回储油罐。因此,回油式喷嘴可以理解为由两个简单式压力喷嘴对叠而成。在油喷嘴工作时,进入油喷嘴的油流被分成喷油和回油两股流出。理论分析和实际试验表明,当进油压力保持不变时,总的进油量变化不大。因此,只要改变回油量,喷油量也就自行改变。回油式喷嘴也正是利用这个特性来调节负荷的。显然,当回油量增加时,喷油量即相应减少,反之亦然。同时,因这时进油量基本上稳定不变,因而油在旋流室中的旋转强度就能保持,雾化质量也就始终能保证。事实上,当喷油量减小时,总的进油量略有增加。因此,低负荷时雾化质量反而有所提高。这就保证了这种喷嘴有比较宽的负荷调节范围,一般调节比可达1:4。必须指出,在低负荷时,由于喷油的轴向速度降低较多,而切度反向速度反而有所提高,因此这时雾化炬的雾化角大较多,有可能烧坏燃烧器旋口,必须加以注意。尽管如此,回油式喷嘴的调节性能毕竟要比简单压力式喷嘴好得多,因而适宜用在负荷变化幅度较大和频繁,并要求完全自动调节的锅炉上。但是,和简单式喷嘴相比,回油式喷嘴的回油系统较为复杂。

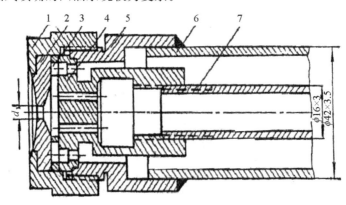

1—螺帽;2—雾化片;3—旋流片;4—分油嘴;5—喷油座;6—进油管;7—回油管。

图4.36　回油式压力雾化喷嘴示意图

回油式喷嘴按照其回油方式可以分为内回油(中心回油)和外回油两类。内回油则又可分为集中大孔(单孔)回油和分散小孔(多孔)回油两种。目前国内所采用的回油式喷嘴基本上都是内回油的。此时,应以分散小孔回油为宜,因大孔中心回油容易破坏空气旋涡。而当喷孔直径较大时,则又可能会由于中心压力过低而使回油不畅。

以上两种离心式机械雾化喷嘴的共同特点是结构简单、能量消耗少、噪声小,但加工精度要求较高,而且小容量喷嘴的喷口易于结焦和堵塞。

当使用小流量的雾化器时,雾化器很快就会堵塞,无法运行,而使用较大流量的雾化器,油耗就无法降下来。燃油在高温条件下会出现析碳现象,析碳是雾化器堵塞的主要原因。这些物质的生成有三种可能:一是加热的过热蒸汽温度过高,超过了油的析碳温度;二是油枪放置在高温的一次风管内,油管内的油温超过了其析碳温度而析碳,特别是油枪停用时又没有将管内的油用蒸汽吹扫干净,则更有可能析碳;三是烟气流回流直接烤灼油枪头部或高温烟气对雾化器的辐射加热使油析碳,在喷口周围发现炭黑是常见的。

一般机械雾化器雾化片内圆锥形出口易造成雾化器堵塞。一方面,油的析碳与油内杂质会造成雾化器堵塞,另一方面,雾化片结构设计不合理更会加速雾化器堵塞。当带有杂质的油从雾化器旋涡室向喷口流动时,由于旋涡室至喷口有一圆锥形连接段,只要有一稍大的杂质堵住喷口部分,其他较小物质就会很快把锥体填满,旋涡室内的压力愈大,杂质在锥体内压得愈结实,直至完全堵死。

要解决喷口堵塞,一是保证切向槽和喷口都有足够大的尺寸;二是适当选择切向槽的断面积,使之小于喷口断面积,使油中杂质顺利流出喷口。这种设计雾化器的方法就有较大的灵活性,既不用改变雾化片的直径,也不用重新设计油枪的其他零件。

4.9.4　简单压力式雾化喷嘴的计算原理

在离心式喷嘴中,油流有如下运动:首先,由于油流切向进入旋流室,因此对喷口轴线而言,有一动量矩,在此动量矩的作用下,油流必定有一旋转运动。其次,为了输走燃油,油流必然有一轴向流动。此外,在喷嘴的截面收缩部分,还存在着明显的径向运动。

油流出喷口后,由于固体壁的向心力不复存在,于是油微团便沿直线向四面飞散。这些直线都是与它原来的运动轨迹相切的,即与一个和喷口轴线同轴的圆柱面相切。离心式雾化喷嘴的工作简况如图 4.37 所示。

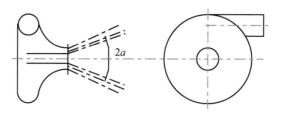

图 4.37　离心式雾化喷嘴工作示意图

早在 1944 年,苏联的阿勃拉莫维奇教授提出了离心式喷嘴理论。这个理论的基本假设是:(1)流体为无黏性的理想气体;(2)不计喷嘴内部流动的径向速度;(3)喷嘴处于最大流量状态。

1. 喷嘴内切向速度的分布

由于油流沿切向进入旋流室后,仅依靠惯性在喷嘴中做旋转运动,因此,任何一流体微团对于喷嘴轴线的动量矩,从喷嘴进口直至出口始终保持定值,也就是说服从动量矩守恒定律,亦即:

$$ur = 常数 \qquad (4.2)$$

式中: r ——任意半径,m;

　　　u ——半径 r 处的油微团的切向速度,m/s。

由式(4.2)可以看出,半径 r 越小,切向速度越大,根据伯努利方程,这里的静压力就越低。而在很近喷嘴轴线的地方($r \approx 0$),切向速度达到无限大,因而静压力应为无限大的负值,显然这是不可能的。因为喷口直接与大气相通,若中心压力低于大气压力,那么气体即从大气吸入喷嘴,可见喷嘴的中心部分必为一个气体漩涡(空气核),而不可能充满油流。实际情况是向喷嘴轴线接近时,切向速度上升,压力下降,直到 r 为气体漩涡半径 r_w 时,压力降为大气压力,亦即剩余压力 $p_w = 0$。

由于漩涡的存在,油流不能充满整个喷口。在喷嘴出口处,油流所占的截面是环形的,其面积为:

$$F = \pi(r_p^2 - r_w^2) = \varphi \pi r_p^2 \qquad (4.3)$$

式中: r_p ——喷口半径,m;

　　　r_w ——气体旋涡的半径,m;

　　　φ ——充满系数。

$$\varphi = 1 - \frac{r_w^2}{r_p^2} \qquad (4.4)$$

2. 喷嘴出口截面上的压力分布

首先,进行油流的径向力平衡。为此,在油流上任意截取一单位高度的微元油环(图 4.38),分别算出其上所受到的压力差和离心力,然后进行两者平衡。

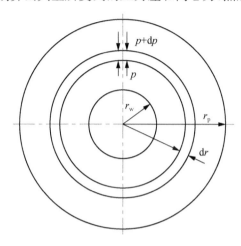

图 4.38　喷油出口截面图

$$\text{微元油环所受到的压力差} = 2\pi r \mathrm{d}p \tag{4.5}$$

$$\text{微元油环所受到的离心力} = 2\pi r \rho u^2 \frac{\mathrm{d}r}{r} \tag{4.6}$$

式(4.5)和式(4.6)相等时,即得:

$$\mathrm{d}p = \rho \frac{u^2}{r} \mathrm{d}r \tag{4.7}$$

另一方面,根据式(4.2)可得

$$u = \frac{u_\mathrm{w} r_\mathrm{w}}{r} \tag{4.8}$$

式中：u_w——旋涡边界上的质点切向速度,m/s。

将式(4.8)代入式(4.7),可得:

$$\mathrm{d}p = \rho u_\mathrm{w}^2 r_\mathrm{w}^2 \frac{1}{r^3} \mathrm{d}r \tag{4.9}$$

或

$$\int_{p_\mathrm{w}}^{p} \mathrm{d}p = \rho u_\mathrm{w}^2 r_\mathrm{w}^2 \int_{w}^{r} \frac{1}{r^3} \mathrm{d}r \tag{4.10}$$

对式(4.10)两端进行积分,并考虑 $p_\mathrm{w} = 0$,以及 $u_\mathrm{w} r_\mathrm{w} = ur$ 后,可得喷嘴出口

任意截面上任意一点的静压力为：

$$p = \frac{\rho}{2}(u_w{}^2 - u^2) \tag{4.11}$$

式中：p ——静压力，Pa。

3. 喷嘴出口截面上轴向速度的分布

在喷口区域，对任意一点的油质点，可以列出伯努利方程式：

$$p + \rho\frac{u^2}{2} + \rho\frac{w^2}{2} = p_0 \tag{4.12}$$

式中：w ——轴向速度，m/s；

p_0 ——喷嘴入口处的油压，Pa。

将式（4.11）代入式（4.12），即得：

$$\frac{\rho u_w{}^2}{2} + \frac{\rho w^2}{2} = p_0 \tag{4.13}$$

或：

$$w = \sqrt{\frac{2p_0}{\rho} - u_w{}^2} \tag{4.14}$$

由式（4.14）可知，由于 p_0、u_w 及 ρ 为常数，因此 w 亦为常数，也就是说，在喷嘴出口截面上任意油质点的轴向速度都相等。

4. 喷油量的计算

根据式（4.2）可有：

$$u_w r_w = UR \tag{4.15}$$

或

$$u_w = \frac{UR}{r_w} \tag{4.16}$$

式中：U ——从切向槽进入旋流室的油流入口速度，m/s；

R ——切向槽中心线至喷口中心轴线的径向距离，m。

又

$$U = \frac{Q}{\sum f} \tag{4.17}$$

式中：Q ——喷嘴的喷油量，m³/s；

$\sum f$ ——切向槽的深度和宽度，m。

将式(4.17)代入式(4.16),可得:

$$u_w = \frac{QR}{\sum f r_w} \qquad (4.18)$$

将式(4.18)代入式(4.14),即得:

$$w = \sqrt{\frac{2p_0}{\rho} - \left(\frac{QR}{\sum f r_w}\right)^2} \qquad (4.19)$$

另一方面,从喷口喷出的油量

$$Q = \varphi \pi r_p^2 w \qquad (4.20)$$

将式(4.19)代入式(4.20)可得

$$Q = \frac{\pi r_p^2}{\sqrt{\dfrac{A^2}{1-\varphi} + \dfrac{1}{\varphi^2}}} \sqrt{\frac{2p_0}{\rho}} \qquad (4.21)$$

式中:A——喷嘴的几何特性系数,$A = \dfrac{\pi r_p R}{\sum f}$。

按照习惯,常将式(4.21)写成

$$Q = \mu \pi r_p^2 \sqrt{\frac{2p_0}{\rho}} \qquad (4.22)$$

式中:μ——流量系数,由式(4.21)可知

$$\mu = \frac{1}{\sqrt{\dfrac{A^2}{1-\varphi} + \dfrac{1}{\varphi^2}}} \qquad (4.23)$$

在式(4.23)中,喷嘴的流量系数取决于 A 和 φ 两个未知参数,因此,必须补充一个方程式才能获解。

计算公式表明,当 φ 值改变时,喷油流量是变化的,而当 φ 值过小时,由式(4.20)可知,有效喷油截面小,流量 Q 要减小;而当 φ 值过大时,气体旋涡半径 r_w 减小,切向速度加大,由式(4.14)可知,喷嘴出口处的轴向速度 w 要减小,因而流量 Q 不可能大。由此可见,当 φ 变化,亦即 r_w 变化时,流量有一极大值。

"最大流量理论"认为,喷嘴中稳定的气体旋涡半径 r_w 应使流量系数为最

大,或者说气体旋涡的大小能自动调节到使流量达到最大值,即:$\dfrac{\mathrm{d}\mu}{\mathrm{d}\varphi}=0$。

根据这一条件,对式取导数,并使导数为 0,最后可得

$$A=\frac{1-\varphi}{\sqrt{\dfrac{\varphi^3}{2}}} \tag{4.24}$$

将式(4.24)代入式(4.23),得

$$\mu=\sqrt{\frac{\varphi^3}{2-\varphi}}=\varphi\sqrt{\frac{\varphi}{2-\varphi}} \tag{4.25}$$

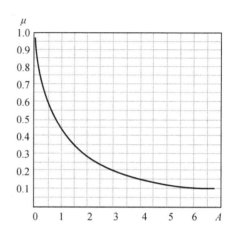

利用式(4.24)和式(4.25),可以求得 μ 和 A 的关系曲线(图4.39)。

这样,在设计时,只要根据选定的结构尺寸,由公式算出几何特性系数 A,即可从图4.39查出流量系数 μ,然后由式(4.22)计算出喷嘴的喷油量。

图 4.39   流量系数 μ 和几何特性参数 A 的关系

5. 出口雾化角的计算

出口雾化角取决于喷嘴出口处的切向速度和轴向速度之比,即:

$$\tan\frac{\alpha}{2}=\frac{U}{w} \tag{4.26}$$

由前所述的推算可知,在喷口中,轴向速度 w 为常数,不随所在半径大小而变,但是切向速度 U 则是随半径而变的。因此,为了计算雾化角,比较合理的是采用平均半径 r_{average},即:

$$r_{\text{average}}=\frac{r_{\text{p}}+r_{\text{w}}}{2} \tag{4.27}$$

由动量守恒定律,在平均半径 r_{average} 处的切向速度为:

$$u_{\text{average}}=\frac{UR}{r_{\text{average}}} \tag{4.28}$$

由式(4.4)可得:

$$r_{\text{w}}=r_{\text{p}}\sqrt{1-\varphi} \tag{4.29}$$

将式(4.29)代入式(4.27),即得:

$$r_{\text{average}} = \frac{1+\sqrt{1-\varphi}}{2} r_{\text{p}} \tag{4.30}$$

将式(4.17)和式(4.30)代入式(4.28),即得:

$$u_{\text{average}} = \frac{2QR}{\sum f(1+\sqrt{1-\varphi}) r_{\text{p}}} \tag{4.31}$$

另一方面,从式(4.20)可得:

$$w = \frac{Q}{\varphi \pi r_{\text{p}}^2} \tag{4.32}$$

将式(4.31)和式(4.32)代入式(4.26),即得:

$$\tan \frac{\alpha_{\text{average}}}{2} = \frac{\dfrac{2QR}{\sum f(1+\sqrt{1-\varphi}) r_{\text{p}}}}{\dfrac{Q}{\varphi \pi r_{\text{p}}^2}}$$

$$= \frac{2A\varphi}{1+\sqrt{1-\varphi}} = \frac{2(1-\varphi)\varphi}{\sqrt{\dfrac{\varphi^3}{2}}(1+\sqrt{1-\varphi})} \tag{4.33}$$

$$= \frac{2\sqrt{2}(1-\varphi)}{\sqrt{\varphi}(1+\sqrt{1-\varphi})}$$

由式(4.24)和式(4.33)可以得到平均雾化角 α_{average} 和几何特性系数 A 之间的关系曲线,如图 4.40 所示。

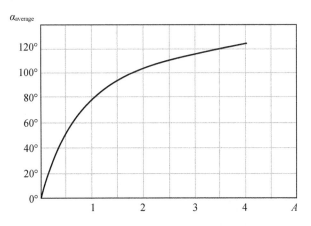

图 4.40　平均雾化角 α_{average} 与几何特性参数 A 的关系

从以上的推算可以看出,"最大流量理论"的计算方法并没有考虑到喷嘴中截面收缩部分的结构(一般为锥形)及其对油流曲折程度的影响。实际上由此而产生的油流的径向速度和径向加速度是相当大的,它们对整个油流运动的影响也未必能忽略不计。可以预料,由于流通截面的(锥状)收缩,油流有被压缩的现象,因而有可能使喷嘴流量系数 μ 减小。对此,也有人主张用"动量方程理论"(考虑喷口入口收缩锥角对流系数的影响)来代替最大流量理论。不过,实践证明,对于最大流量理论的计算方法,其理论计算误差在目前一般还是可被接受的。

6. 理论计算的修正

由于在以上的理论计算中,都假定油是理想流体,是没有摩擦力的,同时喷嘴中也不存在任何局部流动阻力,因此,计算所得的 μ、$\alpha_{average}$ 和 Q 值均比实际值要大,有时为了得到更精确的数值,就需要加以修正。但是由于影响喷嘴工作的实际因素很多,包括喷嘴的结构尺寸、运行参数、制造质量等方面,因而很难用理论计算方法加以考虑,而只能用半经验的,甚至是纯经验的方法予以修正。

纯经验的修正方法比较简单,但局限性大。常见的有经验系数直接修正法。例如根据西安热工研究院等单位的试验,有如下的关系:

$$\mu_{sj} = 0.88\mu_{ll} \tag{4.34}$$

$$\alpha_{sj} = 0.87\alpha_{ll} \tag{4.35}$$

式中:μ_{sj}、μ_{ll}——分别为实际的和理论计算的流量系数;

α_{sj}、α_{ll}——分别为实际的和理论计算的出口雾化角。

根据哈尔滨锅炉厂对切向槽式简单压力雾化喷嘴的试验,其间的关系为

$$\mu_{sj} = 0.815\mu_{ll} \tag{4.36}$$

半经验的修正方法具有一定的理论基础,因而适用范围可较广一些。但是这类方法一般都比较繁复。下面介绍一种考虑摩擦对离心式喷嘴的影响的几何特性系数修正法。这种方法对最大流量理论计算方法的修正,可归结为用修正后的所谓当量几何特性系数 A_{dl} 来代替原来的几何特性系数 A。

$$A_{dl} = \frac{A}{1 + \dfrac{\lambda}{2}\left(\dfrac{R^2}{nr_{dl}} - A\right)} \tag{4.37}$$

式中:A_{dl}——当量几何特性系数;

A——最大流量理论计算方法中的喷嘴几何特性系数;

r_{dl}——切向槽的当量半径;

n——切向槽数;

λ——摩擦系数，$\lambda = \dfrac{1.05}{Re^{0.3}}$；

Re——雷诺数，$Re = \dfrac{U d_{dl}}{v}$；

U——切向槽中油的流速；

d_{dl}——切向槽当量直径，$d_{dl} = 2 r_{dl}$；

v——喷嘴入口油的运动黏性系数。

$$\mu = \frac{1}{\sqrt{\dfrac{A_{dl}^{2}}{1 - \varphi} + \dfrac{1}{\varphi^{2}}}} \tag{4.38}$$

$$\tan \frac{\alpha_{average}}{2} = \frac{2 \mu A_{dl}}{\sqrt{\left(1 - \sqrt{1 - \varphi}\right)^{2} - 4 \mu^{2} A_{dl}}} \tag{4.39}$$

由以上公式可以看出，由于 $\lambda > 0$，$A_{dl} < A$，因此考虑黏性液体在旋流室的摩擦以后，流体动量矩和气体旋涡直径减小，相对的轴向动量增大。所以和理想流体相比，流量系数加大，雾化角减小。

4.9.5　配风器

1. 对配风器的要求和配风器的分类

配风器的作用是对燃油供给适量的根部风和二次风，并形成有利的空气动力场，使空气能与油雾密切混合，达到及时着火、充分燃尽的目的。根据油燃烧的特点，配风器应满足如下要求：

（1）必须有根部风，以尽可能地减少高温热分解。因此，配风器也需要分流空气，使一部分空气，即所谓的一次风，在油雾化炬的根部，当油还没有着火燃烧以前，就已经混入油雾之中。

（2）在燃烧器出口应有一个尺寸比较小的、离喷嘴有一定距离的高温烟气回流区，使之既能保证油的着火稳定，又能避免油滴喷入回流区而发生强烈的热分解。

（3）前期的油气混合要强烈。除根部风外，其余部分空气也应在燃烧器出口就能和油雾均匀而强烈地混合。这就要求风量和喷油量相适应，气流扩散角与油炬的雾化角相配。一般要求气流的扩散角小于雾化角，以使二次风能切入油雾。

（4）后期油气扩散混合的扰动也应强烈，以保证炭黑和焦粒的燃尽。

按照配风器中气流出口的特点，配风器可以分为旋流式配风器与直流式配风器,以及兼具此两种特点的平流式配风器。旋流式配风器所喷出的气流是旋转的,而直流式配风器所喷出的主气流则是不旋的。以阻力特性作比较,旋流式配风器的阻力最大,直流式配风器的阻力最小,而平流式配风器则介于两者之间。

旋流式配风器的结构和旋流式煤粉燃烧器相似,一般也都采用旋流叶片作为二次风旋流器。一次风叶轮安装在配风器的出口处,它使一次风产生旋转,以造成一个稳定的中心回流区,并使中心风略有扩散,以加强火炬根部的扰动和早期混合。这样就能使之着火和燃烧良好并能在外层风的旋流强度和负荷变化时,仍能使配风器出口火焰有良好的稳定性。因此,这里一般总是把一次风叶轮叫作稳焰器。稳焰器也同样可以用阻流钝体,如扩流锥等构成。不过此处的钝体稳焰器上必须开有一定数目的通风槽孔,以便向火炬根部供应一部分空气,以防止燃油和高温热分解。运行实践表明,此种配风器气流衰减快,射程短,后期混合差,对燃烧不利。

直流式配风器又可分为平流式和纯直流式两种。

(1)平流式配风器特点是:一、二次风不预先明确分开,而且二次风总是不旋转的。空气全部直流进入,依靠装在配风器出口的稳焰器产生分流。大部分空气平行于配风器轴线直流进入炉膛,只有流经稳焰器的小部分气流(相当于一次风)才由于受稳焰器的旋流作用而发生旋转,后者使喷出气流在中心部位造成一个回流区,以保证稳定着火。在平流式配风器中,由于只有中心的一部分气流旋转,因此出口气流在很大程度上接近直流气流。由此可见,平流式配风器基本上属于直流式配风器。必须指出,在小型燃油炉中,已开始采用平流式燃烧器,此时为了简化结构,可以采用简单的钝体,例如带槽孔的"扩流锥",甚至多孔圆板等作为稳焰器。此时,连中心气流也近乎不旋转了。

(2)纯直流式配风器是一种出口气流完全不旋转,也不分一、二次风的最简单的空风管配风器。这种配风器常见于四角布置直流式煤粉燃烧器改烧油时的结构中。此时,一般只是简单地将油枪插入原煤粉燃烧器的二次风口中即成。实践表明,这种纯直流配风器对油的着火稳定性不利,故往往仍需要在出口处加装简单的稳焰器。正因为这样,这种配风器实际上已经成为平流式配风器了。

2. 旋流式配风器

旋流式配风器根据旋流叶片的结构,可分为轴向叶片式和切向叶片式两种,而每种形式的叶片又有固定和可动之分。图4.41所示为轴向可动叶片旋流式配风器。

一次风由一次风管后部进入,经稳焰器后旋转送入炉膛。稳焰器由 16 片 30°螺旋角抛物面形式的叶片构成。一次风的旋流强度可由改变稳焰器的轴向位况来调整。一次风量是由装于一次风管进口环环形风门来控制的。

二次风经二次风叶轮后旋转进入炉膛,二次风的旋转方向与一次风相同。二次风叶轮由 12 片 40°螺旋角螺旋面形式的叶片构成。二次风叶轮套在一次风管外面,并由操纵机构带动,可以沿轴向做前后移动,以改变二次风的旋流强度。圆筒形风门是燃烧器一、二次风的总风门,由操纵机构控制。在油枪套上还开有 24 个 18 mm 的冷却风孔,用以冷却油枪。在旋流式配风器中,由于气流做强

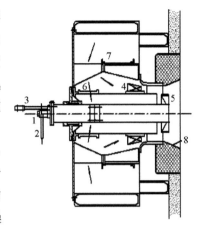

1—进油;2—回油;3—点火设备;
4—二次风叶轮;5—稳焰器;6—空气;
7—圆筒形风门;8—风口。

图 4.41　轴向可动叶片旋流式
配风器示意图

烈的旋转运动,因此燃料和空气的混合比较强烈,并能在中心产生稳定的回流区,这对稳定着火和燃烧都是有利的。同时,这种配风器的空气速度沿圆周的分布也比较均匀。因而,旋流式配风器是种性能较好的配风器,过去已被普遍采用。不过,旋流式配风器出口气流的旋转也不能过分强烈。这是因为:第一,旋流强度过强会使回流区过大且近,这样就有可能使燃油喷入回流区,从而产生强烈的热分解,并容易导致燃烧器的结焦;第二,旋流强度增大,气流速度就减衰得快,这对油和空气的后期混合是不利的;第三,旋流强度大,气流的扩散角也就大,这不但会使气流脱离油雾化炬,而且会使相邻两燃烧器之间的气流干扰加大;第四,旋流强度越大,气流的阻力也越大,这就会使送风的能量陡然增加。鉴于上述情况,目前有适当减小气流旋转强度的趋向。

从另外一方面看,实践表明,一次风的旋转比二次风的旋转更为有效。这一切都促使了平流式配风器的出现。

3. 平流式配风器

平流式配风器是近年来发展起来的一种新型配风器。目前,平流式配风器主要有两种结构形式:一种是直筒式的,如图 4.42(a)所示,它的风壳是圆筒形的;另一种是文丘里式配风器[图 4.42(b)],这是由于其风壳呈缩放形的文丘里管状而得名的。两者的差别是:后者的气流边界层是紧贴在整个配风器风壳上的;在两者的稳焰器周围及其以后的气体流线也有所不同;不过其最大区别还在

于文丘里配风器风壳中部的喉口能起流量孔板那样的作用,因而便于测量流经配风器的风量。这对于控制每个燃烧器的风量使之和喷油量相适应是极为有利的,从而为发展低氧燃烧带来了方便。

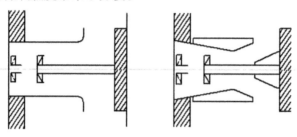

(a)直筒式平流配风器　　　(b)文丘里式平流配风器

图 4.42　平流式配风器

如前所述,在平流式配风器中,进入的空气量是由配风器自行分配的即自行分成流经稳焰器的旋流风(一次风)和不经过稳焰器的直流风(二次风)。两股气流的流量之比完全取决于配风器(在稳焰器处)的结构尺寸,一般不能随意调节。显然,根据并联合统计计算原则,不难推导出一次风量与总风量的比值的公式。对于等直径的直筒式配风器:

$$\frac{Q_w}{Q} = \frac{1}{1 + \sqrt{\dfrac{\zeta_w}{\zeta_z}\left[\dfrac{1}{\left(\dfrac{d}{D}\right)^2} - 1\right]}} \tag{4.40}$$

式中: Q_w ——一次风量,m^3/s;

　　　Q——总风量,m^3/s;

　　　ζ_w——稳焰器的阻力系数;

　　　ζ_z——直流风的阻力系数;

　　　d——稳焰器的直径,m;

　　　D——风口直径,m。

平流式配风器的阻力系数,可根据混流(先串联流,后并联流)系统计算原则算出,对于直筒式配风器,其阻力系数 ζ 为:

$$\zeta = \zeta_r + \frac{1}{\left[\dfrac{1}{\sqrt{\zeta_w}}\left(\dfrac{d}{D}\right)^2 + \dfrac{1}{\sqrt{\zeta_z}}\left[\left(1 - \dfrac{d}{D}\right)^2\right]\right]} \tag{4.41}$$

式中: ζ_r ——配风器的入口阻力系数。

实践表明,平流式配风器与旋流式配风器相比,具有一系列的优点:

① 稳焰器所产生的中心回流较弱,回流区的形状、位置和尺寸比较合适。这些既能保证稳定着火,又能使火炬根部有一定的氧气浓度,以利防止燃油的高温分解。

② 平流的二次风速度高。与油雾化锥的交角大,因而二次风的穿透深度大,扰动强烈。

③ 直流气流的速度衰减慢、射程长、后期混合好。

④ 火焰瘦长,各燃烧器喷出的气流不会很快会合,因此不易挡住高温烟气从外部回流至火炬根部,而且长形火焰使放热过程拉长,可降低最高热负荷。

⑤ 流动阻力小,因为只有小部分气流旋转,而且这种旋转又是比较微弱的。同时,由于两股气流是并联流的,因此总阻力系数 ζ 受稳焰器阻力系数的影响不大[参见式(4.41)]。

⑥ 直流气流易于测量,特别是采用文丘里式配风器时,测量的精确度可更高,这一点对低氧燃烧很有利。

⑦ 取消了可调的轴向或者切向旋流装置,因而结构简单,运行操作方便,并便于调节和自动控制。

由于以上优点,平流式配风器的应用越来越广泛。特别对大型油炉和低氧燃烧尤为适合。由于它的火焰比较长,因此过去在小型锅炉中很少采用,但经过大量的改进和调整,目前已能使火焰长度缩短到一般小型锅炉炉膛尺寸所允许的程度。而且还由于其火焰较窄,因而能完全避免邻墙或炉顶的结焦。而在小型油炉中使用旋流式配风器时,这种结焦现象是较易发生的。

4. 油喷嘴与配风器的配合

为了保证油和风的良好混合,油雾的最大浓度区应当与主气流的高速度区相吻合。为此,油喷嘴和配风器的相对位置必须合适。图 4.43 表示在旋流式配风器中喷嘴位置对混合的影响。图 4.43(a)表示喷嘴的位置太前,引起风油"分层",即油雾在内层,空气在外层,混合显然不好。图 4.43(b)表示喷嘴的位置适中,使高浓度的油雾和高速空气流相遇,因而混合良好。图 4.43(c)表示喷嘴位置太后,油滴穿透风层,而打在风口或燃烧器周围的水冷壁管上,引起结焦,这是不合适的。

在机械式雾化器和旋流式配风器配合使用时,油雾和空气流的旋转方向对燃烧的影响不大,因此两者的方向相同或相反均可。

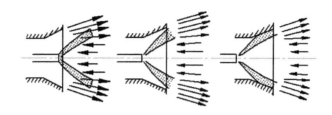

(a)喷嘴位置太前   (b)喷嘴位置适中   (c)喷嘴位置太后

图 4.43   喷嘴在旋流式配风器中的位置对混合的影响

4.9.6   燃油锅炉的炉膛

燃油锅炉的炉膛结构与煤粉炉基本相同,如图 4.44 所示。由于油是无灰燃料,因而炉膛内不需出渣,炉底也不需要出渣口,因此,燃油炉炉膛均采用水平或微倾斜的封闭炉底。通常是将后墙(或前墙)下部水冷壁管弯转,并沿炉膛底面延长而构成炉底。为了提高炉内温度,可在炉底管上覆盖耐火材料保温。在小型燃油锅炉中,有时为了简化结构,炉底上也可不布设水冷壁管而直接用耐火砖砌成,这种炉底称为"热炉底"。与此相反,前一种布置有水冷管的炉底则称为"冷炉底"。由于炉内的工作温度比较高,如果炉底不加以冷却,那么该处的耐火材料的表面就有可能发生局部熔化,因此热炉底是比较容易烧损的。不过,即使如此,一般也不致影响锅炉运行的可靠性。

油燃烧器在炉膛中的布置方式也与煤粉炉一样,通常有前墙布置、前后对冲或交错布置、四角布置等数种。

(1)前墙布置   此时火焰长度不允许超过炉膛深度,因此一般采用旋流式配风器。其优点是油、风管道易于布置,操作维护方便,因而得到普遍采用,特别是中、小型燃油锅炉中多采用这种布置。

(2)前后墙布置   前后墙对冲布置可在炉膛中产生较大的扰动。试验证明,两股气流相互碰撞会产生强烈的"横向循环",因而更加强了空气和油雾的混合,有利于低氧燃烧。同时,火焰在炉膛中的充满度也比较好,各水冷壁的吸热比较均匀。在大容量锅炉中,也有采用前后墙交错布置的。此时,火焰充满度就更好,而且前后火焰交错有互相助燃的作用,沿炉膛深度的热负荷也比较均匀。不过这时由于进风管道的长度不等、阻力不同,不易保证对各配风器的均匀送风。试验和运行证实,交错布置时,采用平流式燃烧器要比采用旋流式燃烧器更佳。

(3)四角布置   一般只采用直流式配风器,此时整个炉膛好像一个大燃烧器。由于气流扰动好,后期混合强烈,各个火焰又能互相点火,因此燃烧稳定而且完全,即使各个燃烧器配风不均匀也影响不大。此外,这种布置的火焰充满度较好,炉膛内热负荷也比较均匀。但是这种方式的油管和风道的布置较为复杂。

1—仪表系统;2—控制系统;3—烟箱;4—燃烧器;5—水位计;6—烟管排布;7—炉膛。

图 4.44　燃油锅炉

近来,国内外还发展了油燃烧器炉底布置方式。这种布置较适宜于瘦长形的塔型和Ⅱ型锅炉。其主要优点是:火焰可不受任何阻挡地向上伸展;炉膛火焰能沿整个长度方向均匀地向水冷壁辐射放热,因而热负荷不会有局部过高的峰值。

燃烧器中心线沿垂直方向(顺列布置)和沿水平方向之间的距离应为$(2.5\sim3.0)d_r$;燃烧器中心线至炉膛侧墙距离为$(3.0\sim3.5)d_r$;燃烧器中心线至炉底距离不小于$3d_r$。此处 d_r 为燃烧器碳口直径。

由于油的着火容易,燃烧猛烈,因此,燃油炉的热力指标比煤粉炉高。炉膛容积热负荷达 $290\ kW/m^3$;炉膛断面总的热负荷应不大于 $9.3\ MW/m^2$,而单排的热负荷则不大于 $3.0\sim3.5\ MW/m^2$,$q_3=0.5\%$,$q_4=0$。

燃油炉比其他形式的燃烧设备更适宜于微正压锅炉和低氧燃烧。此时就要求锅炉的炉墙有很高的密封性,否则容易造成喷烟或漏风。前者会降低锅炉工作的可靠性,并使锅炉房的工作条件恶化;而后者会使炉内的过量空气量无法控制,不能形成低氧燃烧。

4.9.7　减少油燃烧过程中污染物的产生

大家都知道,重油的含硫量高达 3% 左右(煤中含硫一般约为 1%),而且还含有 $0.01\%\sim0.05\%$ 的钒。其他燃料油的含硫量虽低一些,但在燃烧时,其硫分几乎全部转变为氧化硫气体。而在燃煤时,约有一半硫分残留在灰分之中。由此可见,在燃烧油时,特别是燃烧重油时,氧化硫的生成量往往要比燃烧煤时多得多。同时,由于油燃烧时的热强度大,燃烧温度高,这对污染物质的生成起很大的促进作用。

上述种种原因,致使燃油时的低温腐蚀、高温腐蚀、积灰、大气污染等问题都有所恶化。为此,针对这些问题,目前已有一系列的处理措施。不过,由于各污染物质的形成条件不同,因此,所采取的对策也不一样,而且其中有些甚至是彼此相矛盾的。例如,为了控制固体炭粒、未燃烃、CO 等的生成,就应该提高燃烧温度,加大氧气浓度,延长在炉内的停留时间。相反,为了减少 SO_3,特别是 NO_x 的产生量,则必须提供与以上完全相反的条件,即降低炉温、尽可能减少氧气浓度和缩短在炉内的停留时间。因此,这就需要相互间合理地调整。当然,提高雾化质量,减小油滴直径则总是能显著地减少所有污染物质的生成。同样,加强气流扰动,改善燃料与空气的混合,也几乎对减少所有的污染物的产生有利。应当指出:在采取措施,减少污染物生成的同时,不应使锅炉的热效率有所降低。事实上在实行减少污染物质生成的措施时,一般总是由于燃烧产物的量减少,或由于促进了混合和改善了燃烧而使锅炉效率有所提高。下面介绍一些利用改变燃烧而使污染物生成量减小的方法。

(1) 油中掺水燃烧　油掺水燃烧的关键在于"乳化",即要使所掺的水以极细的颗粒均匀散布在油中。乳化不好,非但达不到预期的效果,反而会使火焰脉动,甚至灭火。关于油中掺水对燃烧的影响有以下几方面:

① 改善雾化:试验发现,油掺水后,经雾化器喷出的油滴中心有水珠,也就是说油包水。显然,裹水的油滴喷入炉膛燃烧时,由于水的沸点比油低,因此水首先蒸发,体积急剧膨胀,而将油滴"炸"裂,起了所谓二次雾化的作用。

② 化学反应:在炉膛高温的作用下,水蒸气与油发生化学反应,使较难燃烧的高分子烃转变成容易完全燃烧的低分子烃,从而有效地抑制了炭黑的产生。即使在高温缺氧下产生了一些炭黑时,这部分炭黑仍有可能与水蒸气化合而重新被汽化,即 $C+H_2O \rightarrow CO+H_2$,由此可见,油中掺水燃烧,可以减少炭黑的生成。

③ 均温作用:水在炉内高温区蒸发和分解吸热,再在较低温度区重新结合,放出热量,从而降低了炉内的最高燃烧温度,对减少 NO_x 的生成量有利。

油中掺水燃烧的缺点主要是增大了排烟热损失,同时,烟气中水蒸气含量增加,加剧了低温腐蚀。不过,实践证明,如果掺水量适当,一般油中的最佳含水量为 $4\% \sim 5\%$(包括原有的油中的水分),不但能减少污染物质炭黑、NO_x 的生成,而且锅炉效率也会有所提高。

（2）低氧燃烧　对于化学反应 $SO_2 + O \rightarrow SO_3$ 来说，如果没有过量空气（氧气），SO_3 就不能生成。因此，尽可能减少过量空气，使油在近于理论空气量下燃烧，即可最大限度地减少 SO_3 的生成，这种燃烧法称为低氧燃烧。低氧燃烧不仅能减轻低温腐蚀，而且还能减轻高温腐蚀。

从对环境的污染来看，SO_3 的减少对控制"酸灰"的形成是极为有利的。酸灰由飞灰和硫酸结合而成，具有腐蚀性。当它从烟囱飞出后呈雪花状散落下来时，会对人们造成危害。

另一方面，低氧燃烧时，由于氧气浓度很低，因此 NO_x 的生成也可减少。

低氧燃烧的关键在于合理配风，以及与此相应的监测和自动控制技术。目前，在先进的技术条件下，过量空气系数低达 1.03。我国一些电厂，在没有特殊的测试和自动调节设备的条件下已经可以将过量空气系数降至接近 1.05。关于如何组织合理配风的问题，可参见本章有关章节。低氧燃烧会使烟气量减少，因而能提高锅炉效率。

（3）烟气再循环　为了降低燃烧炉的 NO_x 气体的生成量，可采用烟气再循环的方法。这是因为实行烟气再循环时，火焰本身的温度和氧气浓度均可降低。试验表明，此时如有部分再循环烟气加入二次风箱，以降低二次风中氧气浓度时，可以获得更好的降低 NO_x 的效果。

根据国外经验，当烟气再循环率超过 25% 以后，其对减少 NO_x 生成量的作用就不大了。

（4）两级燃烧　所谓两级燃烧是指将油燃烧所需要的空气分两次送入，使燃烧分两次完成。一般在燃烧器处送入不足量的空气（$\alpha = 0.8$），使在那里形成一个燃料富集的、具有还原性气氛的火焰，然后在燃烧器的上方再送入其余部分空气，以达到第二级燃烧的目的。在两级燃烧中，由于在火焰最高温度区，氧气浓度较低，而在含氧浓度较高的区域，温度却已经降低；以及火焰的拉长又使平均温度降低，所有这一切都使 NO_x 的生成量减小，一般可减少 20% 左右。图 4.45 所示为两级燃烧的示意图。

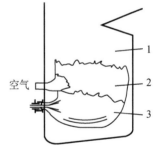

1—炉膛；2—二段空气入口；
3—燃料和一段空气入口。

图 4.45　两级燃烧示意图

试验发现，如果燃烧速度较快，那么两级燃烧的效果就会降低。这说明第一级燃烧需要有一定的停留时间。

两级燃烧的问题是容易产生大量炭黑，因此必须保证燃料和空气的良好混合，燃烧调整精确。

（5）加装燃油锅炉节能器 经燃油节能器处理的碳氢化合物,分子结构发生变化,细小分子增多,分子间距离增大,燃料的黏度下降,结果使燃料油在燃烧前的雾化、细化程度大为提高,喷到燃烧室内在低氧条件下得到充分燃烧,因而燃烧设备之鼓风量可以减少 15％至 20％,避免了烟道中带走热量,烟道温度下降 5 ℃至 10 ℃。燃烧设备中的燃油经节能器处理后,由于燃烧效率提高,可节油 4.87％至 6.10％,并且明显可以看到火焰明亮耀眼,黑烟消失,炉膛清晰透明,彻底清除燃烧油结焦,并防止再结焦。解除因燃料得不到充分燃烧而炉膛壁积残渣的问题,达到环保节能效果,大大减少燃烧设备排放的废气对空气的污染,废气中一氧化碳（CO）、氮氧化物（NO$_x$）、碳氢化合物（C$_x$H$_y$）等有害成分大大下降,排出有害废气降低 50％以上。同时,废气中的含尘量可降低 30％～40％。安装位置:装在油泵和燃烧室或喷嘴之间,环境温度不宜超过 36 ℃。使热效率提高了 4.4％,排烟温度降低了 30 ℃。吉林市北华大学附属医院 10 t/h 蒸汽锅炉采用热管空气预热器后,热效率提高 5～6 个百分点,年节煤达 1 000多吨,年节约费用 40 多万元。

4.9.8 气体燃料炉

目前动力锅炉上采用的气体燃料主要是天然气和高炉煤气。第三章中已提到,天然气是一种发热量很高的气体燃料,是以甲烷（CH$_4$）为主的气体混合物。对于不同的矿井,气体的化学成分不是固定不变的,发热量也是变化的,大体在 36～44 MJ/Nm^3。钢铁联合企业炼铁过程中产生的高炉煤气也常作为锅炉用燃料。高炉煤气中可燃成分一氧化碳（CO）仅含 30％左右,故发热量很低,约 3.8 MJ/Nm^3。

燃用气体燃料的锅炉可以取较大的炉膛容积热强度,可使用各种强化燃烧措施。炉膛可以做得较小。同时也不存在燃料预处理、受热面结渣、磨损等问题,受热面吹灰,烟气除尘及锅炉排渣也可以免去,精简了锅炉的辅助设备,节约总投资。气体燃料锅炉的设备比较简单,易实现操作过程自动化。燃烧没有什么困难,但必须注意安全问题。不仅是有毒气体,当天然气与一定量的空气混合时也具有爆炸性,因此,煤气管道应严格防漏,操作管理应有可靠的安全措施。

气体燃料的燃烧是单相反应,着火和燃烧比固体燃料容易得多。燃烧速度与燃烧的完全程度取决于煤气与空气的混合。混合愈完善,则燃烧愈迅速而完全,火焰长度愈短。为了强化混合,可以采取各种简便的措施,诸如:把煤气分成多股细流;使煤气与空气形成相交射流;增大煤气与空气之间的动量比;采用旋转气流以增强扰动;使混合气流经过一个收缩段等。

图 4.46 就是按这些原理设计的天然气燃烧器,结构上与旋流式重油燃烧器很相像。采用了蜗壳进风以产生旋转气流。有的燃烧器采用类似于带径向叶片的旋流式煤粉燃烧器的结构,用以调节空气的旋流强度。图中所示中央煤气管端部开有交叉布置的三排煤气孔;三排孔采用不同的孔径,使天然气射流在横向流动的空气流中具有不同的射程;这样天然气的分布就更为均匀,混合得到加强,如图 4.47 所示。燃烧器出口前的缩放段可使混合进一步改善。这是一种具有预混合的燃烧器。实践证明,只要前排煤气孔与燃烧器出口平面间的距离保持在 400~500 mm 以上混合就相当充分,燃烧迅速,产生蓝色的不发光火焰。

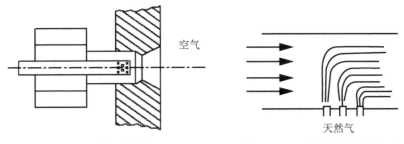

图 4.46　天然气燃烧器示意图　　　图 4.47　不同孔径射流的分布

燃煤和燃油锅炉中火焰是发光性的。如果天然气锅炉有时必须改烧重油或煤粉,则由于火焰的发光性不同,对炉内辐射传热的影响甚大,这就给锅炉设计带来麻烦。对于上述燃烧器,为适应锅炉有时需烧重油或煤粉的这种要求,设计时应把煤气喷口移向燃烧器出口,取消预混合。这时,由于空气来不及与天然气充分混合,CH_4 等碳氢化合物在高温和局部缺氧的条件下会析出颗粒直径不足 0.1 μm 的炭黑,形成黄红色的半发光性火焰,以尽可能接近重油火焰或煤粉火焰的发光性。

图 4.48 是一种适用于中等或大容量锅炉的平流多枪式天然气燃烧器,天然气由母管送入集气环,再分配到 6 根外径为 38 mm 的喷管内。喷管头部做成楔状,以避免钝体后涡流引起炭黑粒子的积聚。在楔面上开有一个直径为 13.5 mm 的煤气喷孔,其喷射方向为 $\vec{K}$;在喷管上另有两个同样直径的喷孔,其喷射方向为 $\vec{P}$;$\vec{K}$ 与 $\vec{P}$ 呈 90°,天然气的喷射速度可高达 200 m/s。空气进入燃烧器时流经 3 片导向叶片,使空气的分布较为均匀。在出口有一个中心叶轮,起稳焰器的作用。运行时约 13% 的风量通过叶轮,造成一个顺时针方向的旋转气流;其余大部分空气以直流的方式从叶轮与喷口间的环形通道中喷出。喷口出口断面平均风速为 60 m/s。这种燃烧器有一个特点,可以通过调整煤气喷孔的喷射方向来改变火焰的发光性。

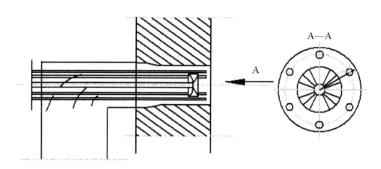

图 4.48　平流多枪式天然气燃烧器示意图

如果按照图 4.49(a)的方式,各喷管的 $\vec{P}$ 向煤气射流构成顺时针方向旋转, $\vec{K}$ 向射流指向中心叶轮,则燃烧时产生不发光火焰,在燃烧器出口形成一个强烈旋转的蓝色火焰环,火焰长度距离喷口仅 1 m 左右。如果按照图 4.49(b)所示方式, $\vec{P}$ 向煤气射流两两对冲,则燃烧过程较为缓慢,形成半发光火焰,黄红色的火焰拖长到距喷口 7 m 左右。这种燃烧器的布置可根据设计要求来选择。如果锅炉准备混烧其他燃料,可把这种燃烧器布置于炉膛四角,采用平发光火焰,组织切圆燃烧。如果纯烧天然气,也可作前墙或两侧墙布置,采用不发光火焰。

由于天然气发热量很高,燃烧时火焰温度也很高,在采用预热空气(接近 250 ℃)的情况下,燃烧稳定而完善,化学不完全燃烧损失 q_3 一般接近于零。燃烧时,过量空气系数 α 可控制在 $1.05 \sim 1.10$;炉膛容积热负荷 q_v 可达 $330 \sim 420 \text{ kW/m}^3$;断面热负荷 q_F 可达 $10 \sim 11 \text{ MW/m}^2$。高炉煤气发热量很低,又含有大量 CO_2 等气体,燃烧时火焰温度低,着火稳定性就成问题。因此,为了保证燃烧稳定和完善,除了使煤气与空气有足够的预混合之外,还必须采取措施强化着火,譬如:煤气和空气预热(接近 250 ℃),采用耐火材料构成的燃烧道。

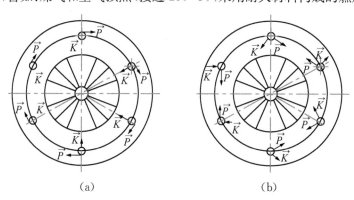

(a)　　　　　　　　　(b)

图 4.49　天然气射流分布

图 4.50 为常用的短焰燃烧器。高炉煤气和空气在混合段和前空中充分预混合,进入前室时开始点燃,并在燃烧道中完成大部分燃烧过程。前室和燃烧道由耐火砖砌成,燃烧造成的高温使高炉煤气的着火十分稳定。薄片形气流改善了混合,使燃烧相当完全。部分未燃尽的可燃气体在喷入锅炉炉膛时继续燃烧,产生 1 m 左右的火炬,故称为短焰燃烧器。这种燃烧器用于燃烧低发热量的煤气是很适宜的,可以产生较好的燃烧效果。一般 q_3 仅 1% 左右。但运行中易发生燃烧道堵灰,应注意及时清除。

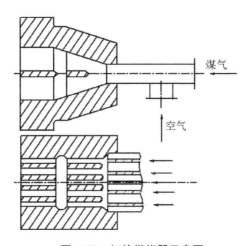

图 4.50　短焰燃烧器示意图

4.9.9　点火装置

过去,在锅炉点火时,有时直接通过人工用火把来点,但现在已普遍应用点火装置了,特别是在较大容积的锅炉中,都实现了点火自动化。这时除了锅炉启动时的自动点火外,还包括当锅炉运行发生燃烧不稳定而熄火时自动投入点火装置,进行复燃。

点火装置包括电气引燃(点火器)和燃烧两部分。根据电气引燃的不同方式,点火器一般分为电火花点火器(包括火花塞点火、高频高压点火等)、电弧点火器和电阻丝点火器。针对被点燃料的不同,点火程序也有所不同:对于煤粉,一般采用三级引燃,即先由点火器点燃液态烃或丙烷、乙炔、天然气等可燃气,然后点燃轻油或重油,最后才点燃煤粉;对于液体和气体燃料,则显然只需要采用两级或一级引燃。点火装置的容量,一般是所点燃的单只燃烧器设计输入热量的 1%～2%,但不小于 290 kW。天然气点火装置可取下限。

图 4.51 为国内广泛采用的电火花引燃煤气的点火燃烧器。它借助于通入

5～10 kV 的高电压(小电流)后在电极间产生的火花把可燃气点燃。点火器一般放在主燃烧器内。

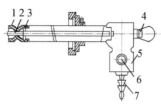

1—续燃喷嘴;2—点火电极;3—中心喷嘴;4—固定螺帽;
5—混合室;6—空气接管;7—燃气接管。

图 4.51　电火花引燃煤气的点火燃烧器示意图

图 4.52 所示为电弧点火器。这种点火器的起弧原理与电焊相似。此处的电极是由炭棒和炭块组成的。通电后,先使炭棒与炭块接触,随后再拉开,即可在其间形成高温电弧。电弧点火器的尺寸比电火花点火器大,质量也较重而且炭极较易耗损,但电弧点火器能直接点燃重油,因此目前仍采用得比较多。

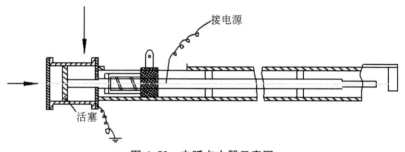

图 4.52　电弧点火器示意图

4.10　燃气—蒸汽联合循环中余热锅炉

余热锅炉是指利用各种工业过程中的废气、废料或废液中的余热及其可燃物质燃烧后产生的热量把水加热到一定温度的锅炉。具有烟箱、烟道余热回收利用的燃油锅炉、燃气锅炉、燃煤锅炉也称为余热锅炉。余热锅炉通过余热回收可以生产热水或蒸汽来供给其他工段使用。

余热锅炉按燃料分为燃油余热锅炉、燃气余热锅炉、燃煤余热锅炉及外煤余热锅炉等。按用途分为余热热水锅炉、余热蒸汽锅炉、余热有机热载体锅炉等。燃油、燃气、燃煤以及其他可利用可燃物经过燃烧产生高温烟气释放热量,高温烟气先进入炉膛,再进入前烟箱的余热回收装置,接着进入烟火管,最后进入后烟箱烟道内的余热回收装置,高温烟气变成低温烟气经烟囱排入大气。由于余热锅炉大大地提高了燃料燃烧释放的热量的利用率,因此这种锅炉十分节能。

燃气轮机排气的温度较高,利用排气的余热可以作为蒸汽循环的热源或补充热源,组成燃气—蒸汽联合循环,能够达到的热效率是比较高的。燃气—蒸汽联合循环具备热效率高、污染小、运行灵活等优点,因此受到世界各国的关注,我国也进一步加大了对余热锅炉性能和开发设计的研究。

通常联合循环余热锅炉由省煤器、蒸发器、过热器组成,但在多数余热锅炉中还有除氧器和冷凝水加热器。当有再热循环时,还可以加设再热器。

如图 4.53 所示为单压强制循环余热锅炉的汽水系统。来自冷凝器的冷凝水经冷凝水加热器加热后进入除氧器,进行热力除氧。除氧器中的水经除氧后,由给水泵送入省煤器,在省煤器中,给水完成预热的任务,使给水温度升高到接近于饱和温度的水平,送入蒸发器。在蒸发器中进一步对其加热使其由饱和水相变后变为饱和蒸汽,再进入过热器中进行过热,使之由饱和蒸汽变为过热蒸汽后,送入汽轮机进行做功。

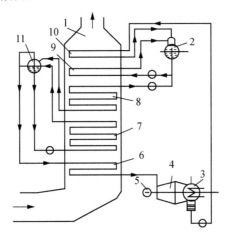

1—余热锅炉;2—除氧器;3—凝汽器;4—蒸汽轮机;5—发电机;6—高亚过热器;
7—高压蒸发器;8—高压省煤器;9—除氧器蒸发器;10—冷凝水加热器;11—汽包。

图 4.53　单压强制循环余热锅炉的汽水系统

下面简要介绍燃气—蒸汽联合循环余热锅炉,该项目为山西嘉节燃气热电联产项目。余热锅炉为东方菱日锅炉有限公司生产的三压、一次再热、卧式、无补燃、自然循环 BHDB-M701F4-Q1 型余热锅炉,主要由进口烟道、换热室及各级受热面模块、高中低压汽包、除氧器、出口烟道、烟囱以及高中压给水泵、低压省煤器再循环泵、排污扩容器等辅机以及管道、平台扶梯等部件组成。锅炉汽水系统分为：高压、中压（再热）、低压系统含除氧器系统。低压系统，凝结水（给水）进入凝结水加热器，凝结水加热器出口的水经低压给水调节阀后进入除氧器。除氧器与低压锅筒采用一体化设计。低压锅筒内的饱和水由下降管引入低压蒸发器，蒸发器出口的汽水混合物回到低压锅筒形成自然循环；低压锅筒的饱和蒸汽，进入低压过热器，然后进入汽轮机低压缸。中压系统，来自中压给水泵的水流经中压省煤器、中压给水调节阀进入中压锅筒。中压省煤器出口留出燃料性能加热器接口，中压锅筒内的饱和水由下降管引入中压蒸发器，蒸发器出口的汽水混合物回到中压锅筒形成自然循环；中压锅筒内的饱和蒸汽进入中压过热器，然后进入再冷管路，与高压缸排汽混合后进入再热器，最后进入汽轮机中压缸。高压系统，再热器系统设有一级喷水减温器，用来调节再热蒸汽温度。高压系统来自高压给水泵的水经高压给水调节阀，高压一、二、三省煤器进入高压锅筒，为了防止高压省煤器汽化，高压省煤器还设置旁路系统以控制高压省煤器的出口温度。高压锅筒内的饱和水由下降管引入高压蒸发器，蒸发器出口的汽水混合物回到高压锅筒形成自然循环；高压锅筒内的饱和蒸汽先后进入高压一、二级过热器，高压过热蒸汽进入汽轮机高压缸。

烟气系统：燃气轮机排气→余热锅炉入口烟道→二级再热器→高压二级过热器→一级再热器→高压一级过热器→高压蒸发器→高压三级省煤器→中压过热器→中压蒸发器→低压过热器→高压二级省煤器→中压省煤器→高压一级省煤器→低压蒸发器→凝结水加热器→出口烟道→烟囱→排向大气。

在我国社会经济和科学技术协同发展背景下，我国也加大了对高效发电技术的研究，为有效提高循环效率，借助燃气—蒸汽联合循环机组发展出以发电为核心的多联产技术，其中尤其是西部大开发政策的实施，开展的"西气东输"工程，燃气—蒸汽联合循环具备的高效、低污染等优势受到广泛关注。在国内对燃气—蒸汽联合循环发电机组的研究时间虽然比较短，但是对余热锅炉发电技术的研究已经超过三十年，并且先后研发了双锅筒自然循环、单锅筒自然循环式燃气轮机余热锅炉，其容量和压力级数也得到很大的提高。此外，螺旋翅片管的试制成功也标志着我国大型燃机余热锅炉实现了国产化。

习题

1. 按组织燃烧过程的基本原理和特点，燃烧设备可分为几类？几种不同燃烧方式的主要特点是什么?

2. 燃料的燃烧过程分哪几个阶段? 为加速改善燃烧,在不同的燃烧阶段应创造和保持什么条件?

3. 对于链条炉振动炉排炉和往复推饲炉排炉为什么要分段送风,而一般的固定炉排炉子为什么不采取分段送风?

4. 在链条炉和往复推饲炉排炉中,炉拱起什么作用? 为什么煤种不同对炉拱的形状有不同的要求?

5. 燃用Ⅲ类烟煤的链条炉在改烧Ⅱ类烟煤时,应在燃烧设备上采取哪些措施以保证燃烧较好?

6. 为什么配备双层护排手烧炉、抽板顶升明火反烧、下饲式燃烧机等燃烧设备的锅炉出口烟尘排放浓度比较低? 为什么往复推饲炉排炉的锅炉出口烟尘排放浓度较链条炉稍低?

7. 为什么煤粉炉对煤种通用性比较广? 但为什么煤粉炉对负荷调节波动幅度较大时适应性又很差?

8. 为什么机械—风力抛煤机炉宜于配倒转炉排? 一般采取什么措施来解决机械—风力抛煤炉的消烟除尘问题?

9. 燃料层中的氧化层厚度与哪些因素有关? 为什么即使加大风量(风速),其氧化层厚度仍保持不变?

10. 燃料层的厚度如何决定? 根据什么因素来调节?

11. 怎样根据燃料特性、锅炉容量、锅炉运行时负荷变化和环境保护要求等来选用合适的燃烧设备?

12. 链条炉排有几种形式? 比较其优缺点。

13. 从传热效果来看,对蒸汽过热器、锅炉管束、省煤器和空气预热器,应尽可能使烟气与工质呈逆向流动。但蒸汽过热器却很少采用纯逆流的布置形式,为什么?

14. 为什么组成蒸汽过热器的各组并联的蛇形管平面都采取与烟气流向相平行的布置形式?

15. 简述恒温管自动给水调节器的工作原理。

16. 为什么在锅炉启动及停炉过程中要对过热器及省煤进行保护? 如何保护? 对其他受热面为什么不需要采取保护?

参考文献

[1] 丁崇功,寇广孝. 工业锅炉设备[M]. 北京:机械工业出版社,2005.

［2］国家物资总局《工业锅炉技术改造》编写组. 工业锅炉技术改造［M］. 北京：中国铁道出版社，1982.

［3］李之光，范柏樟. 工业锅炉手册［M］. 天津：天津科学技术出版社，1988.

［4］仝庆居. 燃煤链条炉排工业锅炉节能技术［J］. 科技资讯，2009,7(16)：106.

［5］金定安，曹子栋，俞建洪. 工业锅炉原理［M］. 西安：西安交通大学出版社，1986.

［6］陈学俊，陈听宽. 锅炉原理［M］. 北京：机械工业出版社，1981.

［7］顾恒祥. 燃料与燃烧［M］. 西安：西北工业大学出版社，1993.

［8］王彦秋，李玉静，张国民. 工业锅炉节能途径分析与探讨［J］. 应用能源技术，2008(11)：18-20.

［9］孙东红，王擎，秦裕琨，等. 煤气化—无烟燃烧技术：一种新型的工业锅炉燃烧方式［J］. 工业锅炉，2000(3)：18-20.

［10］史玉丽，陈广武，李宪明. 分筛给煤装置在链条炉上的应用［J］. 黑龙江纺织，2003(1)：36-37.

［11］吕志刚. 节能环保装置在抛煤机炉上的应用［J］. 工业锅炉，1999(3)：42.

［12］夏洁. 工业锅炉节能的几种措施［J］. 甘肃科技纵横，2009,38(2)：74.

［13］翁史烈. 热能与动力工程基础［M］. 北京：高等教育出版社，2004.

［14］李佛金，陈刚丘，纪华. 不易堵塞的小流量油雾化器的设计及其应用［J］. 华中理工大学学报，1996,24(4)：94-95.

［15］王宇，王治平. 工业锅炉使用轻型链条炉排替代鳞片式链条炉排［J］. 节能技术，2001,19(6)：42-43.

［16］万金瑞. 关于振动炉排层燃技术的探讨［J］. 热能动力工程，1990,5(4)：21-26.

［17］沈丁洋，王建敏，杨欢，等. 链条炉排锅炉系统的节能研究［J］. 工业锅炉，2010(6)：21-24.

［18］曲丽萍. 链条炉系统的节能控制研究［J］. 长春工业大学学报（自然科学版），2007,28(S1)：94-99.

［19］毕德刚. 煤粉炉运行节能措施探讨［J］. 宁夏电力，2010(2)：46-48.

［20］宋绪国. 明火反烧法治理固定炉排手烧炉冒黑烟的问题［J］. 煤矿环境保护，1994,8(5)：25-26.

［21］李正厚，高春旭. 抛煤机链条炉技术改造［J］. 应用能源技术，2010(2)：18-20.

［22］卢纯采. 手烧炉炉排的改造与燃烧［J］. 现代节能，1990,5(1)：47-48.

［23］游桂荣，于铁刚. 浅谈链条炉排［J］. 工业设计，2012(2)：90.

［24］曹学诗. 链条炉排锅炉节能技术的研究与应用［J］. 特种设备安全技术，2018(5)：1-3.

［25］宁建平. 几种燃油炉的喷燃器喷嘴性能分析［J］. 铜业工程，2001(3)：75-77.

［26］王政伟，雷斌，殷诗明，等. 空气分级燃烧对降低燃油炉 NO_x 排放的试验研究［J］. 节能

技术,2017,35(3):263-266.

[27] 陈征宇,成德芳,张文斌,等.燃气锅炉低氮改造及燃煤改燃气锅炉的防爆及安全风险[J].工业锅炉,2021(2):30-33.

[28] 杨伟良,徐栋梅,吕震宇,等.燃气—蒸汽联合循环余热锅炉概述[J].锅炉制造,2001(2):12-15.

[29] 韩小安.燃气—蒸汽联合循环余热锅炉简述[J].电子世界,2018(22):57-58.

第5章 锅炉水循环及汽水分离

锅炉的水动力学主要是研究锅炉的汽水循环系统的水动力问题。水和汽水混合物在锅炉蒸发受热面回路中循环流动,称为锅炉的水循环。

在工业锅炉中,工质的流动有两种方式:一种是强制循环,依靠外加动力在受热面入口端和出口端产生的压力差,驱使工质流过受热面;另一种是自然循环,即在受热面入口端与出口端之间采用"下降管"并行连通,与受热面一起组成封闭的循环回路,下降管不受热或其受热弱于受热面,由于两者受热程度不同,其内部的工质密度也就不同,依靠下降管和上升管之间工质的密度差来推动工质在水循环回路中的循环流动。

工业锅炉中,绝大多数的蒸汽锅炉均采用自然循环,部分热水锅炉中热水的流动由水泵提供动力,虽然没有蒸发系统,但习惯上称其为强制循环。

5.1 流动特性参数

在进行蒸发管内的水动力计算时,需要用到下述表示流体的特性参数。

5.1.1 流量

单位时间内管道流通截面积的气液两相流体的质量称为汽水混合物的质量流量。

汽水混合物的质量流量 G_h 等于蒸汽的质量流量和水的质量流量之和:

$$G_h = G_q + G_s \tag{5.1}$$

单位时间内管道流通截面积的气液两相流体的容积流量称为汽水混合物的容积流量 V_h:

$$V_h = V_q + V_s \tag{5.2}$$

$$G_h v_h = G_q v'' + G_s v' \tag{5.3}$$

式中：v' 和 v'' 分别为饱和水、饱和水蒸气的比容，m^3/kg。

5.1.2　折算速度

在气液两相流动中，假设蒸汽单独占据管子全部流通截面积时的流速称为蒸汽的折算气速 w''_0。

$$w''_0 = \frac{G_q v''}{f} = \frac{V_q}{f} \tag{5.4}$$

同理，假想汽水混合物中的水单独流过整个管道横截面时的速度称为水的折算速度 w'_0。

$$w'_0 = \frac{G_s v'}{f} = \frac{V_s}{f} \tag{5.5}$$

式中：f ——管道流通横截面积，m^2；

汽水混合物的折算速度 $w_h = w''_0 + w'_0$。

在受热蒸发管内，水不断汽化，因此折算速度在沿管长方向是不断变化的。

5.1.3　质量流速

通过单位流通截面积的质量流量称为质量流速：

$$\rho_w = \frac{G}{f} \tag{5.6}$$

汽水混合物的质量流速等于蒸汽和水的质量流速之和：

$$\frac{G}{f} = \frac{G''}{f} + \frac{G'}{f}$$
$$\Rightarrow \rho_h w_h = \rho'' w_0'' + \rho' w_0' \tag{5.7}$$

ρ_h, ρ'', ρ' ——分别为汽水混合物、饱和蒸汽、饱和水的密度。

5.1.4　质量含汽率和容积含汽率

汽水混合物中，蒸汽所占的质量份额，即蒸汽的质量流量与汽水混合物的质量流量之比称为质量含汽率 x，又称为汽水混合物的干度。

$$x = \frac{G''}{G_h} = \frac{w''_0 \rho''}{w_h \rho_h} \tag{5.8}$$

汽水混合物中,蒸汽所占的容积份额,即蒸汽的容积流量与汽水混合物的容积流量之比称为容积含汽率 β :

$$\beta = \frac{V''}{V_h} = \frac{w_0''}{w_h} = \frac{w_0''}{w_0'' + w_0'}$$ (5.9)

质量含汽率与容积含汽率之间的换算关系如下:

$$\beta = \frac{1}{1 + \frac{\rho''}{\rho'}(\frac{1}{x} - 1)}$$ (5.10)

5.1.5　截面含汽率

某一管道截面上,蒸汽所占有的截面 f'' 与整个截面积 f 之比称为截面含汽率 φ :

$$\varphi = \frac{f''}{f}$$ (5.11)

则水所占的截面积之比为:

$$\frac{f'}{f} = \frac{f - f''}{f} = 1 - \varphi$$ (5.12)

若以 w'' 和 w' 分别代表蒸汽和水的真实速度,则有:

$$f'' = \frac{V''}{w''}; f = \frac{V_h}{w_h}$$ (5.13)

可得:

$$\varphi = \frac{f''}{f} = \frac{w_h}{w''}\frac{V''}{V_h} = C\beta$$ (5.14)

式中:C 表示汽水混合物流速 w_h 与真实蒸汽速度 w'' 之比,反映了汽、水间由于存在相对速度而对截面含汽率的影响。

在垂直上升管中:$w'' > w'$,即 $C < 1$,因而 $\varphi < \beta$;

在垂直下降管中:$w'' < w'$,即 $C > 1$,因而 $\varphi > \beta$。

5.1.6　汽水混合物的密度、重度和比容

汽水混合物流体的密度 ρ_h 为:

$$\rho_h = \frac{G_h}{V_h} = \frac{G_h}{\dfrac{G'}{\rho'} + \dfrac{G''}{\rho''}} = \frac{\rho'}{1 + x\left(\dfrac{\rho'}{\rho''} - 1\right)} \tag{5.15}$$
$$= \rho' - \beta(\rho' - \rho'')$$

汽水混合物流体的流量重度用 γ_h 表示,单位为 MPa,数值与 ρ_h 相同,汽水混合物流体的比容 v_h 为:

$$v_h = \frac{1}{\rho} = \frac{1 + x\left(\dfrac{\rho'}{\rho''} - 1\right)}{\rho'} \tag{5.16}$$
$$= v' + x(v'' - v')$$

动态平衡时,在管道某处微元长度面 Δl 的容积内汽水混合物的重度 γ 为:

$$\gamma = \frac{\gamma'f'\Delta l + \gamma''f''\Delta l}{f\Delta l} = (1 - \varphi)\gamma' + \varphi\gamma'' = \gamma' - \varphi(\gamma' - \gamma'') \tag{5.17}$$

$$\rho_h = \rho' - \beta(\rho' - \rho'') \tag{5.18}$$
$$\gamma = \gamma' - \varphi(\gamma' - \gamma'') \tag{5.19}$$

在垂直上升管中:$w'' > w'$,因而 $\varphi < \beta$,$\gamma > \gamma_h$;

在垂直下降管中:$w'' < w'$,因而 $\varphi > \beta$,$\gamma < \gamma_h$。

5.2　锅炉的自然循环水动力计算

在锅炉水管中水分存在经过液态变成气态的过程,但在流动过程中却常常并不是单纯的一种相态,而是两者的混合物,我们称其为水的两相流。两相流动中运动规律复杂,目前尚未有通用的微分方程。我们常采用两类简化模型对两相流进行处理:一种是均相模型,它将两相介质看作一种混合均匀的混合物,从而将其作为单相流处理;另一种是分相模型,将两种相态分别处理,再结合它们之间的相互作用,详细可参阅相关的多相流书籍或理论。在锅炉的水循环中,对于混合物的相关参数,我们多采用的是平均参数,如密度、压力等。

水和汽水混合物在锅炉蒸发受热回路中循环流动,由于水比汽水混合物重,利用这种密度差产生的水和汽水混合物的循环流动,叫作自然循环;借助水泵的压力使工质流动循环的叫作强制循环。在供热锅炉中,除热水锅炉外,绝大多数的蒸汽锅炉都采用自然循环。

5.2.1　自然循环的工作原理

如图 5.1 所示为简化了的自然循环示意图。自然循环的蒸发系统由上锅筒、下降管、下集箱、上升管、上集箱及汽水引出管等组成。上升管吸收烟气热量,工质中蒸汽密度较小,下降管不受热或者受热较弱,蒸汽密度较大。由布置在炉墙外(或低温烟道)的不受热(或受热弱)的下降管和炉内(或高温烟道)受热强的上升管以及与之相串接的上锅筒和集箱一起,组成一个完整的循环回路。水沿下降管向下流动,汽水混合物则由于密度较小沿上升管向上流动,形成了水的自然循环流动。任何一台锅炉的汽锅,都是由这样的若干个循环回路所组成的。

自然循环锅炉中受热强的管子汽水混合物的密度小,运动压头加大,流经上升管的水量也多,可以保证受热管的足够冷却。随着锅炉压力的提高,汽水密度差愈小,当工作压力达到 $17.2 \sim 18.2$ MPa(临界压力 22.86 MPa)时,水的自然循环就不够可靠。随着压力和容量 D 的提高,希望采用管径较小的蒸发受热面,但是小的蒸发受热面会带来水循环流阻增大的问题,自然循环就更不安全,为

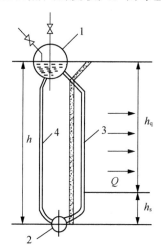

1—上锅筒;2—下集箱;
3—上升管;4—下降管。

图 5.1　自然循环回路示意图

了解决循环流阻增大带来的安全问题,可以在自然循环回路中加入一个专门的循环泵来解决。于是,强制循环的锅炉也随之出现了。

在回路中循环的水流量称为回路的循环流量,用 G_0 表示。循环流量等于下降管中的水流量,也等于上升管中的汽水混合物的质量流量。

循环流量也可以用循环速度 w_0 来表示,循环速度是指:质量流量等于循环流量的饱和水通过整个管截面时的速度,即:

$$w_0 = \frac{G_0 v'}{f} \tag{5.20}$$

w_0 与 $w_0{}'$、$w_0{}''$ 的关系式为:

$$w_0 = w_0{}' + w_0{}'' \left(\frac{v'}{v''} \right) \tag{5.21}$$

w_0 的物理意义:

（1）水循环回路的循环流率在循环倍率范围一定的条件下,随着热负荷的不同而变化,上升管受热越强,产生的蒸汽就越多,维持循环的水柱压差随之增大。所以循环回路中流动的水量增大,w_0 增大,反之减小;

（2）当上升管受热微弱时,w_0 也就很小,致使蒸汽在管中积聚而造成汽塞,使受热管壁冷却恶化,管子有烧坏的危险;

（3）为了避免上升管入口段沉积泥渣,w_0 也不宜过小,一般不小于 0.3 m/s;

（4）对于供热锅炉,由于工作压力 p 低,汽水密度差大,对自然循环有利。水冷壁的循环流率一般在 0.4～2 m/s,锅炉对流管束的循环流速 w_0 为 0.2～1.5 m/s。

上升管中的循环速度为上升管入口的水速,在有上联箱时,上联箱至锅筒的蒸汽引出管中的循环速度为循环流量除以蒸汽引出管的总截面积(同一回路中所有蒸汽引出管截面积之和)。

循环速度与汽水混合物的近似速度之间的关系式为:

$$w_h = w_0 \left[1 + x \left(\frac{\rho'}{\rho''} - 1 \right) \right] \tag{5.22}$$

或

$$w_h = w_0 + w_0'' \left(1 - \frac{\rho'}{\rho''} \right) \tag{5.23}$$

稳定流动且管径不变时,又有:

$$\rho_h w_h = \rho' w_0 \tag{5.24}$$

在受热的蒸发管中,进入的循环水量与产生的蒸汽量之比称为循环倍率 K,整台锅炉的循环倍率为:

$$K = \frac{G_0}{D} \tag{5.25}$$

式中: D —— 锅炉的蒸发量,kg/s;

　　G_0 —— 整台锅炉的循环流量,kg/s。

循环倍率与质量含汽率互为倒数关系,即:

$$K = \frac{1}{x} \tag{5.26}$$

K 值越大,表示管子出口段汽水混合物中液态水的比例越大,可以在管壁内侧形成一层水膜,这层水膜一方面可以有效地带走热量,另一方面又可以带走蒸汽蒸发后沉下的盐分。因此,在蒸发管后面的管路中一定要有足够的水分,以形成水膜流动——用 K 来判断水循环是否安全可靠。

5.2.2 锅炉自然循环水动力计算基本方程

稳定流动时,下降管与上升管作用在下联箱二侧的压力应相等,即:

$$p_g + h\gamma_j - \Delta p_{ld,j} = p_g + h\gamma_s + \Delta p_{ld,s} \tag{5.27}$$

式中：p_g ——锅筒内饱和蒸汽压力,Pa;

γ_j ——下降管中水的重度,MPa;

γ_s ——上升管中汽水混合物的压力重度,MPa;

$\Delta p_{ld,j}$ ——下降管中工质的流动阻力,Pa;

$\Delta p_{ld,s}$ ——上升管中工质的流动阻力,Pa;

h ——循环回路的高度,m。

整理得：

$$h(\gamma_j - \gamma_s) = \Delta p_{ld,j} + \Delta p_{ld,s} \tag{5.28}$$

左侧项为循环回路的运动压头,它是水循环的动力,用符号 S_{yd} 表示,即：

$$S_{yd} = h(\gamma_j - \gamma_s) \tag{5.29}$$

对于结构已定的循环回路,下降管阻力是水循环流速 W_0 的函数,W_0 增大,$\Delta p_{ld,j}$ 增加。对上升管而言,热负荷一定,W_0 增大,管内含汽率减小,γ_s 增大,因此,S_{yd}、S_{yx} 下降。只有 S_{yx} 和 $\Delta p_{ld,j}$ 两者取得平衡时,即两曲线的交点 A 才是水循环的工作点。具体的求解方法见 5.2.3 节。

右侧两项为循环回路的总阻力 $\sum \Delta p$ 即：

$$\sum \Delta p = \Delta p_{ld,j} + \Delta p_{ld,s} \tag{5.30}$$

稳定流动时,循环回路的运动压头用于克服工质在回路中流动时所产生的总阻力。运动压头愈大,表明水的循环流量愈大,循环愈激烈。

运动压头减去上升管阻力后的剩余压头,用于克服下降管中工质的流动阻力,称此剩余压头为有效压头。用符号 S_{yx} 表示。即：

$$S_{yx} = S_{yd} - \Delta p_{ld,s} \tag{5.31}$$

稳定流动时,循环回路的有效压头应等于循环回路中下降管的流动阻力。即：

$$S_{yx} = \sum \Delta p_{ld,j} \tag{5.32}$$

影响锅炉水循环特性的主要关键因素有：

（1）锅炉工作压力 p——当压力增大时会导致密度差变小，对锅炉的循环不利，当压力 p 达到临界压力时，汽水两相介质饱和状态下的物性参数完全一致，无法进行自然循环；

（2）上升管的热负荷 q——热负荷增大会蒸发工质，使上升管含汽率增大，上升管中工质密度下降，从而利于上、下管中工质在流动密度差作用下循环。但是当 q 超过一定限度后，使工质的沸腾换热方式及流动结构变化，可能会对受热面的安全工作有一些不利影响；

（3）循环回路的高度 h——高度增大时水循环的运动压头也随之增大，对水循环是有利的；

（4）循环回路的阻力 $\sum \Delta p$。

5.2.3　锅炉自然循环水动力计算方法

1. 有效压头法

以式（5.32）为基础，工作点的有效压头等于下降管的流动阻力。通过三点法作图求得。先假设三个循环流量（或循环流速），求出对应给出的三个循环流量的下降管流动阻力和有效压头，画出下降管流动阻力、有效压头随循环流量而变化的关系曲线 $\Delta p_{ld,j} = f(G_0)$ 和 $S_{yx} = f_1(G_0)$，二曲线的交点 A 即为稳定循环的工作点。A 点所对应的流量 G_A 即为工作时的回路的循环流量，$S_{yx,A}$ 和 $\Delta p_{ld,jA}$ 为工作时循环回路的有效压头和下降管的流动阻力。

2. 压差法

压差法基于式（5.24）。稳定时下降管和上升管在下联箱与锅筒间的压差达到平衡，即：

$$h\gamma_j - \Delta p_{ld,j} = h\gamma_s + \Delta p_{ld,s} \tag{5.33}$$

等号的左侧为下降管侧的总压差，用 Δp_j 表示，即：

$$\Delta p_j = h\gamma_j - \Delta p_{ld,j} \tag{5.34}$$

等号右边为上升管的总压差，用 Δp_s 表示，即：

$$\Delta p_s = h\gamma_s + \Delta p_{ld,s} \tag{5.35}$$

也可通过三点法作图求得，如图 5.2 所示。压差法计算流程如图 5.3 所示。

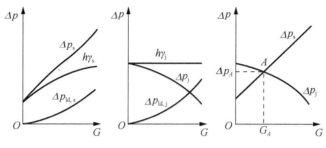

图 5.2　压差法求工作点

图 5.3　压差法计算流程示意图

5.2.4　水循环故障

锅炉水循环对锅炉安全运行关系很大,要保证锅炉中水循环的正常进行,必须防止锅炉发生水循环故障。为保证水循环的可靠性,在水循环计算中必须校核是否会出现循环的停滞、倒流、自由水面、下降管带汽等问题。

1. 水循环停滞

当上升管受热效果不好或者受热情况不良时,则会因受热微弱导致有效运动压头不足以克服公共下降管的阻力,导致该工质的流速相当缓慢,甚至趋于零——循环的停滞。此时管壁上附有气泡,得不到足够的水膜冷却会导致管壁超温破坏。避免发生循环停滞的条件是:

$$\frac{S_{tz}}{S_{yx}} \geqslant 1.1$$

式中: S_{tz}——停滞有效压头,Pa;

$\quad\quad S_{yx}$——循环回路工作点有效压头,Pa。

2. 循环倒流

若接入锅筒水空间中的某根上升管受热条件极差而完全无法产生蒸汽,其运动压头小于共同下降管阻力时,就会在相邻的上升管的向上流动作用下使上升管内被"倒抽"形成倒流,如同下降管一样。不发生倒流的条件为:

$$\frac{S_{dl}}{S_{yx}} \geqslant 1.1$$

式中：S_{dl} ——倒流压头，Pa。

当倒流的速度较大时，上升管中的气泡可能会被带着向下流动，虽然这种情况下不会发生什么危险，但是当倒流速度减小到一定值时，气泡会在上升管中停滞，堵塞管子，使得管子得不到及时的冷却而导致管子烧坏，这是需要特别注意的地方。

3. 自由水面

如果发生循环停滞的上升管接于锅筒的蒸汽之间，则在该上升管上端会形成图 5.4 所示的"自由水面"。自由水面上的管段中由于只有蒸汽的缓慢流动，冷却很差，很容易使管壁过热而爆裂，由于自由水面微微波动，导致水面附近这段管的壁温也随之波动，此外还易沉积盐垢，同样会引起管子的损坏。

4. 汽水分层

在水平或微倾斜的上升管段，由于水汽的密度不同，当处于低流速的时候会出现汽水分层流动。当汽水分层管段受热时，会引起管壁上下温差应力及汽水交界面的交变应力；管壁上部会产生盐垢，使热阻变大，壁温升高。

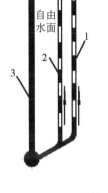

1—受热强的上升管；
2—受热弱的上升管；
3—下降管。

图 5.4　自由水面

5. 下降管带汽产生原因

（1）当下降管入口阻力过大时，为了克服这一局部阻力必将消耗一定的压头，这将会使下降管入口段压力减小，从而水就有可能汽化，产生的蒸汽会随水流入下降管，从而加大下降管的阻力。

（2）上锅筒水位过低时，在下降管口的上部水面会形成旋涡斗而将部分蒸汽吸入下降管。因此，即使锅筒不受热，其最低水位也有一定的限制，保证下降管管口上部有一定的水位高度，以补偿锅筒内水进入下降管时流速增加所引起的压力下降。

（3）下降管受热过强使管内工质发生汽化。

（4）上升管和下降管与锅筒相接的接口布置距离过小而又无良好的隔热装置的情况下，也可能使下降管带汽。

5.3　锅炉的汽水分离

对于以蒸汽的形式向外供热的锅炉，如果蒸汽中带水量过多，就会使输出蒸汽的热焓减小,品质下降;对于装有过热器的锅炉,蒸汽带的水进入过热器,在蒸发过程中其溶解的盐分就会沉积在过热器的内壁上,恶化过热器的传热能力,提高过热器金属壁温,严重的会发生爆管事故,对锅炉的安全和使用寿命产生恶劣的影响。一般工业锅炉允许的蒸汽带水量小于3%,电站锅炉对蒸汽的品质要求就更为严格。

　　水在蒸发过程中,蒸汽和水是混合在一起的。因此,为了防止蒸汽带水,锅炉设备中必须提供汽水分离的装置来完成蒸汽和水的分离过程。

5.3.1　蒸汽带水的原因及影响因素

　　对于锅壳式锅炉,其受热面处于大的水容积内,通过"大容积沸腾"过程产生蒸汽,在蒸汽空间汇集后进出锅炉。蒸汽带水主要是由于气泡冲出自由水面时带起一些水滴,因为气泡上升的时候具有一定速度,所以气泡上升速度越大携带水滴越多,蒸发面上产生的气泡数越多,蒸汽带水的量越大。因此带水量的多少取决于水面上的蒸发面负荷(即通过锅筒单位水面积的蒸汽量)和锅炉蒸发面的热负荷[即每小时每平方米的蒸发面积上所产生的蒸汽量,kg/(m² · h)]。

　　在气泡进入蒸汽空间后,随着流通截面突然增大,蒸汽上升速度大大降低,较大的水滴会从蒸汽中分离出来,落回到水中,蒸汽空间越大,重力分离作用越充分,蒸汽的带水量就越小。所以蒸汽空间的大小影响着蒸汽的含水量。在小容量的锅壳式锅炉中,蒸发面热负荷比较低[50～130 kg/(m² · h)],蒸汽上升速度低,而蒸汽空间容积相对较大,有较好的重力分离作用,故蒸汽带水量一般不大,为2%～5%。

　　在水管锅炉中,蒸汽以较高的速度沿蒸发管进入锅筒,具有很大的动能。引起大量的炉水飞溅的因素有:汽水混合物冲击水面,冲击锅筒内部装置,互相撞击,气泡由水面下穿出。如图5.5和图5.6所示。水滴进入蒸汽空间后,较大的水滴由于重力的作用落回水面,而较小的水滴则被蒸汽带走。被蒸汽带走的水滴的大小取决于气流的速度,气流上升速度大时,气流对水滴的作用力较大,能克服水滴的重力作用,所以蒸汽的带水量较多。水管锅炉锅筒中一般都装有汽水分离装置,以便减少蒸汽的带水量。

　　在一定的工作压力下,影响蒸汽带水的主要因素为:锅筒的锅炉负荷、蒸汽空间高度、炉水的含盐量和锅炉压力。

　　通过对水滴在蒸汽空间的受力分析:球形水滴向下落的力 F 等于重力与浮力之差。

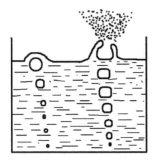

图 5.5 水滴飞溅示意图

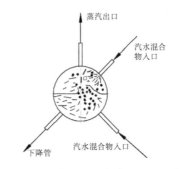

图 5.6 水管锅炉中水滴的形成示意图

$$G = \frac{1}{6}\pi d^3 g(\rho' - \rho'') \tag{5.36}$$

具有 w 速度的蒸汽流对球形水滴的提升力 F：

$$F = \zeta \frac{w^2}{2}\rho'' \frac{1}{4}\pi d^2 = \zeta \frac{\pi}{8}w^2\rho''d^2 \tag{5.37}$$

$G = F$，得到托起水滴的最小流速为：

$$w = 2\sqrt{\frac{g(\rho' - \rho'')d}{3\zeta\rho''}} \tag{5.38}$$

式中：ρ'、ρ''——分别为饱和水和蒸汽密度，kg/m^3；

$\quad d$——水滴直径，m；

$\quad \zeta$——流动阻力系数。

1. 锅炉负荷

随着锅炉负荷增加，蒸发面负荷增大，进而使蒸汽带水量增加。对每一台锅炉都存在着一个临界负荷值。在小于临界负荷时，负荷增加时，蒸汽带水量增加较小；超过这个临界点，负荷增加会使蒸汽带水量急剧增加。其原因是汽水混合物穿出水面时的速度大大增加，使炉水飞溅量增大，同时蒸汽在汽空间的流速提高，携带水滴的能力增加等。

2. 蒸汽空间的高度

蒸汽湿度和蒸汽空间高度的关系曲线如图 5.7 所示。当蒸汽空间的高度较小时，大量飞溅的炉水将被蒸汽带走，使蒸汽湿度增加。随着蒸汽空间高度的提高，蒸汽的湿度便急剧减小。但是当蒸汽空间的高度超过 0.6 时，蒸汽的湿度随蒸汽空间高度的变化就很小了。蒸汽空间的高度取决于锅筒的直径，锅筒直径太小，蒸汽空间不足，蒸汽带水量过大。反之，过大的锅筒直径对减小蒸汽湿度并不显著却使钢材的消耗增加很多。需要注意的是,锅筒上水位表指示的水位并不能反映蒸汽空间的高度,它比真实的蒸汽空间高度要高。这是因为在蒸发过程中,锅筒的水容积由于存在蒸汽而膨胀,使水位升高。所以,计算蒸汽空间高度时要考虑水容积膨胀的因素。

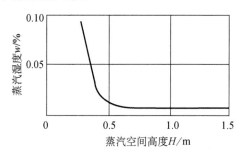

图 5.7   蒸汽湿度与蒸汽空间高度的关系示意图

3. 炉水含盐量

蒸汽带水量与炉水含盐量的关系如图 5.8 所示。当炉水含盐量超过某一临界数值时(称为临界炉水含盐量),将使蒸汽带水量剧增。由于锅筒水容积中的含汽量增多及自由水面上的泡沫层增厚,减小了蒸汽空间的实际高度,而使炉水含盐量增加。当炉水含盐量超过临界值时,飞溅的炉水容易被蒸汽大量带走。对于工业锅炉,一般限制炉水的含盐量为 2 500~3 000 mg/L,炉水碱度为 12~14 mg/L。保持炉水浓度的措施通常是采用连续排污或定期排污的方法。

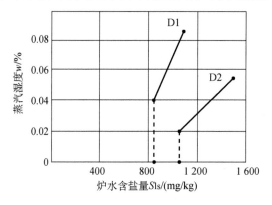

图 5.8   蒸汽湿度与炉水含盐量的关系示意图

4. 锅炉压力 p

压力上升时,$\rho'-\rho''$ 减小,汽水重力分离作用变弱,由托起水滴的最小流速表达式可见,w 减小时,使蒸汽容易带水。

5.3.2　汽水分离装置的设计

工业锅炉的汽水分离过程都是在锅炉筒内完成的。锅筒除了可以作为循环回路的闭合部件,将锅炉各部分受热面,如水冷壁、对流管束、过热器及省煤器等连接在一起之外,锅筒本身还可以起到汽水分离作用。另外,其他专门的汽水分离装置也都需要安装在锅筒内。

1. 锅筒的汽水分离设计要求

由于锅筒是锅炉本体中直径最大的承压容器,因此钢材耗量大,制造工艺复杂,在自然循环锅炉中是不可缺少的部件。依汽水分离的要求设计锅筒尺寸要考虑下列要求:

(1) 选择锅筒的长度和直径时,在能满足蒸汽空间和水容积要求的条件下应尽量减少尺寸,以减少钢材量。

(2) 根据蒸汽品质的要求合理选择汽水分离装置,但前提是必须满足水循环可靠性的要求。例如,如果汽水分离装置阻力太大的情况下,有效压头就要降低;如果汽的空间过高,则锅筒内水位较低,水空间高度就会不够,下降管容易带汽,对循环也是不利的。

(3) 合理布置蒸汽引出管、给水管、汽水混合物的引入管、下降管、排污管和加药管等。

锅筒的长度和水冷壁以及对流管等受热面的布置有关。水管锅炉的锅筒常用的内径为 800、900、1 000、1 200 及 1 400 mm 等,壁厚由钢材的强度要求确定。

锅筒一般布置在炉膛外,一般不希望其受热。如果有火焰接触锅筒,则接触部分的锅筒要进行绝热保护。

在低压小容量的工业锅炉中,由于对蒸汽品质要求不高,锅筒的蒸发面负荷不大,因此,汽水分离装置比较简单。高、中压大容量锅炉锅筒内的汽水分离装置就比较复杂。

2. 汽水分离的原理

在锅筒内进行汽水分离主要依据下列原理:

(1) 重力分离。利用蒸汽和水滴的重度差,在空间自行分离。

(2) 惯性分离。利用气流方向相同时,蒸汽和水滴惯性不同进行分离。

(3) 离心分离。由于水滴和蒸汽的密度不同,因此在气流旋转时受到的离心力也不同,利用两者受到的离心力的不同进行分离。

(4) 水膜分离。由于水的黏性比蒸汽的黏性大,易附于固体壁面形成水膜从气流中分离出来。

一个汽水分离装置一般可以采用几种分离原理。

3. 汽水分离装置的设计布置原理

（1）应使锅筒内面积负荷沿长度和宽度分布均匀。

（2）充分利用蒸汽空间，延长蒸汽流程，增加蒸汽在锅筒内的停留时间。

（3）防止汽水混合物、蒸汽和水对水面的冲击。

（4）防上水滴在分离过程中被控股形成细小的水滴。

（5）组织好分离装置的疏水，尽量避免分离出来的水滴第二次被气流带走。

（6）防止气泡被下降管吸入，尽量减少水空间的含汽量。

（7）充分利用给水含盐量低的特点，减少炉水泡沫层厚度。

对于工业锅炉，特别是从饱和蒸汽供热的工业锅炉，蒸汽品质要求较低，汽水分离设备应采用比较简单的形式。

4. 工业锅炉常用的汽水分离装置

工业锅炉的循环倍率比较大，进入锅筒的汽水混合物蒸汽含量不大，蒸汽干度 x 一般都小于 5%。蒸汽和水的分离过程可以划分成两个阶段：第一阶段是粗分离阶段，是将大部分蒸汽从水中分离出来，消除汽水混合物的动能，粗分离阶段常用的装置有挡板、缝隙挡板及旋风分离器等；第二阶段是细分离阶段，是将蒸汽中的水滴进一步分离出来，细分离装置有集汽管、顶部匀汽孔板、螺形分离器、钢丝网分离及百叶窗分离器等。工业锅炉对蒸汽品质要求不同，选用的分离装置也不同，并非都要有粗、细分离两个阶段。

集汽管是低压小容量工业锅炉中常用的一种分离装置，如图 5.9 所示。集汽管装于蒸汽引出管前，具有一定的长度，可以适应均匀蒸汽空间的负荷；此外，蒸汽进入干汽管时要绕过一定的角度，这样也可以起到一定的汽水分离效果。

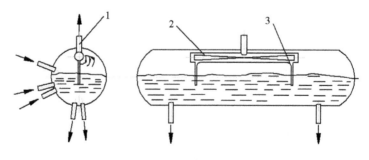

1—蒸汽引出管；2—集汽管；3—疏水管。

图 5.9　集汽管示意图

集汽管在锅炉顶部沿长度方向布置。饱和蒸汽的引出管可以位于集汽管的中间,也可位于集汽管的一端。集汽管的两端封死,管子的一侧开有通汽的狭缝。为了沿锅筒长度方向均匀地收集蒸汽,缝宽沿集汽管长度分布不均匀。靠近蒸汽引出管的地方缝比较窄,远离蒸汽引出管的地方缝比较宽。最远处的缝宽约为集汽管直径的一半,最近的缝宽(终端缝宽)可由图 5.10 查得。集汽管的底部接有疏水管,疏水管长度应能伸到最低水位面以下,进入集汽管的蒸汽进一步分离出的水滴可通过疏水管返回到锅筒的水容积中。

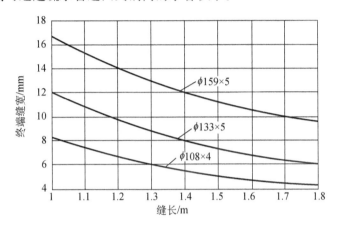

图 5.10　集汽管的终端缝宽

(1) 集汽管也可以开有许多小孔通汽,如图 5.11 所示。小孔沿着集汽管长度是不均匀分布的,远离蒸汽引出管处开孔多,靠近蒸汽引出管处开孔少,这样做的原因是为了均匀在长度方向上蒸汽空间的蒸发负荷。孔径 ϕ 为 10 mm,孔中的蒸汽流速一般为 7~10 m/s。

(2) 进口挡板是为了消除汽水混合物进入锅筒时所带的动能,并可以起一定的导向作用,一般安装在汽水混合物引入管进入锅筒的地方,如图 5.12 所示。挡板沿锅筒长度纵向布置,两端空出。安装时,为了避免汽水混合物撞击挡板后水滴破碎,挡板与气流之间的夹角应不大于 45°,汽水混合物应尽量平稳引入。在汽水混合物流速较高时,为了防止挡板上的水膜被撕裂,挡板应布置在离进口大于 2 倍管径的距离。每排上升管最好布置一个挡板,最好不要几排上升管合用一块挡板。挡板出口处的蒸汽流速不宜太大,一般取 1~1.5 m/s。

在中型工业锅炉上有时采用垂直挡板起粗分离和消除动能的作用,如图 5.13 所示。在垂直挡板的缝中,蒸汽流速不能太高,以避免冲击水面,一般为 1~1.5 m/s。挡板应浸入水中,形成水封,防止蒸汽短路。浸入水中的深度应在最低水位以下至少 100 mm。出汽口应尽量离开水面。

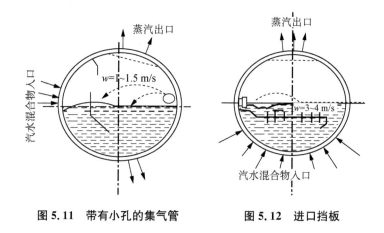

图 5.11　带有小孔的集气管　　　　图 5.12　进口挡板

（3）当汽水混合物由水空间引入锅筒时,可以采用水下孔板来均匀锅筒的蒸发面负荷,如图 5.14 所示。其原理是当蒸汽在上升过程中经过孔板时会产生一定的阻力,能在孔板下形成一层气垫,这样蒸汽可以比较均匀地从孔板上的小孔中穿出。水下孔板也可以减小汽水混合物的动能,减轻对水面的冲击,也能起到一定的粗分离作用。

孔板一般应安装在最低水位以下 50~100 mm 处,通过孔板上小孔的蒸汽流速为 3~4 m/s。为了避免蒸汽带入下降管,孔板离锅筒最低部的距离应大于 500 mm。

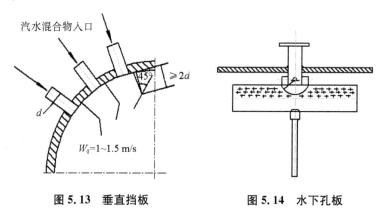

图 5.13　垂直挡板　　　　　　图 5.14　水下孔板

采用水下孔板的结构时,给水管一般在孔板上面,这样也可以冲洗水面上的泡沫层。孔板的另一边与锅筒壁面应留有一定间隙,其宽度为 150~200 mm,孔板上的水向锅筒下部的流速一般为 0.2~0.3 m/s。

（4）当锅筒的蒸发面负荷较高，汽水混合物的流速较大，且对蒸汽品质的要求又较高时，则可采用锅内旋风分离器作为粗分离装置。如图5.15所示，锅内旋风分离器由 2～3 mm 的薄钢板制成，直径约为260 mm，每个旋风分离器的蒸发负荷（即每小时能分离出的蒸汽量）为2～2.5 t/h。分离器顶部有百叶窗波形板将蒸汽平稳地引入蒸汽空间，蒸汽流过百叶窗的流速为 1.5～2.0 m/s。分离器的底部没入水中，

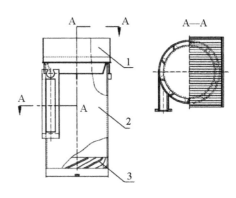

1—百叶窗波形顶帽；2—柱形筒体；
3—导叶盘式筒底。

图 5.15　锅内旋风分离器

其深度至少应在最低水位下 200 mm，以防止蒸汽由筒底穿出。

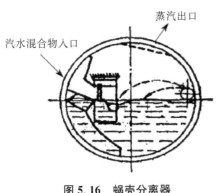

图 5.16　蜗壳分离器

汽水混合物进入分离器的流速愈高，离心分离的效果愈好，但是同时分离器的阻力愈大，不利于水循环的进行。一般分离器的进口流速为 8～10 m/s。

（5）蜗壳分离器是利用离心分离的原理来提高蒸汽品质的。如图 5.16 所示。蒸汽从分离器的上部切线方向进入蜗壳，经过许多小孔之后进入内壳，汇集到内管中部，再由蒸汽引出管引出。当蒸汽沿蜗壳切线进入时，首先由于受离心力作用水滴将黏附于蜗壳壁面上，其次蒸汽经多次转弯，在惯性力作用下进一步将水滴分出。缝隙入口处的蒸汽流速一般为 7～9 m/s，穿过小孔的流速为 15 m/s。这种分离器多用于 6.5 t/h 和 10 t/h 的蒸汽锅炉的二次分离装置，对于小于 6.5 t/h 的工业锅炉则作为主要的汽水分离装置。虽然蜗壳分离器是在集汽管的基础上发展起来的，但是却比集汽管的分离效果更好。

（6）顶部匀汽孔板通常装于锅筒顶部蒸汽管下面，是一个多孔板，通过它的节流作用能使蒸汽负荷在锅筒长度和宽度方向上分布均匀。当蒸汽引出管数目很少，顶部匀汽孔板分布是不均匀的，靠近蒸汽引出管的地方，开孔数目较少。顶部匀汽孔板由厚度为 3～4 mm 的钢板制成，孔径一般为 10 mm，通过小孔的流速控制在 12～15 m/s。顶部匀汽孔板的安装位置应尽量高，但孔板上部的蒸

汽空间应保证蒸汽的纵向流速低于孔中的蒸汽流速的一半,蒸汽引出管的流速应小于孔中蒸汽流速的 70%。顶部匀汽孔板适合作为生产过热蒸汽的锅炉的细分离装置。

（7）为了简化汽水分离装置的结构,目前在中压锅炉中采用钢丝网分离器,取得了较好的效果,简化了汽水分离器的结构。钢丝网分离元件是由 8 目 18 号钢丝网和 1.5×9 的钢板网间隔排列数层组成的,通常布置在锅炉顶部作为细分离设备,如图 5.17 所示。原理是当蒸汽穿过钢丝网的时候,速度和方向经过了多次的变化,使其中的水滴得到分离。结果是蒸汽穿过钢丝网而水滴则吸附在钢丝网上,积累到一定量时,便会沿着金属流下,进入水容积中。这种分离器的优点是结构简单、制造方便、阻力小、分离效果好,尤其适用于工业锅炉的汽水分离装置。需要注意的是,设计时应该控制进入网前的蒸汽流速为 0.5~1.0 m/s。

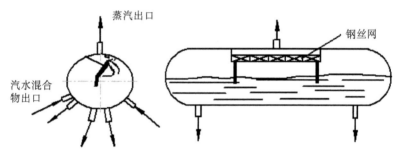

图 5.17　钢丝网分离器

（8）百叶窗分离器水平布置于锅筒顶部,由紧密连在一起的百叶窗波形板组成,如图 5.18 所示。通常用作细分离装置。

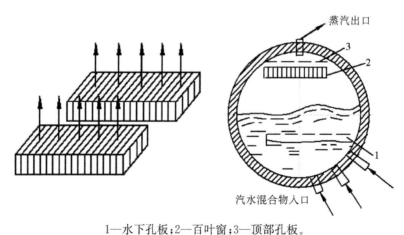

1—水下孔板;2—百叶窗;3—顶部孔板。

图 5.18　百叶窗分离器

百叶窗分离器和钢丝网分离器的工作原理相同。蒸汽流过密集的波形板时,多次转弯,改变流动方向和速度,依靠惯性力把水滴分离出来,和钢丝网分离器相比,百叶窗分离器能去除更为细小的水滴,适用于对蒸汽品质要求较高的工业锅炉。由于波形板是用薄钢板冲压而成的,因此其中的蒸汽流速不能太高,否则,很容易撕破钢板上的水膜,使分离器不能正常工作。来流的蒸汽流速应不大于 1 m/s。

百叶窗也可以垂直布置,像钢丝网分离器那样。这样布置的百叶窗的撕裂水膜的临界速度比水平放置的百叶窗高,可以提高到 1.5~2 m/s。

综上所述,工业锅炉在选用汽水分离装置时可参考表 5.1。对于小容量工业锅炉可不用一次分离装置,直接选用一种二次分离装置。

表 5.1　工业锅炉的汽水分离装置

蒸汽用途	蒸汽品质要求	分离装置	
		一次分离	二次分离
工业饱和蒸汽	湿度 $IU<2$	进口挡板 垂直挡板	集汽管 顶部匀汽孔板
工业用过热蒸汽	湿度 $IU<0.5$	挡板 垂直挡板 水下孔板	蜗壳分离器 顶部匀汽孔板 钢丝网分离器
发电用过热蒸汽	含盐量<0.3 mg/g	挡板 水下孔板 旋风分离器	蜗壳分离器 顶部匀汽孔板 钢丝网分离器 百叶窗分离器

习题

1. 自然水循环的流动压头是怎么产生的? 水循环的流动压头与循环回路的有效流动压头有无区别?

2. 自然循环蒸汽锅炉哪些受热面中的工质做自然循环流动? 哪些受热面中的工质做强制循环流动?

3. 自然循环蒸汽锅炉中水冷壁及对流管束中哪些管子是上升管? 哪些管子是下降管? 为保证水循环的可靠,下降管与上升管的截面比一般控制在什么范围?

4. 常见的水循环故障有哪些? 自然循环蒸汽锅炉中水循环发生故障时,为什么一般是受热弱的上升管而不是受热强的上升管容易烧坏或过热?

5. 每个水循环回路要有数根单独的下降管,而不是若干个水循环回路共用数根下降管,而且,下降管一般不宜受热,却必须保温,这是为什么?

6. 供热锅炉中常用的汽水分离装置有哪几种? 它们的结构和分离原理是怎样的? 有无办法进一步提高它们的汽水分离效果呢?

7. 允许蒸汽空间容积负荷为什么随蒸汽压力的升高而下降,而允许蒸汽空间质量负荷却随蒸汽压力的升高而升高呢? 锅炉蒸发量不变而降压运行时,锅筒出口蒸汽温度是增高还是减小? 为什么?

参考文献

[1] 李之光,范柏樟. 工业锅炉手册[M]. 天津:天津科学技术出版社,1988.

[2] 丁崇功. 工业锅炉设备[M]. 北京:机械工业出版社,2009.

[3] 陈学俊,陈听宽. 锅炉原理[M]. 北京:机械工业出版社,1981.

[4] 金定安,曹子栋,俞建洪. 工业锅炉原理[M]. 西安:西安交通大学出版社,1986.

[5] 清华大学电力工程系锅炉教研组. 锅炉原理及计算[M]. 北京:科学出版社,1979.

[6] 赵培林. 浅谈热水锅炉的水循环故障[J]. 黑龙江科技信息,2011(10):170.

[7] 康新霞. 锅炉水循环综述[J]. 余热锅炉,2010(4):29-31.

[8] 陈志刚. 电站锅炉简介及锅炉水循环系统剖析[J]. 今日财富,2010(7):168.

[9] 郦红瑛. 热水锅炉水循环故障分析及水循环方式改造[J]. 同煤科技,2009(4):44-45.

[10] 刘建教. 自然循环热水锅炉水循环故障分析及改进[J]. 锅炉压力容器安全技术,2003(3):35-37.

[11] 张学军,范宪民,李志宏,等. 热水锅炉水冷壁的汽化与防止[J]. 特种设备安全技术,2006(5):12-13.

[12] 岳克明. 锅炉改造时对水循环的要求[J]. 黑龙江科技信息,2008(22):31.

[13] 金凤林. 论热水锅炉运行中的集气、除氧及水循环问题[J]. 甘肃科技纵横,2008,37(2):33.

[14] 何振东. 控制循环锅炉的特点及水循环计算[J]. 电站系统工程,2005,21(2):33-34.

[15] 高吉国,张宏,朱霞. 热水锅炉水循环计算方法的探讨[J]. 工业锅炉,2004(1):19-23.

[16] 刘建敏. 自然循环热水锅炉水循环故障改造技术[J]. 山西科技,2003,18(3):68-69.

[17] 王爱国,燕永红. 不可忽视循环流化床锅炉的水循环问题[J]. 中国锅炉压力容器安全,2002,18(1):29.

[18] 同济大学等院校. 锅炉习题实验及课程设计[M]. 2版. 北京:中国建筑工业出版社,1990.

[19] 董秀峰.论热水锅炉水循环的重要性[J].品牌与标准化,2011(24):42.

[20] 朱明山,刘剑敏,胡小虎,等.锅炉水循环系统的无模型自适应控制研究[J].重庆理工大学学报(自然科学),2019,33(7):214-220.

[21] 李志宏,闫静让,孙书坛,等.新型水火管蒸汽锅炉汽水分离特点与效果[J].工业锅炉,2010(6):25-27.

[22] 李之光,梁耀东,张仲敏,等.工业锅炉蒸汽湿度低于 0.5% 的简易水平流动汽水分离[J].工业锅炉,2017(6):16-21.

第6章　锅炉本体的热力计算

6.1　炉内传热计算

在炉膛内部,同时进行着燃料燃烧和传热两个过程。燃料、空气及烟气的流动和混合等对炉内传热产生影响,使炉内传热过程更为复杂。在现代锅炉中炉内辐射换热是非常重要的一个方面,它所吸收的热量通常占锅炉总吸热量的50%左右,因此,炉内辐射受热量计算的正确将会对整个锅炉设计的计算精确程度造成直接的影响。

炉膛传热计算方法很多,根据维数来分,有零维、一维、二维、三维模型;根据方法论来划分,有经验法和半经验法。现在大多用零维经验法来进行计算,如果应用时未超出公式的有效范围,计算基本上是精确的。本书着重讲述我国制定的标准工业锅炉设计计算标准方法。

炉内传热具有以下特点:

(1) 炉膛内的燃烧过程和传热过程同时进行,参与燃烧与传热的各个过程都会相互影响。

(2) 炉膛传热以辐射为主,对流所占比例很小。这主要是因为炉膛内火焰温度很高,一般维持在 1 000 ℃左右。

(3) 火焰与烟气在其行程上变化十分剧烈,火焰在炉膛内的换热是一种容积换热。

(4) 运行因素影响炉内传热过程,例如,若运行过程中有污染产生,污染后的受热面表面温度升高,导致炉膛内的换热量降低。

6.1.1　炉膛辐射传热的基本方程

1. 辐射换热方程式

由于在炉内对流换热量小于5%,因此可以忽略不计,即炉内换热量就等于辐射换热量。

根据斯蒂芬-玻尔茨曼定律,炉内火焰与水壁的辐射换热量可表示为:

$$Q_f = a_{xt}\sigma_0(T_{hy}^4 - T_b^4)H_f \tag{6.1}$$

式中:σ_0——绝对黑体辐射常数,$\sigma_0 = 5.67 \times 10^{-11} kW/(m^2 \cdot K^4)$;

    α_{xt}——炉膛的系统黑度;

    T_{hy}——火焰的平均温度,K;

    T_b——水冷壁表面温度,K;

    H_f——有效辐射受热面面积,m^2。

2. 热平衡方程式

烟气在炉内放出的热量,可用热平衡方程式表示,即烟气在炉内放出的热量应等于燃料在炉内有效放热量与炉膛出口烟气带走的热量之差,即烟气从理论燃烧温度到炉膛出口温度的焓降:

$$Q_f = \varphi B_j(Q_1 - I_1'') \tag{6.2}$$

式中:Q_1——1 kg 燃料在炉膛内的有效放热量,kJ/kg;

    φ——保热系数;

    B_j——计算燃料耗量,kg/s;

    I_1''——炉膛出口烟气的焓,kJ/kg。

除燃料燃烧后发出的热量,还有参加燃烧的空气带来的热量,所以计算燃料燃烧所拥有的单位总热量将为:

$$Q_1 = Q_r \frac{100 - q_3 - q_4 - q_6}{100 - q_3} + Q_k \tag{6.3}$$

此处 Q_k——空气带入炉膛的热量,计算式为:

$$Q_k = (\alpha_1^n - \Delta\alpha_1)I_k^0 + \Delta\alpha_1 I_{lk}^0 \tag{6.4}$$

式中:$\Delta\alpha_1$——炉膛漏风系数;

    I_k^0, I_{lk}^0——分别为理论热空气和冷空气的焓,kJ/kg;

    (一般取冷空气温度为 20 ℃或 30 ℃)

    α_1^n——炉膛出口空气过量系数。

Q_r 为每千克燃料带入炉内的热量,由于存在热损失,折算到每千克计算燃料时,燃料在炉内的有效放热量为:

$$Q_r = \frac{100 - q_3 - q_4 - q_6}{100 - q_3} \tag{6.5}$$

如果想更加精确就要考虑燃料的物理热,空气用外热源加热的热量,灰中碳酸盐分解的热量等。但是外热源加热空气的热量不应重复计算,所以需从空气热量中减去,则式(6.3)将变为:

$$Q_1 = Q_r \frac{100 - q_3 - q_4 - q_6}{100 - q_3} + Q_k - Q_{wr} + RI_{xh}$$ (6.6)

$$Q_t = V_y C_{pj} \theta_{ll}$$

式中:Q_{wr}——外热源加热空气的热量,kJ/kg;

　　R——烟气再循环份额;

　　I_{xh}——再循环烟气焓,kJ/kg。

根据 Q_1,可求出炉膛理论燃烧温度 T_{ll},所谓理论燃烧温度,是假定在绝热情况下,将作为烟气的理论焓而得到烟气理论温度,即:

$$Q_t = V_y C_{pj} \theta_{ll}$$

$$\theta_{ll} = \frac{Q_t}{V_y C_{pj}}$$

因此,得下式:

$$Q_f = \varphi B_j V_y C_{pj} (T_u - T_l^n)$$ (6.7)

$$V_y C_{pj} = \frac{Q_1 - I_l^n}{T_u - T_l''}$$ (6.8)

6.1.2　有效辐射受热面

在炉膛内所有管子的表面积并不等于辐射受热面积,它们之间有一个有效角系数的关系。而由于水冷壁被灰粒沾污,投射到受热面上的热量并不会全部被吸收。下面分别介绍这些参数关系。

1. 有效角系数

炉内吸热是借助辐射受热面——水冷壁来达到的。火焰向炉膛总的投射热量 Q_t,与火焰投射到水冷壁上的热量 Q 之间的关系可用有效角系数 x 来表示,即 $x = Q / Q_t$,它是一个纯几何因子,仅与受热面的几何形状及相对位置有关,而与受热面的表面温度、黑度等因素无关,可用几何方法进行理论求解。

有效角系数 x 与炉壁面积 F_b 的乘积称为有效辐射受热面 H_f

即

$$H_f = x F_b \tag{6.9}$$

整个炉膛的平均有效角系数也称为炉膛水冷程度,即

$$x = \sum H_{fi} / F_{bz} = \sum X_i F_{bi} / F_{bz}$$

$$F_{bz} = \sum F_{bi} \tag{6.10}$$

大型电站锅炉的炉膛水冷程度都很高,一般都在 0.9 以上。

2. 污染系数

在锅炉实际运行中,水冷壁会产生积灰污染,使得壁温升高和黑度减小,从而使水冷壁的吸热量减少,因此,在计算中引入水冷壁的沾污系数 ζ,即:

$$\zeta = \frac{\text{受热面吸收的热量}}{\text{投射到受热面上的热量}}$$

显然,气体燃料、液体燃料、固体燃料的污染系数越大,污染越严重。

3. 热有效系数

热有效系数 ψ 代表了炉壁的吸热能力的高低,其表达式为:

$$\psi = \frac{\text{受热面吸收的热量}}{\text{投射到炉壁的热量}} = \frac{Q_f}{Q_t}$$

这样有效角系数、污染系数和热有效系数各自从不同的角度描述了炉膛内的辐射特性,它们三者的关系如下:

$$\psi = \zeta x \tag{6.11}$$

考虑炉壁反辐射热流密度 q_{ff},则有:

$$\psi = \frac{q_t - q_{ff}}{q_t} = \frac{q_f}{q_t} = \frac{q_f \cdot F_b}{q_t \cdot F_b} = \frac{Q_f}{Q_t} \tag{6.12}$$

$$x F_b = \psi / \zeta \cdot F_b \tag{6.13}$$

6.1.3　火焰黑度

计算炉膛辐射换热时,应该考虑到系统的黑度。由于火焰辐射在整个炉膛容积中进行,并且在炉膛中涉及的是烟气辐射,根据气体介质辐射的特点,烟气中具有辐射能力的主要是三原子气体和悬浮的炭黑粒子。在煤粉燃烧的时候,除了三原子气体和炭黑颗粒外,悬浮在火焰中的煤粉放出挥发物后所余的灰粒

也具有很强的辐射能力,所以在燃烧不同的燃料时,火焰黑度的计算方法不完全一样。

（1）焦炭粒子 它在未燃尽前是强辐射能力粒子的主要辐射成分之一。

（2）灰粒子 焦炭粒子燃尽后形成的成分,在高温火焰中也具有一定的辐射能力。

（3）炭黑粒子 它是燃料在高温下裂解形成的,以固体表面辐射的方式进行辐射,辐射能力很强。

（4）三原子气体 如 CO_2 和 H_2O 等三原子气体,它们在小于 2 000 K 温度范围内都具有辐射和吸收能力。

但总的来说,其火焰黑度 a_{hy} 按下式计算:

$$a_{hy} = 1 - e^{-kps} \qquad (6.14)$$

式中: k——火焰辐射减弱系数,$1/(m \cdot MPa)$;

p——炉膛压力,一般工业锅炉在常压下燃烧,$p = 0.1$ MPa;

s——有效辐射层厚度,$s = 3.3$ V/F。

6.1.4 炉膛黑度

火焰与水冷壁之间的辐射换热可视作空腔和内包凸起物体组成的封闭系统之间的辐射换热。空腔壁面作为火焰的辐射面,壁面面积是炉壁面积 F_b、表面黑度为火焰黑度 a_{hy},壁面温度是火焰的平均温度 T_{hy},内包物体的面积是水冷壁有效辐射受热面 H_f,黑度 a_b,表面温度是 T_{bi}。这样系统黑度 a_{xt} 计算公式为:

$$a_{xt} = \cfrac{1}{\cfrac{1}{a_b} + \cfrac{H_f}{F_b}\left(\cfrac{1}{a_{hy}} - 1\right)} = \cfrac{1}{\cfrac{1}{a_b} + x\left(\cfrac{1}{a_{hy}} - 1\right)} \qquad (6.15)$$

从投射辐射的热有效系数定义,则

$$Q_f = \psi Q_t = \psi a_1 \sigma_0 T_{hy}^4 F_b = \zeta x a_1 \sigma_0 T_{hy}^4 F_b = \zeta a_1 \sigma_0 T_{hy}^4 H_f \qquad (6.16)$$

式中: a_1——相应于火焰投射的黑度,表示火焰与炉壁之间的辐射换热关系。

结合 a_{xt} 及 Q_f 的辐射换热方程则

$$a_1 = \cfrac{1}{\cfrac{1}{a_b} + x\left(\cfrac{1}{a_{hy}} - 1\right)} \cfrac{1}{\zeta}\left[1 - \left(\cfrac{T_b}{T_{hy}}\right)^4\right] \qquad (6.17)$$

即　　　　$a_1 = a_{xt} \dfrac{1}{\zeta} \left[1 - \left(\dfrac{T_b}{T_{hy}} \right)^4 \right]$ 则 $\zeta = \dfrac{a_{xt}}{a_1} \left[1 - \left(\dfrac{T_b}{T_{hy}} \right)^4 \right]$ 　　　（6.18）

从另一个角度出发,炉膛的辐射换热量,也可按水冷壁受热面的吸收辐射减去其本身辐射来计算:

$$Q_f = a_1 a_b \sigma_0 T_{hy}^4 H_f - a_b \sigma_0 T_b^4 H_f$$

则　　　　　　　　$\psi = \dfrac{Q_f}{Q_t} = \dfrac{a_1 a_b \sigma_0 T_{hy}^4 H_f - a_b \sigma_0 T_b^4 H_f}{a_1 \sigma_0 T_{hy}^4 F_b}$ 　　　（6.19）

$$= \left[a_b - \dfrac{a_b}{a_1} \left(\dfrac{T_b}{T_{hy}} \right)^4 \right] \dfrac{H_f}{F_b}$$

$$\dfrac{\psi}{x} = \zeta = a_b - \dfrac{a_b}{a_1} \left(\dfrac{T_b}{T_{hy}} \right)^4$$

结合计算式(6.18)可得

$$a_1 = \dfrac{1}{1 + \zeta x \left(\dfrac{1}{a_{hy}} - 1 \right)} = \dfrac{a_{hy}}{a_{hy} + \psi(1 - a_{hy})} \qquad （6.20）$$

式(6.20)所得出的炉膛黑度,仅考虑到火焰向水冷壁辐射热量,因此它表示的黑度仅是室燃炉的炉膛黑度。

对于层燃炉,不仅有火焰的辐射热,而且灼热的火床表面能向水冷壁受热面辐射出热量。只是火床的辐射热在穿越火焰时会部分被火焰吸收,剩下的投到水冷壁受热面上。假定火床是黑体,其温度等于火焰平均温度,实际上的火焰辐射包括了火焰及火床两部分向炉壁的辐射,即:

$$Q_{hy} = a_{hy} \sigma_0 F_b T_{hy}^4 + (1 - a_{hy}) \sigma_0 R T_{hy}^4$$

$$= \sigma_0 F_b T_{hy}^4 \left[a_{hy} + (1 - a_{hy}) \dfrac{R}{F_b} \right] \qquad （6.21）$$

将式(6.20)中的火焰黑度 a_{hy} 用 $a_{hy} + (1 - a_{hy}) \dfrac{R}{F_b}$ 来代替,并以

$$\rho = R/F_b = \dfrac{R}{F_1 - R} \qquad （6.22）$$

为火床对炉壁的角系数,则层燃炉的炉膛黑度就写成:

$$a_1 = \dfrac{a_{hy} + (1 - a_{hy})\rho}{1 - (1 - \psi)(1 - a_{hy})(1 - \rho)} \qquad （6.23）$$

6.1.5　炉内温度分布和火焰平均有效温度

为了确定火焰的平均温度,我们必须研究炉内温度分布的规律。已知炉内温度场沿炉膛高度的变化受燃料特性、燃烧方式等许多因素的影响。如果炉内火焰沿炉膛高度而变的温度用理论燃烧温度的无因次相对值来表示,即:

$$\theta = \frac{T}{T_u} \tag{6.24}$$

则炉内火焰温度曲线可用经验公式来表示:

$$\theta^4 = e^{-\alpha x} - e^{-\beta x} \tag{6.25}$$

式中:α、β——分别表示与传热及燃烧条件有关的系数;

$\quad T_u$——理论燃烧温度;

$\quad x$——相对火焰高度。

用 $\dfrac{d\theta^4}{dx} = 0$ 求得最高温度点的位置:

$$X_{max} = \frac{\ln \alpha - \ln \beta}{\alpha - \beta} \tag{6.26}$$

当 $X = 1$,即对于炉膛出口处:

$$\theta^4 = \theta_1^{4n} = e^{-\alpha} - e^{-\beta} \tag{6.27}$$

火焰平均有效温度,有 $\overline{\theta^4} = \dfrac{1}{X}\displaystyle\int_0^X \theta^4 dX = \displaystyle\int_0^1 \theta^4 dX$,所以:

$$\overline{\theta^4} = \int_0^1 (e^{-\alpha x} - e^{-\beta x}) dX$$

$$= \frac{1 - e^{-\alpha}}{\alpha} - \frac{1 - e^{-\beta}}{\beta} \tag{6.28}$$

从式(6.26)到式(6.28),可看出 X_{max},θ_1^n,$\overline{\theta}X_{max} = X_r + \Delta X$ 都是 α,β 的函数,它们之间可表示为 $\lg\overline{\theta} = n\lg\theta_1^n + \lg C'$,如图 6.1～图 6.2 所示,图中直线几乎都经过零点,C 可近似取为 1,于是:

$$\overline{\theta^4} = \theta_1''^{4n} \tag{6.29}$$

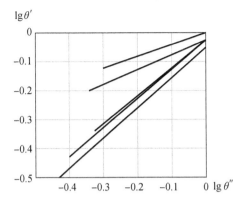

图 6.1　炉内温度与相对高度的关系

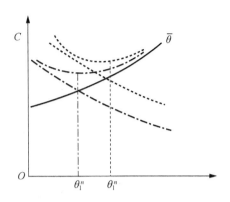

图 6.2　炉膛出口烟温的选择

n 实际上是 X_{max} 为不同值时直线的斜率,从图中可以大致得到:

$$0.4 < n < 1.0$$

则火焰平均温度为:

$$T_{hy}^4 = m T_{II}^{4(1-n)} T_1''^{4n} \tag{6.30}$$

6.1.6　炉膛出口烟气温度

1. 炉膛出口烟温确定的原则

炉膛出口烟温太高,即炉内辐射受热面布置太少,对于固体燃料,烟中夹带熔融状态的灰粒,会使得炉子出口处的对流受热面产生结渣,导致气流不畅甚至堵塞烟道。反之,如果炉内辐射受热面布置太多,则相应的炉温也会降低,减小了烟气侧与尾部受热面工质侧的传热温差,影响燃烧及换热强度,甚至会发生无法燃烧的现象。此外,若排烟温度取得过低,则会引起空气预热器严重的低温腐蚀。所以炉膛出口烟温要按照如下设计规范来进行设计:首先要保证锅炉辐射受热面和对流受热面在可靠工况下进行工作,对于固体燃料,应该保证受热面不结渣。对于液体和气体燃料不存在结渣问题,主要受经济性的限制,但炉膛出口烟温也不宜过低,否则会影响火的温度和燃尽。其次炉膛出口烟温受经济性的限制,在高温区辐射传热比较明显,而在低温区由于高速烟气冲刷的作用,对流传热比较明显,因此只有控制好炉膛出口烟气温度,即调整锅炉内辐射换热与对流换热的比例,才会使受热金属面节省,降低这部分的投资。

在实际的设计过程中,小型锅炉用固体燃料时炉膛出口烟温不宜低于950 ℃,对于大中型固体燃料锅炉,比较合理经济的炉膛出口烟温约为1 200 ℃,当采用气体燃料时,炉膛出口烟温可提高到 1 400 ℃。

2. 影响炉膛出口烟温的因素

（1）受热面的大小　很显然炉膛内的辐射受热面会影响出口的烟温。

（2）炉膛的形状系数　炉膛内形状的改变会改变辐射的有效角系数，从而影响出口的烟温。

（3）锅炉负荷变化　锅炉负荷的变化是通过改变燃料的燃烧量来实现的，炉内火焰的温度场也会随之变化，所以也会影响炉膛出口烟温。

（4）燃烧器形式及布置位置　燃烧器形式和布置位置的不同会明显地改变炉内火焰中心的位置，从而影响炉膛出口烟温。

6.1.7　炉膛传热计算

炉膛辐射换热量应等于炉内烟气的放热量，同时它也决定了炉膛内辐射传热量占总传热量的大小。

这里以炉内传热相似理论解法为例对炉膛内传热计算进行简要介绍。在这种方法中的基本平衡式是炉内火焰对辐射受热面的有效辐射等于燃烧产物所放的热量，表达式如下：

$$a_1\sigma_0\psi F_b T_{hy}^4 = \varphi B_j V_y C_{pj}(T_u - T_l^n) \tag{6.31}$$

$$\frac{a_1\sigma_0\psi F_b T_{hy}^4}{\varphi B_j V_y C_{pj}} + T_l^n - T_u = 0 \tag{6.32}$$

两边同时除以 T_{ll} 得

$$\frac{a_1\sigma_0\psi F_b T_u^3}{\varphi B_j V_y C_{pj}}\overline{\theta}^4 + \theta_l^n - 1 = 0$$

将 $\overline{\theta}^4 = \theta_l''^{4n}$ 的关系带入上式可得：

$$\frac{a_1\sigma_0\psi F_b T_{ll}^3}{\varphi B_j V_y C_{pj}}\theta_l''^{4n} + \theta_l^n - 1 = 0 \tag{6.33}$$

上式可写为：

$$\frac{\theta_l''^{4n}}{B_0/a_1} + \theta_l'' - 1 = 0 \tag{6.34}$$

式中，$B_0 = \varphi B_j V_y C_{pj}/(\sigma_0\psi F_b T_{ll}^3)$ 称为炉膛换热相似准则或玻尔茨曼准则。

实际上无法用分析式表示 n 与燃烧及传热条件的定量关系。在不同 B_0 值下对不同的炉膛做试验，综合得出如下用以计算的半经验公式

$$\theta_1^n = B_0^{0.6} / (Ma_1^{0.6} + B_0^{0.6}) \tag{6.35}$$

式中：M——经验系数，值是考虑燃烧条件影响的因素，可用火焰最高温度点的相对高度 $X_{\max}$ 表示，它与燃烧方式、燃料种类有关。

M 可按下列经验公式求得

$$M = A - BX_{\max} \tag{6.36}$$

式中：A、B——与燃料和炉膛结构有关的经验系数。表 6.1 是不同条件下的 A、B 值。

$X_{\max}$ 按下式计算

$$X_{\max} = X_r + \Delta X \tag{6.37}$$

式中：$X_r = \dfrac{h_r}{H_1} \theta_1^n = \dfrac{T_{ll}}{M\left(\dfrac{\sigma_0 \psi F_b \alpha_1 T_{ll}^3}{\varphi B_j V_y C_{pj}}\right)^{0.6} + 1} - 273$，设置燃烧器的相对标高；

h_r——燃烧器轴线离炉底或冷灰斗腰线的设置高度；

H_1——从炉底或冷灰斗腰线到出口中位线的炉膛高度；

ΔX——修正值。

表 6.2 是不同条件下的 ΔX 值。

表 6.1　不同条件下的 A、B 值

燃料	开式炉膛		半开式炉膛	
	A	B	A	B
气体、重油	0.54	0.2	0.48	0
高反应性固体燃料	0.59	0.5	0.48	0
无烟煤、贫煤	0.56	0.5	0.46	0
各种燃料的链条炉	$A=0.59, B=0.5$			

表 6.2　不同条件下的 ΔX 值

燃烧器形式	ΔX
轴心水平,四角切向布置	0
前墙或对冲布置煤粉燃烧器	0
竖井磨煤机炉,前墙布置喷口向下	-0.15
燃烧器顶端布置,烟气炉膛下部引出	$0.25 \sim 0.30$
摆动式燃烧器上下摆动 $20°$	$-0.1 \sim 0.1$

炉膛传热计算公式为：

1. 已知炉膛辐射受热面，求出口烟气温度时：

$$\theta_1^n = \frac{T_{ll}}{M\left(\dfrac{\sigma_0 \psi F_b \alpha_1 T_{ll}^3}{\varphi B_j V_y C_{pj}}\right)^{0.6} + 1} - 273 \tag{6.38}$$

2. 给定温度，求炉内辐射受热面时：

$$H_f = \frac{\varphi B_j V_y C_{pj}(T_{ll} - T_1'')}{\sigma_0 \alpha_1 \xi M T_1''{}^3 T_{ll}^3} \sqrt[3]{\frac{1}{M^2}\left(\frac{T_{ll}}{T_1''}\right)^2} \tag{6.39}$$

$$F_b = \frac{\varphi B_j V_y C_{pj}(T_{ll} - T_1'')}{\sigma_0 a_1 \psi M T_1''{}^3 T_{ll}^3} \sqrt[3]{\frac{1}{M^2}\left(\frac{T_{ll}}{T_{ll}} - 1\right)^2} \tag{6.40}$$

6.1.8　炉膛传热计算的步骤

1. 校核计算步骤

（1）校核已有炉膛的结构尺寸，或根据预先拟定好的炉子大致尺寸的布置草图（设计新锅炉时），确定炉膛的结构特性，计算各面炉墙面积 F_{bi}，包覆面积 F_1 和炉膛容积 V_l，确定水冷壁的结构特性并计算炉内有效辐射受热面 H_f。炉膛平均热有效系数 ψ 以及有效辐射层厚度 s。

（2）计算炉内燃料的有效放热量 Q，在选定炉子过量空气系数 α_1'' 和 $\Delta\alpha_1$ 的情况下，用焓温表求理论燃烧温度。

（3）先假定一个炉膛出口烟气温度 $\Delta\alpha_1$，在焓温表中求得相应的焓，从而可求得平均热容量 $V_y C_{pj}$。

（4）计算火焰黑度 a_{hy} 和炉膛黑度 a_1。

（5）计算炉膛出口温度 T_1''，其结果与（3）假定值基本相同，如误差不大于 100 ℃，则计算可认为满足要求；如误差大于 100 ℃，则须再假定并重新计算；直至误差小于 100 ℃ 为止。最后以计算所得的 T_1'' 为准。T_1'' 应符合安全与经济原则，否则变动受热面结构。

（6）计算辐射受热面的平均热强度

$$q_f = \frac{Q_f}{H_f} \tag{6.41}$$

（7）计算炉膛容积热强度、炉排热强度

$$q_v' = B' Q_{dw}^y / V_l \tag{6.42}$$

$$q_r' = B' Q_{dw}^y / R$$

式中：B'——每秒钟燃料消耗量，kg/s。

2. 设计计算步骤

(1) 确定炉膛(包括层燃炉炉排)的主要尺寸。

(2) 根据选定的合理出口烟温 T''_1，按式(6.40)求 F_b 计算中，须选择一个热有效系数 ψ 按下式求：

$$\psi = \frac{\varphi B_j V_y C_{pj} (T_{ll} - T''_1)}{\sigma_0 a_1 M T''_1 T^3_{ll} F_b} \sqrt[3]{\frac{1}{M^2} \left(\frac{T_{ll}}{T''_1} - 1\right)^2} \tag{6.43}$$

若计算值与选择的相差不大于 5%，则计算可以通过，否则应重新选择 ψ 以计算，并重复计算。

6.1.9　炉内燃烧过程的数值计算

随着计算机技术的发展，近年来炉内燃气在炉膛内的流动、燃烧、传热的三维数值计算方法有了很快的发展，在不久的将来就可以达到用于锅炉设计的水平。目前这种计算方法在炉内气流速度分布，燃料颗粒的轨迹，燃烧化学反应等方面得到了应用。

在进行锅炉的数值计算时需将炉膛空间分成若干微元，然后给出各微元的烟气温度、流速及放热分布等初始条件，一般是通过实验得到数据，以保证其精确。在模拟计算中，在辐射能数目不可能很多的情况下，必须采取一定措施使发射能束在微元的球形空间界面上的分布尽可能均匀，以使计算结果符合实际。如美国燃烧公司将炉膛分为下炉膛和上炉膛两部分，使用分段计算法。下炉膛仍按斯蒂芬-玻尔兹曼公式计算辐射，上炉膛作为冷却室计算，确定沿炉膛高度的吸热负荷分布曲线，以及确定炉膛出口烟温，误差在 ±27.8 ℃以内。

6.2　对流受热面的热力计算

锅炉中的对流受热面是指锅炉管束、过热器、省煤器、空气预热器。在这些受热面中，高温烟气主要以对流方式进行换热。由于烟气中含有三原子气体及飞灰，它们都具有一定的辐射能力，因此还要考虑其辐射放热。此外对布置在炉膛出口的受热面，还需考虑来自炉膛的辐射热量，以对流为主。对流受热面的传热计算，都是以 1 kg 燃料烟气放热量或工质的吸热量为计算基础的。另外在对流受热面中，烟气冲刷受热面一侧，另一侧受工质所冲刷时，受热面的面积按烟气冲刷侧的面积计算。

在对流换热面的传热计算中,传热量可按下式计算:

$$Q_{cr} = \frac{KH\Delta t}{B_j} \qquad (6.44)$$

式中:Q_{cr} ——传热量,kJ/kg;

    K ——传热系数,kJ/(m² · ℃);

    H ——传热面积,m²;

    Δt ——传热温压,℃;

    B_j ——每秒钟计算燃料消耗量,kg/s。

由能量守恒定律可知,烟气侧放出的热量等于工质侧吸收的热量,即可得热平衡方程为:

烟气侧:

$$Q_{rp} = \varphi(I' - I'' + \Delta I_k^0 \alpha) \qquad (6.45)$$

工质侧:

$$Q_{rp} = \frac{D(i'' - i')}{B_j} - Q_f \qquad (6.46)$$

则

$$\varphi(I' - I'' + \Delta I_k^0 \alpha) = \frac{D(i'' - i')}{B_j} - Q_f \qquad (6.47)$$

式中:Q_{rp} ——每千克计算燃料产生的烟气放给受热面的热量,在稳定传热情况下,它等于工质的吸热量,kJ/kg;

    φ ——计算散热损失的保热系数;

    i'、i''—— 分别为工质在受热面进口和出口处的焓,kJ/kg;

    I'、I''—— 分别为烟气进入及离开此受热面的焓,kJ/kg;

    D——每秒钟工质流量,kg/s;

    Q_f ——工质吸收来自炉膛的辐射热量,kJ/kg;

    α ——漏风系数。

在对流传热计算中,传热系数是最关键也是最难确定的一个参数,它受多方面因素的影响。下面就对流传热系数及影响它的各方面因素进行分析。

6.2.1 传热系数

对流受热面的具有普遍意义的传热系数 K 可用下式表示:

$$K = \frac{1}{\dfrac{1}{\alpha_{1h}} + \dfrac{\delta_h}{\lambda_h} + \dfrac{\delta_b}{\lambda_b} + \dfrac{\delta_{sg}}{\lambda_{sg}} + \dfrac{1}{\alpha_{2sg}}} \qquad (6.48)$$

式中：α_{1h}——烟气对有灰污层管壁的放热系数，$kW/(m^2 \cdot ℃)$；

$\dfrac{\delta_h}{\lambda_h}$——灰污层的热阻，$(m^2 \cdot ℃)/kW$；

$\dfrac{\delta_b}{\lambda_b}$——金属管壁的热阻，在传热计算往往可略去不计；

$\dfrac{\delta_{sg}}{\lambda_{sg}}$——管内水垢层的热阻，在锅炉正常运行时，不允许有较厚的水垢，因

此在传热计算中也可不计算；

α_{2sg}——水垢层对工质的放热系数，锅炉正常运行不允许有较厚水垢层，
可采用干净管壁对工质的放热系数 α 来代替 α_{2sg}。

因此上式可简化为：

$$K = \dfrac{1}{\dfrac{1}{\alpha_{1h}} + \dfrac{\delta_h}{\lambda_h} + \dfrac{1}{\alpha_2}} \tag{6.49}$$

6.2.2　灰污系数

燃料燃烧时，烟气中的飞灰颗粒会沉积在对流受热面管子上，导致传热热阻增加，受热面的传热也会受到影响，严重时还会增加通风阻力，甚至堵塞烟道。假设气流为干净气流，清洁管壁下的对流传热总热阻为 $\dfrac{1}{K_0}$，而含有灰气流和污染管壁在同样工况下的传热热阻为 $\dfrac{1}{K}$，则污染系数 ε 的定义式为：

$$\varepsilon = \dfrac{1}{K} - \dfrac{1}{K_0}$$

$$\dfrac{1}{K_0} = \dfrac{1}{\alpha_1} + \dfrac{1}{\alpha_2}$$

则有

$$\varepsilon = \dfrac{1}{K} - \dfrac{1}{K_0} = \dfrac{1}{\alpha_{1h}} + \dfrac{\delta_h}{\lambda_h} - \dfrac{1}{\alpha_1}$$

$$\dfrac{1}{\alpha_{1h}} + \dfrac{\delta_h}{\lambda_h} = \varepsilon + \dfrac{1}{\alpha_1}$$

则传热系数为：

$$K = \dfrac{1}{\dfrac{1}{\alpha_1} + \varepsilon + \dfrac{1}{\alpha_2}} \tag{6.50}$$

根据经验

$$\varepsilon = C_d C_{kj} \varepsilon_0 + \Delta\varepsilon \tag{6.51}$$

式中：ε_0——基准污染系数；

　　　C_d——管径修正系数；

　　　C_{kj}——灰分颗粒修正系数；

　　　$\Delta\varepsilon$——附加修正系数，$(m^2 \cdot ℃)/W$，与燃料种类和受热面形式有关。

表 6.3 为附加修正系数的值。

表 6.3　附加修正系数的值

受热面名称	积松灰的煤	无烟煤		褐煤、泥煤有吹灰
		吹灰	不吹	
第一级省煤器及其他受热面	0	0	1.7	0
第二级省煤器直流过渡区	1.7	1.7	4.3	2.6
错列布置过热器	2.6	2.6	4.3	3.4

对于不同的对流换热面，换热热阻不同，因此对流换热系数可以简化成不同的形式。

① 对流管束，省煤器由于管内工质 $\alpha_2 \approx 9 \sim 23 \ kW/(m^2 \cdot ℃)$，因此 $\dfrac{1}{\alpha_2}$ 可略去不计。因此

$$K = \frac{\alpha_1}{1 + \varepsilon\alpha_1} \tag{6.52}$$

② 对过热器来说，由于管内工质的放热系数 α_2 较大，$\dfrac{1}{\alpha_2}$ 不可忽略，因此

$$K = \frac{\alpha_1}{1 + \left(\varepsilon + \dfrac{1}{\alpha_2}\right)\alpha_1} \Phi' K'_0 \theta'' I'' T'' \ i'' 8 i' t'' \alpha_f \delta Q \tag{6.53}$$

6.2.3　热有效系数

在对流受热面的热力计算中，多数场合是用热有效系数 φ 来考虑管外表面积入灰对传热的影响。热有效系数是指污染管传热系数与清洁管传热系数的比值，即通过修正清洁管的传热系数来考虑管壁外表面灰对传热的影响，表达式如下：

$$\varphi = K/K_0$$

$$K = \varphi K_0 = \frac{\varphi\alpha_1}{1 + \dfrac{\alpha_1}{\alpha_2}} \tag{6.54}$$

式(6.54)用于对流管束、省煤器时,由于 $\dfrac{1}{\alpha_2}$ 可忽略,则可简化为

$$K = \varphi\alpha_1 \tag{6.55}$$

对于顺排对流受热面、放渣管、小型锅炉管束,都用热有效系数来修正传热系数。燃用无烟煤和贫煤时,$\varphi = 0.6$;在燃用烟煤、褐煤时,$\varphi = 0.65$;燃用油页岩时,$\varphi = 0.5$。

对于液体燃料的小型锅炉管束,不论顺排错排,烟气流速 $4 \sim 12$ m/s 时,$\varphi = 0.6 \sim 0.65$。

对于气体燃料的各种受热面,除空气预热器外的所有对流受热面也都采用热有效系数来考虑污染对传热的影响。当受热面入口温度大于 $400\ ℃$ 时,$\varphi = 0.85$;当入口温度小于 $400\ ℃$ 时,$\varphi = 0.9$。

6.2.4　利用系数

对空气预热器,把灰污和冲刷不完全对传热的影响一并用利用系数 ξ 来考虑,它表示受热面实际传热系数 K 和无灰污并冲刷完全时的传热系数 K_0' 的比值,即

$$\xi = K / K_0' \tag{6.56}$$

ξ 在不同条件下的取值如表 6.4 所示。

表 6.4　ξ 在不同条件下的取值

燃料	利用系数		板式
	低温级	高温级	
无烟煤	0.80	0.75	0.85
重油	0.70	0.75	0.60
木柴	0.80	0.85	0.70
其他燃料	0.85	0.85	0.85

高温烟气对管壁的放热系数 α_1 由对流放热系数 α_d 和辐射放热系数 α_f 两部分组成,由于烟气冲刷不均匀,或气流存在一部分短路或部分死滞区,造成烟气放热量的减小,因而引入利用系数 ξ 则

$$\alpha_1 = \xi(\alpha_d + \alpha_f) \tag{6.57}$$

对于横向冲刷受热面,$\xi = 1.0$;既有横向又有纵向的汇合冲刷受热面,$\xi = 0.85 \sim 0.95$。

对于空气预热器由于式(6.57)中 ξ 已经同时考虑了灰污和冲刷不完全对传

热的影响,因此在确定 α_1 时就不必再考虑冲刷不完全的影响了。

6.2.5　对流放热系数

对流放热系数是指与流体的物性、流动状态、温度、管束中管子的布置结构等因素有关的表征对流换热过程强弱的指标。其数值通过试验方法给出,下面根据不同的冲刷方式分别进行介绍。

1. 横向冲刷顺列管束的对流放热系数

$$\alpha_d = 0.2 C_s C_z \frac{\lambda}{d} Re^{0.65} Pr^{0.33} \tag{6.58}$$

2. 横向冲刷错列管束的对流换热系数

$$\alpha_d = C_s C_z \frac{\lambda}{d} Re^{0.6} Pr^{0.33} \tag{6.59}$$

由上式分析可知,横向冲刷时,管径 d 越小,对流放热系数 α_d 越大,所以锅炉尾部对流受热面通常采用小管径。

3. 纵向冲刷受热面的对流换热系数

$$\alpha_d = 0.023 C_t C_l \frac{\lambda}{d_{dl}} Re^{0.8} Pr^{0.4} \tag{6.60}$$

4. 回转式空气预热器的对流放热系数

由于其结构和管内纵向冲刷方式不同,因此它的对流放热系数主要通过试验进行测定。

$$\alpha_d = A C_t C_l \frac{\lambda}{d_{dl}} Re^m Pr^{0.4} \tag{6.61}$$

6.2.6　辐射放热系数

在烟气中的三原子气体及飞灰都具有辐射能力,它们与对流换热面有辐射换热,但由于烟气及管壁都不是灰体,辐射要经历多次反射才能被气体吸收,因此只能作近似处理。其近似计算式如下:

$$q_f = a \frac{\alpha_b + 1}{2} \sigma_0 (T^4 - T_{hb}^4) \tag{6.62}$$

式中:a、α_b——分别为烟气及管壁的黑度($\alpha_b = 0.8 \sim 0.9$);

T、T_{hb}——分别为烟气及管壁灰污表面的绝对温度,K;

$$q_f = \alpha_f (\theta - t_{hb}) = \alpha_f (T - T_{hb}) \tag{6.63}$$

比较式(6.62)和式(6.63)可得辐射放热系数：

$$\alpha_f = \frac{a\,\dfrac{\alpha_b+1}{2}\sigma_0(T^4-T_{hb}^4)}{T-T_{hb}} = a\,\frac{\alpha_b+1}{2}\sigma_0 T^3\,\frac{1-\left(\dfrac{T_{hb}}{T}\right)^4}{1-\left(\dfrac{T_{hb}}{T}\right)} \tag{6.64}$$

式(6.64)仅适用于含灰气流。例如煤粉炉的烟气,当使用气体、液体、重油以及层燃和火炬层固体燃料时的烟气,可作为不含灰气流,由于其对环境的辐射有显著的选择性,不能作灰体,因此其吸收率不等于黑体,一般有如下修正：

$$\frac{A_y}{a_y} \approx \left(\frac{T}{T_{hb}}\right)^{0.4}$$

因此,对不含灰气流的辐射放热系数为：

$$\alpha_f = a\,\frac{\alpha_b+1}{2}\sigma_0 T^3\,\frac{1-\left(\dfrac{T_{hb}}{T}\right)^{3.6}}{1-\left(\dfrac{T_{hb}}{T}\right)} \tag{6.65}$$

烟气黑度可由下式计算：

$$a_y = 1 - e^{-kps}$$

其中烟气的有效辐射层厚度为：

(1) 光管管束

$$s = 0.9d\left(\frac{4s_1 s_2}{\pi d^2} - 1\right) \tag{6.66}$$

(2) 屏式受热面

$$s = \frac{1.8}{\dfrac{1}{A}+\dfrac{1}{B}+\dfrac{1}{C}} \tag{6.67}$$

式中：A、B、C——分别为相邻两片屏间烟气的高、宽、深。

6.2.7　对流受热面传热计算方法

1. 对流受热面传热计算的步骤

(1) 先假定受热面烟气出口温度 θ'',由焓温表查得 I'',然后用烟气侧热平衡方程式(6.45)算出烟气放热量 Q_{rp}。

(2) 按工质侧热平衡方程式(6.46)求出口焓 i'',并由水蒸气表查得相应出口温度 t''(对过热器)。

（3）求得烟气平均温度 θ 和工质平均温度 t，以及烟气、工质平均流速。

（4）按对流放热系数公式求 α_{d}。

（5）按辐射放热系数公式求 α_{f}。

（6）确定烟侧放热系数 α_1，并在需要时求取工质侧放热系数 α_2。

（7）根据不同情况取灰污系数或热有效系数；对空气预热器取利用系数。

（8）求传热系数 K。

（9）按烟气工质的进出口温度 θ'、θ''、t'、t'' 以及它们的相对流向，确定平均温度。

（10）按传热工程求 Q_{cr}。

检验某受热面烟气出口温度的原理看是否合理，可按下式计算烟气放热量 Q_{rp} 和 Q_{cr} 的误差百分数，即

$$\delta Q = \left| \frac{Q_{\mathrm{rp}} - Q_{\mathrm{cr}}}{Q_{\mathrm{rp}}} \right| \times 100\% \tag{6.68}$$

对放渣管 $\delta Q \leqslant 5\%$；对无减温器的过热器 $\delta Q \leqslant 3\%$；其他受热面 $\delta Q \leqslant 2\%$ 时，则可认为原假定烟气出口温度是合理的，该部分受热面的传热计算可算结束；此时温度和焓的最终数值应以热平衡方程式中的值为准。

当 δQ 不符合上述要求时，必须重新假定烟气出口温度 θ'' 再次进行计算，如果重设的烟气出口温度与第一次假定的相差不到 50 ℃，则传热系数可不必重设，只需算平均温差以及 Q_{rp} 和 Q_{cr}，然后再次校核 δQ，直到符合要求为止。

2. 各对流受热面传热计算特点

（1）放渣管及锅炉管束　放渣管或对流第一管束到炉膛辐射，但管束总受热面并不扣除受炉膛辐射的有效受热面，仍作为全部参与对流换热，只是在传热系数中予以修正。当防渣排数 $Z \geqslant 5$ 时，可认为炉膛辐射在管束上的热量全部被管束吸收掉，而不再透到后面的对流管束上去。

由

$$Q = Q'_{\mathrm{f}} + Q_{\mathrm{d}} = Q'_{\mathrm{f}} + \alpha_{1\mathrm{h}}(\theta - t_{\mathrm{hb}})F$$

$$Q = \left(\frac{\lambda}{\delta} \right)_{\mathrm{h}} (t_{\mathrm{hb}} - t_{\mathrm{b}})F$$

$$Q = \alpha_2 (t_{\mathrm{hb}} - t_{\mathrm{b}})F$$

$$Q = K(\theta - t)F$$

$$\theta - t = \frac{Q'_{\mathrm{f}} + Q_{\mathrm{d}}}{F} \left[\frac{1}{\alpha_{1\mathrm{h}}} + \left(\frac{\delta}{\lambda} \right)_{\mathrm{h}} + \frac{1}{\alpha_2} \right] - \frac{Q'_{\mathrm{f}}}{F\alpha_{1\mathrm{h}}}$$

得

$$K = \frac{\alpha_{1\mathrm{h}}}{1 + \left(1 + \dfrac{Q'_{\mathrm{f}}}{Q_{\mathrm{d}}}\right) \left[\left(\dfrac{\delta}{\lambda} \right)_{\mathrm{h}} \alpha_{1\mathrm{h}} + \dfrac{\alpha_{1\mathrm{h}}}{\alpha_2} \right]} \tag{6.69}$$

如果管子排数较少,就会有一部分热量穿过管束被后面的管束所吸收,此时,凝渣管束吸收的炉膛辐射热由下式计算

$$Q_{f,nz} = \frac{x_{nz} A_{f,nz} q_{nz}}{B_j} \tag{6.70}$$

式中: x_{nz} ——凝渣管束的角系数;

　　$A_{f,nz}$ ——凝渣管束的辐射受热面;

　　q_{nz} ——炉膛中在凝渣管区域的平均面积热负荷。

（2）过热器的传热计算　对于辐射式过热器的热力计算按辐射受热面处理,半辐射式过热器按对流受热面处理。

屏式过热器的总吸收量为:

$$Q_0 = \frac{D(i'' - i')}{D_j} = Q_d' + Q_f' \tag{6.71}$$

对流过热器的吸收量为:

$$Q_{rp} = \frac{D(i'' - i')}{B_j} - Q_f + Q_{zp} \tag{6.72}$$

（3）烟气侧及水侧的热平衡　设计计算过程中,在过热器及锅炉管束的传热计算后,为了检验前面的计算是否正确,可对省煤器先进行烟气侧及水侧的热平衡计算。

$$Q_{sm}^y = \varphi(I_{sm}' - I_{sm}'' + \Delta\alpha_{sm} I_{lk}^0) \tag{6.73}$$

$$Q_{sm}^s = \frac{Q_{gl}}{B_j'} - (Q_f + Q_{fz}^d + Q_{gs}^d + Q_{gr}^d) \tag{6.74}$$

式中: Q_{sm}^y ——烟气经省煤器的放热量,kJ/kg;

　　Q_{sm}^s ——省煤器中工质的吸热量,kJ/kg;

　　I_{sm}' ——省煤器进口烟气焓值,即离开对流管束的焓值;

　　I_{sm}'' ——省煤器出口烟气焓值,空气预热器进口烟气焓值;

　　I_{lk}^0 ——理论冷空气焓值,kJ/kg;

　　Q_{gl} ——锅炉本体的有效利用热量,kJ/kg;

　　Q_f ——炉内辐射换热量,kJ/kg;

　　$Q_{fz}^d, Q_{gs}^d, Q_{gr}^d$ ——分别为防渣管、锅炉管束和过热器从烟气中吸收的热量,kJ/kg;

　　B_j' ——每秒计算燃料消耗量,kg/s。

如果，$\dfrac{Q_{sm}^{y}-Q_{sm}^{s}}{Q_r}\times100\%\leqslant\pm0.5\%$，则认为计算精度足够精确了。

① 省煤器的传热计算：在设计省煤器时，入口烟气焓值和入口水焓值均为已知。由于省煤器是工质侧的最后一个受热面，其吸热量可由热平衡方程式确定为：

$$Q_{sm}=\frac{D_{sm}(i_s''-i_s')}{B_j}\tag{6.75}$$

式中：D_{sm}——省煤器给水量，kg/s；

i_s''、i_s'——分别为省煤器进出口的焓值，kJ/kg。

② 空气预热器的传热计算：空气预热器的计算需根据空气的实际流量计算。在设计空气预热器时，热空气温度和冷空气温度都是给定的，可由热平衡方程式计算空气预热器的吸热量为：

$$Q_{ky}=\beta_k(I_k^{0''}-I_k^{0'})\tag{6.76}$$

式中：$I_k^{0''}$、$I_k^{0'}$——分别为进、出空气预热器理论空气的焓值，kJ/kg；

β_k——空气预热器中平均空气量与理论空气量之比。

而空气预热器中平均空气量与理论空气量之比 β_k 可由下式求得：

$$\beta_k=\frac{\beta_k'+\beta_k''}{2}\tag{6.77}$$

而 $\beta_k'=\beta_k''+\Delta\alpha_{ky}$，代入式（6.77）有

$$\beta_k=\beta_k''+0.5\Delta\alpha_{ky}\tag{6.78}$$

式中：β_k'、β_k''——分别为空气预热器出口和进口空气量与理论空气量比值；

$\Delta\alpha_{ky}$——空气预热器的漏风系数。

则

$$Q_{ky}=\left(\beta_k''+\frac{\Delta\alpha_{ky}}{2}\right)(I_k^{0''}-I_k^{0'})\tag{6.79}$$

$$I_{ky}'=I_{ky}''+\frac{Q_{ky}}{\varphi}-\Delta\alpha_{ky}I_k^0\tag{6.80}$$

式中：I_{ky}'、I_{ky}''——分别为空气预热器进出口烟气焓值，kJ/kg；

I_k^0——理论空气量的焓值，以进出口平均温度计算，kJ/kg。

6.2.8　对流热面的强化传热

在对流换热过程中,烟气在锅炉烟道、管式空气预热器和省煤器等管内冲刷时,因放热系数较低可以采用螺旋槽纹管、管内扰流子、横纹槽管、螺旋形扭片等结构强化换热。

螺旋槽纹管(图 6.3)的强化传热机制为:螺旋槽纹管可利用粗糙的传热肋面来促进流体边界层的湍流度,减薄传热滞流底层厚度,从而强化边界层传热,也强化了管内传热,一般可使传热量提高 40%～50%。然而,为使流动阻力不致增加太大,螺旋槽不宜太深。

横纹槽管(图 6.4)强化传热的作用是:利用流体流经圆环时在管壁上形成轴向漩涡,使流体边界层扰动增加,从而使传热得到强化。

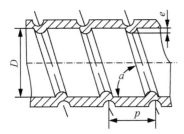

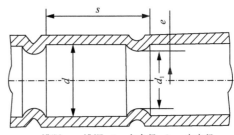

D－内径;e－槽深;p－槽距;α－槽与管轴线夹角。　　s－槽距;e－槽深;d－大内径;d_1－小内径。

图 6.3　单头螺旋槽纹管　　　　　　　　**图 6.4　横纹槽管**

用插入物强化管内单相流体传热,对强化气体、低雷诺数流体或高黏度流体格外有效,各种插入物强化机制不同,但基本上都以改变流道达到强化传热的目的,统称为绕流子。绕流子形式很多,如纽带、错开纽带、螺旋线、螺旋片和静态混合器等。其中,插入传热管内的纽带技术,由于其具有自动清洗污垢和强化传热的双重功能,且方法简便有效,不仅适合新投运设备的强化传热和抑制污垢沉积,而且易于对旧设备进行技术改造,因而被广泛应用。

6.3　工业锅炉的热力计算

在前面已经分别介绍了炉内传热和对流受热面传热计算的具体方法。现在介绍的是如何进行锅炉热力计算问题。

锅炉的热力计算按已知的条件和目的来说,可分为设计计算和校核计算两种。以下对这两种计算内容分别作简单介绍。

6.3.1 设计计算

设计计算是在设计新锅炉时常用方法。进行设计计算时一般已知以下条件：

锅炉蒸发量 D(kg/s)；汽包压力 p_{qb}(MPa)；排烟温度 θ_{py}（℃）；

过热蒸汽压力 p_{gr}(MPa)；燃料元素成分；燃烧方法(煤粉或层燃等)；

过热蒸汽温度 t_{gr}（℃）；燃料工业成分分析；

给水温度 t_{gs}（℃）；燃料发热量 $Q_{ar,net,p}$(kJ/kg)。

设计计算一般按以下步骤进行：

1. 根据燃料燃烧方法、受热面布置进行空气平衡计算。

2. 根据各受热面入口、出口过量空气系数计算理论空气量、烟气容积、烟气性质表和焓温表。

3. 根据燃烧方法决定 q_{gt} 及 q_{qt} 的数值，根据排烟过量空气系数 α_{py}、排烟温度 θ_{py} 决定 q_{py}，根据锅炉容量以及燃烧方法确定 q_{hz}，最后决定锅炉效率、燃料消耗量 B 及保热系数 φ 等。

4. 根据所选定的炉膛容积热负荷决定炉膛容积，层燃时还须根据燃烧面积热负荷决定燃烧面面积。

5. 决定燃烧室形状尺寸，并布置水冷壁、凝渣管、屏式过热器等。

6. 选取预热空气温度并进行炉内传热计算。

7. 进行凝渣管的对流换热计算。

8. 求出凝渣管簇后的烟气温度后，进行锅炉总热量分配，看它是否正常，省煤器是否沸腾，沸腾温度是否过高，以及排烟温度的误差是否过高(误差不大于 0.5% 是允许的)。

9. 在热量分配正常情况下，可依次进行过热器、省煤器、空气预热器的计算，并决定各受热面的结构。

6.3.2 校核计算

进行校核计算时一般已知下列数据：

锅炉蒸发量 D(kg/s)；给水温度 t_{gs}（℃）；燃料发热量 $Q_{ar,net,p}$(kJ/kg)；过热蒸汽压力 p_{gr}(MPa)；燃料有关数据；锅炉结构数据；过热蒸汽温度 t_{gr}（℃）；元素成分；汽包压力 p_{qb}(MPa)；工业成分分析。

校核计算按以下程序进行：

1. 根据燃料燃烧方法、锅炉的结构进行空气热平衡计算；燃烧产物的平均特性、热平衡及燃料消耗量和烟气焓温的计算可根据《层状燃烧及沸腾燃烧工业锅炉热力计算方法》、焓温表等相关公式求出，再计算出炉膛的出口烟温，确定炉膛出口辐射热和炉膛热强度。

2. 给定冷空气温度，假定热空气温度和出口温度，可求出受热面入口、出口的过量空气系数，进行理论空气量、烟气量的计算。

3. 根据燃料性质燃烧方法决定 q_{gt} 及 q_{qt}，由锅炉容量决定 q_{lg}。假定 θ_{py} 求出 q_{py}，根据燃料及燃烧方式决定 q_{hz}，然后求出锅炉效率。

4. 假定空气预热器温度，进行炉内传热计算，根据热平衡方程等可计算出理论的预热温度，再与假定值进行比较（如所假定的预热空气温度与最后计算出来的预热温度相差在 ±40 ℃以内，则不必重复计算；否则，重复进行上述步骤，直至结果符合要求）。

5. 依次进行凝渣管簇、过热器、省煤器及空气预热器的校核计算，最后得出预热空气温度和排烟温度，看其与原假定的差别是否在允许范围内，如果在允许误差范围内，则可以认为计算完结。

锅炉的热力计算，不论是设计还是校核计算，都比较复杂，要消耗大量的资源和时间。随着技术的发展，可以采用电子计算技术进行锅炉的热力计算，通过程序编程计算可以大量减少计算时间。在设计锅炉时，可随着结构的改变，同时进行热力计算，对比选择出最优方案。

习题

1. 燃料应用基低位发热量 Q_{dw}^y，每千克燃料带入锅炉的热量 Q_r 和炉内有效放热量三者的区别何在？又有何内在联系？

2. 在其他条件相同时，(1)为什么使用相同燃料，有预热空气的比没有预热空气的理论燃烧温度高？(2)同一燃料应用基水分不同，问什么情况下理论燃烧温度要高？(3)可燃基成分相同的燃料，因干燥基灰分及应用基水分不同，在什么情况下理论燃烧温度要高？(4)是否应用基低位发热量低的燃料理论燃烧温度一定低？(5)炉膛出口过量空气系数对理论燃烧温度有什么影响？

3. 灰污系数 ε、热有效系数 φ、利用系数 ξ 各有什么物理意义？各使用在什么场合？

4. 为什么液体燃料的热有效系数 φ 随烟气流速的增加反而有所减小呢？

5. 对流受热面的计算中为什么空气预热器按平均管径计算受热面？而凝渣管、

过热器、对流管束及省煤器则按外径计算受热面? 烟管则按烟气侧管径计算受热面?

6. 怎样计算烟气到管壁和管壁受热工质的放热系数? 计算管间辐射放热系数时,为什么要采用灰壁温度?

7. 某厂 SZP10-13 型锅炉燃用应用基灰分为 17.74%、低位发热量为 25 522.4 kJ/kg 的煤每小时耗煤 1 544 kg。在运行中测得灰渣和漏煤总质量为 213 kg/h,其可燃物含量为 17.6%,飞灰可燃物含量为 50.2%,试求固体不完全燃挠损失。

8. 某链条锅炉参数和热平衡试验测得的数据列于表 6.5 中,试用正反热平衡方法求锅炉的毛效率和各项热损失。

表 6.5　锅炉参数及热平衡试验数据

序号	项目		符号	单位	数据
1	蒸发量		D	t/h	36.5
2	蒸汽压力		p	MPa	2.63
3	过热蒸汽温度		t_{rq}	℃	400
4	给水压力		p_{gs}	MPa	3.04
5	给水温度		t_{gs}	℃	150
6	排污量		D_{pw}	t/h	0
7	排烟温度		θ_{py}	℃	150
8	冷空气温度		t_{lk}	℃	25
9	灰渣温度		t_{hz}	℃	600
10	排烟成分	三原子气体	RO_2	%	12.2
		氧气	O_2	%	6.9
		一氧化碳	CO	%	0.2
11	灰渣	灰渣量	G_{hz}	t/h	1.19
		可燃物含量	R_{hz}	%	8.8
12	漏煤	漏煤量	G_{lm}	t/h	0.248
		可燃物含量	R_{lm}	%	15.4
13	飞灰中可燃物含量		R_{fh}	%	11.5
14	燃料消耗量		B	t/h	4.96
15	应用基低位发热量		Q_{dw}^y	kJ/kg	22 376.032

（续表）

序号	项目		符号	单位	数据
16	煤的元素分析	碳	C^y	%	58.3
		氢	H^y	%	3.09
		硫	S^y	%	4.34
		氧	O^y	%	0.74
		氮	N^y	%	0.51
		灰分	A^y	%	27.9
		水分	W^y	%	5.12
17	散热损失		q_5	%	1.1

9. 某锅炉房有一台 QXL200 型热水锅炉（无尾部受热面）。正反热平衡试验数据如下，在锅炉房现场得到的数据有：

循环水量 118.9 t/h。燃煤量 599.5 kg/h，进水温度 58.6 ℃。出水温度 75.49 ℃。排烟温度 246.7 ℃，送风温度 16.7 ℃，灰渣量 177 kg/h，漏煤量 24 kg/h，排烟烟气成分 $RO_2 = 11.2\%$，$CO = 0.1\%$ 和灰渣温度为 600 ℃。

在实验室分析得到的数据有：煤的元素成分 $W^y = 6.0\%$，$A^y = 31.2\%$，$V^y = 24.8\%$，$Q_{dw}^y = 18\,401.656$ kJ/kg，灰渣可燃物含量 $R_{hz} = 8.13\%$，漏煤可燃物含量 $R_{lm} = 45\%$，飞灰可燃物含量 $R_{fh} = 44.1\%$。

试求该锅炉的产热量、排烟处的过量空气系数、固体不完全燃烧热损失、排烟热损失（用经验公式）、气体不完全燃烧热损失（用经验公式）、散热损失（查图表）以及锅炉正反热平衡效率。

10. 东北某一采暖锅炉房有 3 台 QXW250-10/130-70-A 型热水锅炉，在额定供热量下运行时，每小时耗煤量计 1 791 kg，经热量计测得燃用煤的应用基低位发热量为 21 497.392 kJ/kg，问这 3 台热水锅炉的平均热效率为多少。

参考文献

［1］工业锅炉热力计算方法编写小组.层状燃烧及沸腾燃烧工业锅炉热力计算方法［M］.上海:上海工业锅炉研究所,1981.

［2］陈学俊,陈听宽.锅炉原理［M］.北京:机械工业出版社,1981.

［3］金定安,曹子栋,俞建洪.工业锅炉原理［M］.西安:西安交通大学出版社,1986.

［4］秦裕琨.炉内传热［M］.北京:机械工业出版社,1981.

［5］张力.锅炉原理［M］.北京:机械工业出版社,2011.

［6］樊泉桂,阎维平.锅炉原理［M］.北京:中国电力出版社,2003.

［7］黄新元.电站锅炉运行与燃烧调整.［M］.北京:中国电力出版社,2003.

［8］张锷,田亮.变负荷运行对炉内辐射换热影响的机理分析［J］.电力科学与工程,2010,26
(9):52-55.

［9］周鸿波,钟崴,徐阳,等.通用工业锅炉热力计算系统的开发与应用［J］.化工机械,2006,
33(5):300-304.

［10］《工业锅炉设计　计算标准方法》编委会.工业锅炉设计计算　标准方法［M］.北京:中
国标准出版社,2003.

第7章 锅炉设备烟风阻力计算

在锅炉燃烧过程中，通常把向炉内供应空气称为送风，把排出烟气称为引风。工业锅炉烟风阻力计算的目的在于计算通风过程的流动阻力，从而选择合适的通风装置，保证燃烧和换热过程的正常进行，使锅炉安全经济地运行。

锅炉在正常运行时，必须连续不断地将燃料燃烧所需的空气送入炉膛，并将燃烧生成的烟气排走，这种连续送风和排除燃烧产物的过程称为锅炉的通风。根据空气或烟气的流动动力不同，通风方式可分为自然通风和机械通风。

自然通风是利用烟囱中热烟气和外界冷空气的密度差所形成的自生抽风力来克服在锅炉及烟风通道中的流动阻力。一般仅适用于烟风阻力不大，无尾部受热面的小型锅炉，如容量在 1 t/h 以下的手烧锅炉等。

对于结构较复杂的、容量较大的锅炉，或设置尾部受热面和除尘装置的锅炉，由于烟风系统流动阻力较大，必须采用机械通风。机械通风是指依靠风机等动力装置来产生压头，克服锅炉通风过程的阻力，也称作强制通风。这种通风系统中除烟囱外还布置了风机，根据风机布置的位置和方式，机械通风分为三种：平衡通风、负压通风、正压通风。工业锅炉以采用平衡通风方式最为普遍。其烟气通道原则性系统如图 7.1 所示。其实，一般来说，只设置送风机就可以保证锅炉内的通风要求，但是利用送风机将空气压入锅炉，在锅炉内只会产生正压，这样烟气会从缝隙中渗出，既污染环境又增大热损失。

平衡通风是在锅炉的烟风系统中同时装设送风机和引风机。利用送风机的压头克服从风道入口到进入炉膛（包括燃烧设备、燃料层）的全部风道阻力；利用引风机的压头克服从炉膛出口到烟囱出口（包括炉膛形成的负压）的全部烟道阻力。在炉膛中保持 19.6～29.4 Pa 的负压。

平衡通风使风道中的正压不大，又使锅炉的炉膛及全部烟道均处在合理的负压下运行（见图 7.1 中烟风道的正负压分布图）。因此，这种通风方式既能有效地调节送、引风，满足燃烧的需要，使锅炉炉膛及烟道处于合理的负压下运行，又能使锅炉房的安全及卫生条件较好。

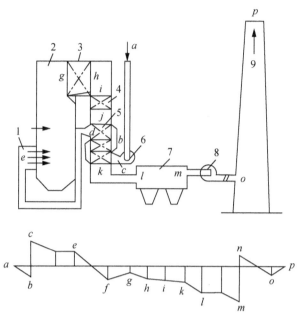

1—燃烧器;2—炉膛;3—过热器;4—省煤器;5—空气预热器;
6—送风机;7—除尘器;8—引风机;9—烟囱。

图 7.1   平衡通风系统及各部位压力分布示意图(平衡通风沿程的风压变化图)

负压通风只装设引风机,此时引风机的压头除了要克服烟道阻力外,还要克服燃料层和炉排阻力。这样,使整个锅炉处于较大的负压下运行,从而会使漏风量增大、炉膛温度降低、热损失增加、锅炉效率降低。这种通风方式只适用于风道、炉排以及料层阻力不大的小型锅炉。

正压通风是在锅炉烟、风系统中只装设送风机,利用其压头来克服全部烟风道的阻力。炉膛处于微正压下运行,提高了炉膛燃烧强度,消除了炉膛、烟道漏风,减少了排烟损失,提高了锅炉的热效率;但要求炉墙、炉门及烟道严密,以防止烟气外泄及污染环境。这种通风方式目前仅在我国某些燃油、燃气锅炉上有所应用。

采用强制通风方式时,仍需建造一定高度的烟囱,这仅仅是为了满足环保的要求,把烟气中的灰粒和有害气体散逸到高空中,以减少附近地区的大气污染。在对大型锅炉设计的同时还要对整个锅炉房的烟风道、除尘设备、煤粉制备系统进行阻力计算,并决定烟囱尺寸。

锅炉的通风阻力计算在锅炉热力计算后进行,在已知锅炉各部位的温度工况、烟风量以及结构特性情况下进行校核计算。计算的目的是:

（1）计算烟风侧的流动阻力,校核锅炉结构设计的合理性。

（2）选择为保证锅炉经济稳定运行所需要的送、引风机。由于现代锅炉结构比较紧凑,对流受热面很多,空气和烟气的流动阻力都很大。对于一般的机械通风火床式工业锅炉,空气侧的阻力为 784.5～1 372.9 Pa,烟气侧阻力可达 1 961.3～2 451.7 Pa,而沸腾炉的空气侧的阻力为 3 922.7～6 864.7 Pa。

7.1　烟风阻力计算的原理和方法

在锅炉中烟道和风道的流动阻力都由两部分组成:沿程摩擦阻力和局部阻力,下面将分别进行分析。

7.1.1　烟风阻力计算原理

当空气或烟气在风道或烟道中流动时,其任意两截面的总压头可用伯努利方程表示:

即
$$p_1 + \frac{\rho\omega_1^2}{2} + \rho g Z_1 = p_2 + \frac{\rho\omega_2^2}{2} + \rho g Z_2 + \Delta h_{ld}$$

$$p_2 - p_1 + \frac{\rho(\omega_2^2 - \omega_1^2)}{2} + \rho g(Z_2 - Z_1) + \Delta h_{ld} = 0 \tag{7.1}$$

式中：p_1、p_2——相对于截面 1、2 处的绝对压力,Pa;

Z_1、Z_2——相对于截面 1、2 处的海拔高度或离某一基准面的高度,m;

ρ——为截面 1、2 处的介质流速,kg/m³;

ω_1、ω_2——相对于截面 1、2 处的介质流速,m/s;

Δh_{ld}——两截面之间的流动阻力,Pa。

任意通道示意图如图 7.2 所示。

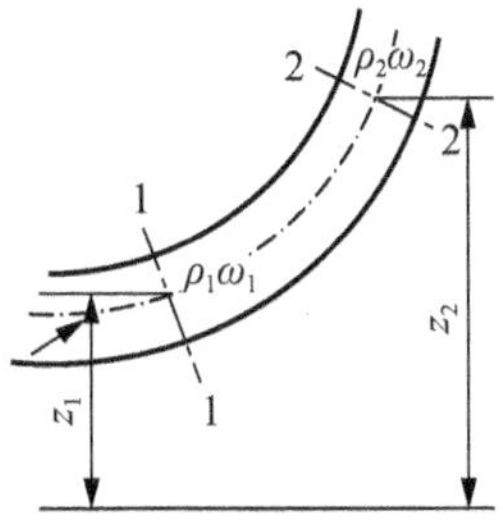

在任一截面处介质的绝对压力 p 等于其表压 h 和大气压 b 之和,即

$$p = h + b = h + b_0 - \rho_k g Z \tag{7.2}$$

图 7.2　任意通道示意图

式中：b_0——海平面大气压力,Pa;

ρ_k——空气密度,kg/m³。

如烟道为负压,则该截面绝对压力等于大气压力减去其真空度 s,即:

$$p = b - s = (b_0 - \rho_k g Z) - s \tag{7.3}$$

由式(7.2)得

$$
\begin{aligned}
p_1 - p_2 &= (h_1 - h_2) + (b_1 - b_2) \\
&= h_1 - h_2 + \rho_k g (Z_2 - Z_1)
\end{aligned}
\tag{7.4}
$$

由式(7.3)得

$$p_1 - p_2 = s_2 - s_1 + \rho_k g (Z_2 - Z_1) \tag{7.5}$$

将式(7.4)和式(7.5)分别代入式(7.1)中,可得任意两截面总压降为:

$$\Delta H = h_1 - h_2 = \Delta h_{ld} + \frac{\rho(\omega_2^2 - \omega_1^2)}{2} - (\rho_k - \rho)g(Z_2 - Z_1) \tag{7.6}$$

$$= \Delta h_{ld} + \Delta h_{sd} + \Delta h_{zs}$$

或

$$\Delta H = s_2 - s_1 = \Delta h_{ld} + \Delta h_{sd} + \Delta h_{zs} \tag{7.7}$$

式中: Δh_{sd} ——由于介质速度变化而引起的压头损失,称速度损失,Pa;

Δh_{zs} ——由于介质密度变化而产生的流动损失,通常叫自生通风力,Pa。

7.1.2　沿程摩擦阻力的计算

在锅炉中,当烟气流过等截面的直管段、冲刷空气预热器时都属于沿程摩擦阻力,其流阻 Δh_{mc} 按下式计算:

$$\Delta h_{mc} = \lambda \frac{l}{d_{dl}} \frac{\rho \omega^2}{2} \tag{7.8}$$

式中: λ ——沿程摩擦阻力系数,取值如表7.1所示;

l ——通道长度,m;

ω ——气流速度,m/s;

ρ ——被输送气体的密度,kg/m³;

d_{dl} ——通道截面的当量直径,m。

当管道非圆形时,

$$d_{dl} = \frac{4F}{U} = \frac{4 \times 气流流通面积}{气流冲刷的总周界} \tag{7.9}$$

表 7.1　摩擦阻力系数 λ

管道种类	λ
纵流冲刷光滑管束	0.03
屏式受热面	0.04
无耐火衬的钢制通风道	0.02
有耐火衬的钢制通风道	0.03
铁、砖砌或混凝土制烟筒	0.03

对于非等温气流存在热交换，因介质密度、黏度沿通道长度和截面都发生变化，对计算公式应作如下修正：

$$\Delta h_{\mathrm{mc}} = \lambda \frac{l}{d_{\mathrm{dl}}} \frac{\rho \omega^2}{2} \left[\frac{2}{\sqrt{\dfrac{T_{\mathrm{b}}}{T}} + 1} \right]^2 \tag{7.10}$$

式中：T、T_{b}——分别为介质及管壁的平均温度，K。

7.1.3　局部阻力的计算

在气流流动过程中，气流由于方向的改变或者截面的变化，也会有流阻，即所谓局部阻力。由于局部阻力而产生的压降与气流的动压成正比：

$$\Delta h_{\mathrm{jb}} = \zeta \frac{\rho \omega^2}{2} \tag{7.11}$$

式中：$\dfrac{\rho \omega^2}{2}$——动压头，Pa；

ζ——局部阻力系数。

局部阻力系数 ζ 由试验确定，它只取决于通道的几何形状，而与雷诺数无关。常用的由于流通截面变化或弯头而引起的局部阻力，其阻力系数 ζ 都已计算求得，在计算时可参考《锅炉设备空气动力计算（标准方法）》及相关资料。

由于烟气的可压缩性，在计算时 ρ 需要修正：

$$\rho = 1.293 \times \frac{273}{273 + \theta} \tag{7.12}$$

式中：θ——气体实际温度，℃。

对于通道截面由小变大的扩压式弯头，弯头后的直管无稳流器或弯头后的直管段长度小于管道当量直径的 3 倍时,均应将局部阻力的计算结果增大 1.8 倍。

7.2 烟道阻力计算

烟道阻力是按锅炉的额定负荷进行校核计算的,是在已知烟道各部分受热面的烟气温度、烟气流速、烟道有效截面积和其他结构特性的基础上进行的。在进行烟道的阻力计算时,要沿烟气流程依次进行,从炉膛管束开始,对各部分受热面和烟道本身阻力进行计算,确定出除尘器和烟筒阻力,求得烟道的总压降,并据此选择引风机的型号及电动机的功率。下面就锅炉内不同构件的阻力计算进行分析。

7.2.1 锅炉管束

防渣管是由后墙水冷壁管在烟窗出口处增大间隔组成,当排数 $Z \leqslant 5$,而烟速 $\leqslant 10$ m/s 时,其阻力可忽略不计。当排数或烟速超过上述数值时,则按横向冲刷计算阻力。

锅炉管束的阻力一般由横向冲刷管束阻力或纵向冲刷管束阻力以及管束内部转弯阻力组成。如果横向冲刷的管束既有顺列又有错列,那么应分别计算它们的阻力再相加。

气流横向冲刷光管的阻力损失与管的排列形式有关,其计算式为:

$$\Delta h = \xi \frac{\omega^2}{2} \rho \tag{7.13}$$

式中,顺列管束的阻力系数为 $\xi = \xi_0 Z_2$,错列管的阻力系数为 $\xi = \xi_0 (Z_2 + 1)$。

7.2.2 过热器

过热器是由小直径的管子组成的蛇形管束。其阻力有横向冲刷或纵向冲刷阻力及管束中烟气 90° 转弯的阻力。在炉膛出口的屏式过热器,由于平的横向间距大、片数少,其流动阻力可以忽略不计。对于布置在水平烟道内的屏式受热面,当烟速大于 10 m/s 时,按纵向冲刷进行计算,摩擦阻力系数约为 0.04。

7.2.3　省煤器

对光管省煤器,按烟气横向或纵向冲刷时的阻力计算。对于鳍片式省煤器按其结构特点,阻力计算可按鳍片管横向冲刷管束计算。对于铸铁省煤器,可按近似简化公式计算。

$$\zeta = 0.5Z_2 \tag{7.14}$$

式中:Z_2 为沿气流方向放行鳍片铸铁省煤器的管排数。利用此式计算时,ζ 值中已包括了积灰修正系数 $k = 1.2$。

7.2.4　空气预热器

烟气在冲刷立式空气预热器时,其烟气侧阻力由管内摩擦阻力及管子进出口局部阻力所组成,而进出口阻力系数为 $\xi = \xi' + \xi''$。

则有:

$$\Delta h = \Delta h_{mc} + \Delta h + \Delta h_{mc}(\xi' + \xi'') \tag{7.15}$$

式中:ξ'、ξ''——分别为进口、出口局部阻力系数。

烟气在冲刷回转式空气预热器时,其流阻按下式计算:

$$\Delta h = \lambda \frac{l}{d_{dl}} \frac{\omega^2}{2} \rho \tag{7.16}$$

式中:λ——摩擦阻力系数;

　　　d_{dl}——当量直径,m;

　　　ω——气流速度,m/s;

　　　l——蓄热板垂直高度,m。

7.2.5　烟道

烟道是指从炉膛到空气预热器,从空气预热器到除尘器,以及从除尘器到烟囱的所有烟气通道。其中从除尘器到引风机再到烟囱进口的烟道按引气机处的烟气流量和烟温计算;从尾部受热面到除尘器的烟道阻力按锅炉热力计算的排烟流量及温度进行计算;如无除尘器时,从尾部受热面到引风机的烟道亦按引风机处的烟气温度和流量计算。

引风机处的烟气量为:

$$V_{yf} = B_j(V_{py} + \Delta\alpha V_k^\circ)\frac{\theta_{yf} + 273}{273} \tag{7.17}$$

引气机处烟温为：

$$\theta_{yf} = \frac{\alpha_{py}\theta_{pf} + \Delta\alpha t_{lk}}{\alpha_{py} + \Delta\alpha} \tag{7.18}$$

式中：V_{py} ——在尾部受热面后的排烟容积，m^3/kg；

$\Delta\alpha$ ——尾部受热面后烟道中的漏风系数，对砖烟道每 10 m $\Delta\alpha = 0.05$；对钢烟道每 10 m $\Delta\alpha = 0.01$；对旋风除尘器 $\Delta\alpha = 0.05$；对电除尘器 $\Delta\alpha = 0.1$；

θ_{yf} ——引风机处的烟气温度，℃；

α_{py} ——排烟的过量空气系数；

θ_{pf} ——排烟的温度，℃；

t_{lk} ——冷空气温度，℃。

7.2.6 除尘器

除尘器阻力与其形式和结构有关，其阻力数值可从产品说明书上查到或依据表 7.2 进行计算。

表 7.2 各种除尘器的各种参数

设备形式	流速 /(m·s⁻¹)	效率 /%	阻力 /Pa	设备形式	流速 /(m·s⁻¹)	效率 /%	阻力 /Pa
重力除尘器	0.5~1.5	40~60	50~100	湿式除尘器	13~18	80~90	300~700
静电除尘器	1~2	99	100~200	旋风除尘器	15~20	70~90	500~1 000
惯性除尘器	10~15	60~65	400~500	过滤除尘器	0.5~1.0	80~99	1 000~2 000

7.2.7 烟囱

烟筒的阻力由沿程摩擦阻力和出口局部阻力组成。

1. 烟囱沿程阻力

$$\Delta h_{mc} = \frac{\lambda}{8i}\frac{\rho\omega^2}{2} \tag{7.19}$$

式中：λ ——摩擦阻力系数，按表 7.1 选取；

$\qquad$ ω ——烟筒出口处烟气流速，m/s；

$\qquad$ i ——烟筒锥度，通常为 0.02～0.03。

2. 烟囱出口阻力

$$\Delta h_{jp} = \xi \frac{\rho \omega^2}{2} \tag{7.20}$$

式中：ξ ——烟筒出口阻力系数，约为 1.1。

7.2.8 烟道全压降

1. 对阻力的修正

计算烟道各部分阻力时，均是以标准大气压及 0 ℃时的干空气进行的，因此，应对烟气密度、气流灰分浓度及烟气进行修正。

（1）烟气密度修正是将全部烟道总阻力乘 $M_\rho = \dfrac{\rho_y^\circ}{1.293}$。

（2）若烟气中含灰量较大，也会影响烟气的密度，其只对除尘器前的含尘量大的阻力进行修正，即在 $4\,187\dfrac{\alpha_{fh}A^y}{Q_{d\omega}^y} > 6$ 时，需进行含灰量的修正（除尘器后，因灰分浓度很小，可以不计）。

炉膛到除尘器之间的烟道总阻力只能用飞灰重量浓度 μ 修正：

$$\mu = \frac{A^y a_{fh}}{100 \rho_y^\circ V_{ypj}} \tag{7.21}$$

式中：ρ_y° ——烟气在标准大气压下的密度，kg/m³；

$$\rho_y^\circ = \frac{1 - 0.01A^y + 1.306\alpha_{pj}V_k^\circ}{V_y} \tag{7.22}$$

$\quad V_{ypj}$ ——炉膛出口到除尘器的平均过量空气系数下的烟气容积，kg/m³；

$\quad a_{fh}$ ——飞灰量占燃料总灰量的份额；

$\quad V_y$ ——该段烟气容量，m³/kg。

（3）烟气压力修正，考虑烟气平均压力与大气压之差，可对全烟道总阻力乘 $\dfrac{101\,325}{b_y}$，b_y 为烟气平均压力。图 7.3 显示平均大气压力随海拔

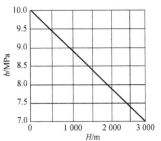

图 7.3 平均大气压力随海拔高度的变化关系

高度的变化关系。

$$b_y = \left(b - \frac{\sum \Delta h}{2} \right) \tag{7.23}$$

式中：b——当地平均大气压，Pa。

在一般锅炉中，$\sum \Delta h \leqslant 3\,000$ Pa，则可取。海拔不超过 200 m，则采用 $b = 101\,325$ Pa。

烟气流动总阻力计算式为：

$$\Delta H_{la}^y = \left[\sum \Delta h_1 (1 + \mu) + \sum \Delta h_2 \right] \frac{\rho_y^\circ}{1.293} \frac{101\,325}{b_y} \tag{7.24}$$

式中：$\sum \Delta h_1$——从炉膛出口到除尘器的总压力，Pa；

$\qquad \sum \Delta h_2$——除尘器后的阻力，Pa。

对层燃炉、气炉和油炉，烟气含尘浓度较低，可不考虑灰分浓度的影响，所以取 $\mu = 0$。

2. 自生通风力的计算

在锅炉垂直烟道中，烟气温度要比周围空气温度高，并且热空气的密度比冷空气的小，而这种密度差会产生通风压头，称为烟道内的自生通风力。

各级烟道的自生通风力，包括强制引风的烟囱在内，可由下式计算

$$h_{zs} = (\rho_k - \rho_y) g (Z_2 - Z_1) \tag{7.25}$$

若周围空气为 20 ℃，$\rho_k = 1.2$ kg/m^3，则烟道自生通风力可按下式计算：

$$h_{zs}^y = \pm H g \left(1.2 - \rho_y^\circ \frac{273}{273 + \theta_y} \right) \tag{7.26}$$

式中：H——计算烟道初、终截面之间的上下标高差，m；

$\qquad \theta$——计算烟道的烟气平均温度，℃；

$\qquad \rho_y^\circ$——标准状态下烟气的密度。

3. 烟道的总压降

$$\Delta H_y = h_y'' + \Delta H_{ld}^y - H_{zs}^y \tag{7.27}$$

式中：h_y''——平衡通风时炉膛出口处必须保持的真空度，它由燃料种类、炉子形式和燃烧方式而定。

机械通风时，h_y'' 一般为 20~40 Pa，自然通风时通常为 40~80 Pa，一般炉膛

负压 h_y'' 是指位于炉膛最高点的烟气出口处,若烟气出口在炉膛下部,则

$$h_y'' \approx (20 \sim 40) + 0.95 H'' g \tag{7.28}$$

式中: H''——炉膛最高点到烟气出口截面中心的垂直距离,m。

在上述计算各部分阻力时,介质均是采用标准状态时洁净干空气($p_0 =$ 101.325 kPa,密度 $\rho_0 = 1.293$ kg/m³)进行的。烟道实际阻力还应对上述计算结果进行烟气压力、烟气密度和气流中的飞灰浓度的修正。

7.3　风道阻力计算

风道阻力包括冷风道、空气预热器、热风道和燃烧设备区段的阻力。它的计算也是基于锅炉的额定负荷,所需要的原始数据都来自热力计算结果。其中冷热空气流量按下式计算:

冷空气流量

$$V_{lk} = B_j V_k°(\alpha_1'' - \Delta\alpha_1 + \Delta\alpha_{ky})273 + t_{lk}/273 \tag{7.29}$$

热空气流量

$$V_{rk} = B_j V_k°(\alpha_1'' - \Delta\alpha_1)(273 + t_{lk})/273 \tag{7.30}$$

7.3.1　燃烧设备空气阻力

燃烧设备空气阻力可分为两种:

1. 室燃炉

燃烧器喷射二次风的阻力(包括出口速度损失)

$$\Delta h = \xi\rho\omega_2^2/2 \tag{7.31}$$

式中: ξ——燃烧器局部阻力系数,可参阅有关资料而定。

2. 层燃炉

通过炉排和煤层的阻力取决于炉子形式和燃煤种类及其粒度,一般为 400~800 Pa。

各种锅炉及煤种的阻力损失值如表 7.3 所示。

表 7.3　各种锅炉及煤种的阻力损失　　　　　单位:Pa

炉型	煤种	Δh_r	炉型	煤种	Δh_r
手烧炉	烟煤	800	抛煤机链条炉	烟煤	500
	无烟煤	1 000		页岩	600
链条炉	烟煤	800	抛煤机转动炉	烟煤	800
	无烟煤	1 000		无烟煤	1 000

7.3.2　空气预热器阻力

对于管式空气预热器,空气一般是在管外横向冲刷错列管束,其计算方法和前面一样,只是要另外计算连接各段预热器之间的风道的阻力。连接风道的阻力按局部阻力计算,计算结果并入空气预热器总阻力中。

各部分阻力总和及风道总阻力,如当地海拔超过 200 m 时,需计入大气压力的修正,即:

$$\Delta H_{ld}^{k} = \sum \Delta h\, 101\,325 / b_k \tag{7.32}$$

回转式空气预热器的空气侧阻力计算方法与烟气侧计算完全相同,按摩擦阻力计算。空气预热器风道阻力计算完成后,还需要乘受热面的修正系数。

7.3.3　风道的自生通风力

当大气温度为 20 ℃时,其计算式为:

$$h_{zs}^{k} = \pm Hg(1.2 - \rho_k) = \pm Hg[1.2 - 1.293 \times 273/(273 + t_k)]$$

$$= \pm Hg[1.2 - 353/(273 + t_k)]$$

$$\tag{7.33}$$

式中:ρ_k——计算风道温度下的热空气密度。空气向上流动为正,向下流动为负。

计算时,通常把风道分为两个部分:一是空气预热器,计算高度为冷空气进口与热空气出口标高差;二是全部热风道,计算高度为空气预热器出口与燃烧器中心或炉排面之间的标高差,两者之和即为整个风道的总自生通风力 H_{zs}。热风道不考虑散热损失引起的温降。

7.3.4　风道的全压降

$$\Delta H^k = \Delta H_{ld}^k - H_{zs}^k - h'_1 \tag{7.34}$$

式中：h'_1——空气进口处炉膛真空度，其值近似计算式为 $h'_1 = h''_1 + 0.95H'g$；

　　　h''_1——烟道计算中炉膛出口处真空度，一般为 $h''_1 = 20$ Pa；

　　　H——由空气进口到炉膛出口中心间的垂直距离。

风道总阻力 ΔH_{ld}^k 在当地海拔超过 200 m 时，要考虑大气压力的影响，并对其进行修正，即

$$\Delta H_{ld}^k = \frac{101\,325}{b_k} \sum \Delta h \tag{7.35}$$

式中：$\sum \Delta h$——各风道及燃烧器计算总阻力；

　　　b_k——风道中空气平均压力，当 $\sum \Delta h > 3\,000$ Pa 时

$$b_k = b + \frac{\sum \Delta h}{2} \tag{7.36}$$

b——当地平均大气压，按图 7.3 查取。当 $\sum \Delta h \leqslant 3\,000$ Pa 时，取 $b_k = b$。

7.4　烟囱计算

7.4.1　锅炉烟囱的功能

在锅炉的通风方式中，小容量锅炉采用自然通风时，烟囱的作用是利用烟囱中热烟气与大气的低温空气之间的密度差产生的自生通风力来克服锅炉通风过程中的阻力，以满足锅炉通风系统的要求。采用强制通风时，克服锅炉通风阻力则是依靠风机所产生的压头。此时，烟囱的作用是把烟气中的颗粒物和有害气体散逸到高空之中，通过大气的稀释能力降低污染物的浓度。

从对环境影响的角度来看，烟囱高度越高，烟气中的有害污染物扩散的程度越大，其对环境的危害程度越小。如图 7.4 所示，下风处的污染物浓度，高烟囱地面烟气浓度比低烟囱要小，即 $C(h_2) < C(h_1)$。只有距离烟囱相当长距离后两条曲线才逐渐接近。

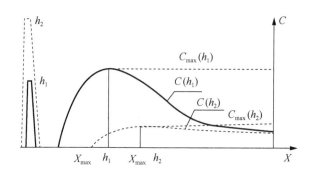

图 7.4　烟囱高度对地面污染物的影响

　　虽然高烟囱对稀释污染物浓度非常有利,但烟囱达到一定高度后再增加,对污染浓度的降低已不明显。但不可忽视的是,建设过高的烟囱对企业投资是一种负担,因为烟囱的造价大体上与烟囱高度的平方成正比。因此,选择合适的烟囱高度很重要。

　　因此设计烟囱时应合理确定烟囱的高度。根据《锅炉大气污染物排放标准》(GB 13271—2014)可知:燃煤、燃油、燃气锅炉的烟气黑度(林格曼黑度)均小于等于 1 级;在重点地区,燃气锅炉的大气污染特别排放限值颗粒物浓度为20 mg/m³、二氧化硫浓度为 50 mg/m³、氮氧化物浓度为 150 mg/m³;污染物排放监控位置为烟囱或烟道。另外规定燃气锅炉不低于 8 m,新建锅炉房的烟囱周围半径 200 m 距离内有建筑物时,其烟囱应高出最高建筑物 3 m 以上。

7.4.2　烟囱的自生通风力

　　采用自然通风时必须仔细计算烟囱的自生通风力,以使设计的锅炉能够正常运行。其计算式如下:

$$h_{zsyc} = H_{yc} g(\rho_k - \rho_y) \qquad (7.37)$$
$$= H_{yc} g[\rho_k^\circ 273/(273 + t_k) - \rho_y^\circ 273/(273 + \theta_{yc})]$$

式中:H_{yc}——烟囱高度,m;

　　　ρ_k°,ρ_y°——分别为在标准状态下空气和烟气的密度;

　　　$\rho_k^\circ = 1.293$ kg/m³,$\rho_y^\circ = 1.34$ kg/m³;

　　　ρ_k——大气压下空气密度,kg/m³,$\rho_k = 352/(273 + t_k)$;

　　　ρ_y——烟囱内烟气平均密度,kg/m³;

　　　θ_{yc}——烟囱内烟气平均温度,℃。

烟囱内平均温度可由下式计算:

$$\theta_{yc} = \theta' - \frac{1}{2} H_{yc} \Delta\theta \tag{7.38}$$

式中：θ' ——烟气进入烟囱的温度，℃；

$\Delta\theta$ ——烟气温度在烟囱中的冷却系数，℃，取值见表 7.4。

表 7.4　烟气在各种烟囱中的冷却系数

烟筒形式	$\Delta\theta$
未加耐火砖的铁烟囱	$1.05/\sqrt{D}$
加耐火砖的铁烟囱	$0.42/\sqrt{D}$
小型砖烟囱	$0.21/\sqrt{D}$
大型砖烟囱	$0.105/\sqrt{D}$

注：D ——通向所计算的烟囱的锅炉的额定容量的总和。

7.4.3　烟囱高度及出口直径计算

1. 高度计算

（1）自然通风时，则烟道内的全部阻力均靠烟囱和自生通风力克服，此时烟囱高度必须满足下式要求：

$$h_{zsyc}b/101\,325 - \Delta h_{yc}(\rho_y^\circ/1.293)(101\,325/b) \geqslant 1.2\Delta H'_y \tag{7.39}$$

式中：h_{zsyc} ——烟囱的自生通风力，Pa；

Δh_{yc} ——烟囱总阻力，包括摩擦阻力和出口阻力，Pa；

$\Delta H'_y$ ——烟道的总阻力，其中不包括烟囱本身的自生通风力和烟囱的总阻力，Pa；

1.2 ——储备系数；

$b/101\,325$ ——自生通风力与 ρ 成正比，ρ 与 b 成正比，所以其为修正系数。

烟囱阻力与烟速平方成正比，而烟速与密度成反比（质量流量不变），则阻力 Δh_{yc} 与 ρ 成反比，即与 b 成反比。由式（7.37）及式（7.38）可得烟囱高度：

$$H_{yc} = \frac{1.2\Delta H'_y + \Delta h_{yc}\rho_y^\circ 101\,325 \div b \div 1.293}{g(\rho_k - \rho_y^\circ 273/273 + \theta_{yc})\dfrac{b}{101\,325}} \tag{7.40}$$

（2）机械通风时，烟囱的作用主要是将烟尘排至高空扩散，减轻对环境的污染。烟囱高度设计应该满足的要求是保证排放物质造成的地面污染物最大浓度小于国家相关标准，同时要考虑经济性要求。

这里假设地面污染物的最大浓度为 h，国家规定的排放标准浓度为 C_o，当地的原有污染物浓度为 C_b。若把风沿水平方向运动的坐标设为 x，则有

$\sigma_z/\sigma_y =$ 常数，取 $0.5\sim1.0$ 时

$$h \geqslant \sqrt{\frac{2q\sigma_z}{\pi eu(C_o - C_b)}} - \Delta h \tag{7.41}$$

当 $\sigma_y = \gamma_1 x^{a_1}$，$\sigma_z = \gamma_2 x^{a_2}$ 时

$$h \geqslant \left[\frac{q\alpha^{a/2}}{\pi u\gamma_1\gamma_2^{1-\alpha}(C_o - C_b)}\exp\left(-\frac{\alpha}{2}\right)\right]1/\alpha - \Delta h \tag{7.42}$$

式中：q——污染物质排放量，$\mu g/s$，当浓度 C 单位用 mg/m^3 时；

σ_y、σ_z——分别为 y 及 z 方向的扩散参数，m；

α_1、α_2、γ_1、γ_2——与气象条件有关的扩散系数，$\alpha = 1 + (\alpha_1/\alpha_2)$；

u——平均风速，m/s。

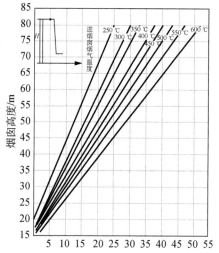

图 7.5　烟囱底部 $A-A$ 处有效负压与烟囱高度的关系

计算烟囱高度时，必须考虑负压，如图 7.5 所示。对于估算高度小于 40 m 的烟囱，按烟道计算阻力增大 $20\%\sim30\%$；估算高于 40 m 的烟囱，阻力增大 $15\%\sim20\%$。

工业锅炉中的火床炉，可根据蒸发量按表 7.5 取。对于煤粉炉，烟囱高度应不低于 45 m。

表 7.5　火床炉烟囱高度推荐值

蒸发量/(t/h)	烟囱高度/m	蒸发量/(t/h)	烟囱高度/m
<4	20	9~15	30
5~8	25	>16	45

如果计算所得的高度小于表 7.5 推荐值，可不采用表中的数据。

2. 出口直径的计算

烟囱的出口直径可按下式计算：

$$d = 1.128\sqrt{\frac{V_{yt}}{\omega_2}} \tag{7.43}$$

式中：V_{yt}——烟囱的烟气流量，m^3/s；

　　　ω_2——烟囱出口的烟气流速，不低于 2 m/s，一般为 2.5～4.5 m/s，以免冷风倒灌。

式(7.43)计算的烟囱直径只作为参考值，详细的数值可参考《工业炉设计手册》。

习题

1. 锅炉通风的任务是什么？通风方式有哪几种？它们各有什么优缺点？适用于什么场合？

2. 在机械通风及自然通风的锅炉中烟囱各起什么作用？烟囱的高度是根据什么原则来确定的？

3. 管式空气预热器连接风道的两个转弯什么情况下按两个 90°转弯来计算？什么情况下只能按一个 180°转弯来计算？为什么？计算流速所取用的截面为什么按调和数列的中项来计算？

4. 在计算出烟风道的全压降后，如何确定选择送引风机的流量和压头？怎样选用送引风机和配用的电动机？

5. 某锅炉房装有 3 台 4 t/h 的锅炉，每台锅炉计算耗煤量 $B_j=717$ kg/h，排烟温度 $\theta_{py}=200$ ℃，排烟处烟气容积 $V_y=10.33$ m^3/kg，锅炉本体及烟道总阻力约为 343 Pa，冷空气温度 25 ℃，当地大气压为 0.102 5 MPa。若此锅炉房已有一个高度为 35 m，上口直径为 1.5 m 的砖烟囱（$i=0.02$），试核算此烟囱能否满足锅炉克服烟气侧阻力的需要（计算时不考虑烟气在烟道及烟囱中的温度降，也不考虑在烟道及烟囱的漏风），并按锅炉房总蒸发量来核算此烟囱高度是否符合环保要求（$h_{zs}^{yz}=143$ Pa，$1.2\Delta H_y'+\Delta h_{yz}=431$ Pa，故烟囱不能满足克服烟气侧阻力的需要，需装设引风机。$D=12$ t/h，环保要求烟囱高度为 40 m，故烟囱高度不能满足环保要求）。（注：h_{zs}^{yz} 为烟囱的自生通风力，Δh_{yz} 为烟囱总阻力）

6. 某工厂有 3 台 2 t/h 的蒸汽锅炉，锅炉本体及烟道总阻力为 127 Pa，每台锅炉计算耗煤量为 291 kg/h，排烟温度为 180 ℃，排烟处烟气容积为 11.40 m^3/kg，冷空气温度为 25 ℃，当地大气压为 0.101 06 MPa。若 3 台锅炉合用一个砖烟囱进行自然通风，试确定烟囱高度及上下口直径大小（计算时不考虑烟气在烟道及烟囱中的温度降，也不考虑在烟道及烟囱的漏风，且烟囱坡度 $i=0.02$，烟囱出口烟气流速为 6 m/s）。

[$d_2=1$ m，$d_1=3$ m，H_{yc}（烟囱高度）$=50$ m]

参考文献

［1］李之光,范柏樟.工业锅炉手册[M].天津:天津科学技术出版社,1988.

［2］清华大学电力工程系锅炉教研组.锅炉原理及计算[M].北京:科学出版社.1979.

［3］周懿,钟崴,童水光.通用锅炉烟风阻力计算系统的研究与开发[J].电站系统工程,2008,24(6):20-22.

［4］赵淑珍,刘宗信.大型锅炉房系统的设计与研究[J].天然气与石油,2011,29(2):75-78.

［5］南沛林.高原大气压下对锅炉热力和烟风阻力计算方法的探讨[J].中国锅炉压力容器安全,1997,13(4):25-29.

［6］冷杰,徐宪斌,纪宏舜,等.关于降低烟风系统阻力提高锅炉出力方法的探讨[J].东北电力技术,1997,18(1):14-15.

［7］姜任秋,赵鑫,李彦军,等.舰用增压锅炉烟风阻力计算方法研究[J].哈尔滨工程大学学报,2004,25(5):566-568.

［8］张盛渝,乐秀泉.气煤混烧锅炉理论烟风量简便计算[J].余热锅炉,1996(4):22-26.

［9］李宏.锅炉房设计中烟道、烟囱的选择与计算[J].内蒙古煤炭经济,2010(6):66-67.

［10］兰涛,张晓瑜,武征,等.锅炉烟囱高度设置合理性论证的实例分析[J].环境科学与管理,2011,36(2):158-163.

［11］吴味隆,等.锅炉及锅炉房设备[M].5版.北京:中国建筑工业出版社,2014.

［12］刘静.锅炉烟囱高度和内径合理性论证[J].资源节约与环保,2018(12):7-8.

［13］中华人民共和国环境保护部,国家质量监督检验检疫总局.锅炉大气污染物排放标准:GB 13271—2014[S].北京:中国环境科学出版社,2014.

［14］王秉铨.工业炉设计手册[M].3版.北京:机械工业出版社,2010.

［15］同济大学.锅炉及锅炉房设备[M].2版.北京:中国建筑工业出版社,1986.

第8章 锅炉受压元件强度计算

8.1 锅炉受压元件材料

锅炉压力容器虽不像一般传动机械那样易磨损,也不像高速发动机那样承受着很高的疲劳载荷,但这类设备常遇到水冷壁受热不均或受热强度过高,下降管带汽,上升系统的流动阻力过大,水冷壁结垢等情况,一旦发生事故导致爆炸就具有极大的破坏力。因为锅炉、压力容器内贮有压力的气体或液体,爆炸时内部介质瞬间释放大量的能量,这些能量除将锅炉中压力容器炸成碎块,以很高的速度抛出外,大部分还会产生冲击波,直接破坏周围的设施。

例如 1993 年 3 月 10 日,浙江省宁波市某发电厂一号机组发生一起特大锅炉炉膛爆炸事故,造成 23 人死亡,8 人重伤,16 人受伤,直接经济损失 778 万元。该机组停运 132 天,少发电近 14 亿 kW·h。锅炉压力容器的安全运行是必须重视的问题,需要定期开展检验和维护工作,避免给国家工业资源造成损失,给周围人的生命财产安全和自然环境造成无法挽回的巨大损害。随着我国经济的不断发展和进步,锅炉压力容器在工业领域的应用越来越普遍,保有量逐年增长。锅炉压力容器的安全运行已经成为不可忽视的问题。

与普通压力容器相比,锅炉受压元件上常开设大量的管孔并与复杂的管路系统相连接,除承受压力外还要受到高温烟气的冲刷和辐射,壁温高,应力状态复杂,工作条件恶劣,如图 8.1 所示。锅炉受压元件在工作中一旦因强度问题而失效,轻则被迫停炉,重则造成

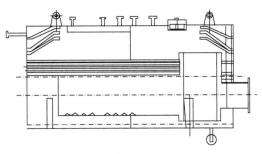

图 8.1　WNS 系列锅炉受压元件结构图

灾难性后果;此外,如果为了安全而一味地增加元件厚度,又会浪费大量钢材,增加不必要的资金投入。因此用于制造锅炉的受压元件材料必须有足够高的强度、韧性、塑性及抗疲劳和抗腐蚀能力。

8.1.1 受压元件钢材的机械性能

锅炉受压元件机械性能包括强度特性、塑性、韧性及疲劳特性等。温度对钢材的机械性能有很大的影响。

1. 强度特性

对于高温元件,强度特性用钢材的持久强度 σ_D^t 表示。持久强度是指在一定的温度下经历指定的工作期限(通常为 10^5 h)后,不引起蠕变破坏的最大应力。图 8.2 为典型的蠕变曲线。图中可以看出,蠕变过程包括三个阶段:初始阶段(第一阶段)、稳定蠕变阶段(第二阶段)、加速蠕变阶段(第三阶段)。

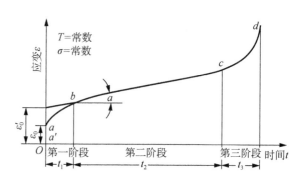

图 8.2 锅炉钢的蠕变曲线

2. 塑性特性

钢材的塑性大小一般用延伸率 δ_5 和截面收缩率 Ψ 来表示。材料的塑性大小不仅影响其工艺性能,而且也关系到元件强度。此外,塑性的大小也可表明材料的质量,例如当材料有缺陷时,δ_5 和 Ψ 就会下降。锅炉钢材标准对塑性做了最低要求,即 δ_5 不得低于 18%。

3. 韧性特性

韧性特性是指材料在断裂前吸收塑性变形能量的能力。韧性好的材料不易发生脆性破坏,事实上许多事故都是由脆性破坏引起的。锅炉的脆化形式主要有冷脆性、热脆性、氢脆及苟性脆化。

4. 低调疲劳强度

锅炉主要受压元件在启停过程中,不可避免地要发生压力和温度波动,从而使材料产生低调疲劳。低调疲劳的循环频率很低(低于 0.5 Hz),但幅值很大(接近或超过疲劳极限),循环次数一般在 10^5 以下。

5. 温度对材料机械性能的影响

随着温度的升高，各种钢材的屈服极限都会单调地降低，但抗拉强度会在某一温度时上升到最高值，然后再降低，此温度称为材料的蓝脆温度。图 8.3～图 8.6 分别是材料的机械性能随温度变化的曲线。

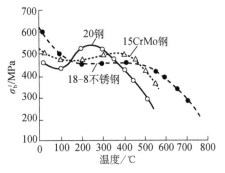

图 8.3　抗拉强度随温度的变化曲线

图 8.4　屈服极限随温度的变化曲线

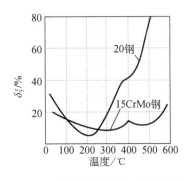

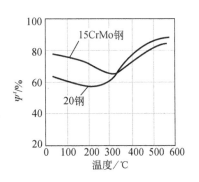

图 8.5　延伸率随温度的变化曲线　图 8.6　截面收缩率随温度的变化曲线

8.1.2　锅炉受压元件常用钢材

用于制造锅炉受压元件的常用钢材有多种分类方法。按冶炼方法可分为镇静钢、沸腾钢、半镇静钢；按化学成分可分为碳钢和合金钢两大类。碳钢又可分为低碳钢（$w_C < 0.25\%$）、中碳钢（$w_C = 0.25\% \sim 0.6\%$）和高碳钢（$w_C > 0.6\%$）；合金钢主要有低合金钢（合金含量小于 5%）。这些钢又可分为板材和管材。这些钢材的化学成分、机械性能及适用范围请参阅《锅炉强度计算标准应用手册》。对于锅壳锅炉钢结构用钢为 GB/T 700、GB/T 1591、GB/T 3077 和 GB/T 5313 规定的材料，对于水管锅炉参阅国家标准 GB/T 16508.2－2013 锅壳锅炉材料要求。

8.2 受压部件强度计算主要参数

锅炉受压元件的主要失效方式包括塑性破坏、蠕变破坏、脆性破坏、疲劳破坏等。由于制造锅炉受压元件的材料一般具有良好的塑性变形和韧性，不易发生脆性破坏，因此主要通过防止塑性破坏的方法来保证元件的安全，即限制元件内的当量应力，使其小于或等于材料的许用应力。事实证明，这样的计算方法是能够基本保证锅炉受压元件的安全的。受压元件强度计算的主要参数包括许用应力、计算压力和计算壁温等。为保证锅炉运行条件下的安全，还需要满足工艺性能、高温性能和抗疲劳性方面的要求。

8.2.1 许用应力及安全系数

为保证锅炉压力容器安全持续运行，必须使元件截面上的最大工作应力比材料在元件工件温度 t ℃下的极限应力小得多，因此用以确定受压元件在工件条件下所允许的最小壁厚及最大承受压力时的应力叫作许用应力，用符号来表示。我国"水管锅炉受压元件强度计算"参照国家标准 GB/T 16507.4－2013 和"锅壳锅炉设计与强度计算"参照国家标准 GB/T 16508.3－2013 规定元件的许用应力按下式计算

$$[\sigma] = \eta [\sigma]_j \tag{8.1}$$

式中：η——元件许用应力的修正系数，其值取决于元件的种类和工作环境，可以在相应的锅炉受压元件强度计算标准中查到；

$[\sigma]_j$——材料基本许用应力。

8.2.2 压力计算

受压元件计算中所取的压力称为计算压力，而元件在设计工况下正常工作时的压力称为工作压力。由于锅炉在运行中可能出现超压现象，因此元件的计算压力应高于其正常工作压力。水管锅炉受压元件按下式计算：

$$p = p_g + \Delta p_a \tag{8.2}$$

其中 p_g 为所计算元件工作压力,按下式计算:

$$p_g = p_e + \Delta p_a + \Delta p_{sz} \qquad (8.3)$$

式中:p_e ——锅炉额定压力;

Δp_{sz} ——元件所受液柱静压力值,当水柱压力值不大于 $p_e + \Delta p_a + \Delta p_{sz}$ 的 3% 时,取 $\Delta p_{sz} = 0$;

Δp_a ——锅炉出口安全阀较低起始压力与额定压力之差值,蒸汽锅炉按表 8.1 取值。

表 8.1 蒸汽锅炉出口安全阀较低起始压力与额定压力之差值

p_g /MPa	Δp_a /MPa
$\leqslant 0.8$	$0.03 p_g$
$0.8 < p_g \leqslant 5.9$	$0.04 p_g$
> 5.9	$0.05 p_g$

热水锅炉的 Δp_a 按下式计算:

$$\Delta p_a = 0.12 p_s + 0.07 \qquad (8.4)$$

8.2.3 计算壁温

确定许用应力 $[\sigma]$ 时,需要已知受压元件的计算壁温。计算壁温是指强度计算中用于确定材料基本许用应力的温度,取元件温度最高部分内外壁温平均值,不考虑锅炉出口过热蒸汽温度在允许范围内的偏差,因此计算壁温的大小主要取决于所计算元件内部的介质温度和受热工况。在任何情况下,锅炉受压元件的计算壁温不应低于 250 ℃。对于常见受热工况,我国水管锅炉和锅壳锅炉受压元件强度计算标准提供了简便的计算壁温表和公式如表 8.2~表 8.4。表 8.2~表 8.4 中,t_b 为计算壁温(℃);t_{bh} 为介质的饱和温度(℃);t_j 为介质的计算温度,取为额定蒸发量下的介质平均温度(℃);Δt 为温度偏差(℃),在任何情况下不应小于 10 ℃;x 为介质混合程度系数,对于集箱一般可取 $x = 0.5$,当能保证介质在集箱内完全混合时,允许取为零,对于不受热的近热蒸汽集箱,即使完全混合,也应取 $x\Delta t = 10$ ℃。

表 8.2　锅筒筒体计算壁温

工作条件		计算公式
不受热		$t_b = t_{bh}$
采取可靠绝热措施	在烟道内(在烟道外)	$t_b = t_{bh} + 10$ ℃
	在炉膛内	$t_b = t_{bh} + 40$ ℃
	被密集管束所遮挡	$t_b = t_{bh} + 20$ ℃
不绝热	在烟温不超过 600 ℃ 的对流烟道内	$t_b = t_{bh} + 30$ ℃
	在烟温超过 600 ℃ 的对流烟道内	$t_b = t_{bh} + 50$ ℃
	在炉膛内	$t_b = t_{bh} + 80$ ℃

表 8.3　集箱和防渣箱计算壁温

内部介质	工作条件	计算公式
水和汽水混合物	在烟道内(在烟道外)	$t_b = t_j$
	在烟道内采取可靠绝热措施防止受转身和燃烧产物的直接作用	$t_b = t_j + 10$ ℃
	在烟温不超过 600 ℃ 的对流烟道内,不绝热	$t_b = t_j + 30$ ℃
	在烟温超过 600 ℃ 的对流烟道内,不绝热	$t_b = t_j + 50$ ℃
	在炉膛内,不绝热	$t_b = t_j + 110$ ℃
饱和蒸汽	在烟道内(在烟道外)	$t_b = t_{bh}$
	在烟道内采取可靠绝热措施防止受转身和燃烧产物的直接作用	$t_b = t_{bh} + 25$ ℃
	在烟温不超过 600 ℃ 的对流烟道内,不绝热	$t_b = t_{bh} + 40$ ℃
	在烟温超过 600 ℃ 的对流烟道内,不绝热	$t_b = t_{bh} + 60$ ℃
过热蒸汽	在烟道内(在烟道外)	$t_b = t_j + x\Delta t$
	在烟道内采取可靠绝热措施防止受转身和燃烧产物的直接作用	$t_b = t_j + 25$ ℃ $+ x\Delta t$
	在烟温不超过 600 ℃ 的对流烟道内,不绝热	$t_b = t_j + 40$ ℃ $+ x\Delta t$
	在烟温超过 600 ℃ 的对流烟道内,不绝热	$t_b = t_j + 60$ ℃ $+ x\Delta t$

表 8.4　管子和管道计算壁温

元件	条件	计算公式
沸腾管	自然循环锅炉,q_{max} 不超过 350 kW/m²	$t_b = t_{bh} + 60$ ℃
	多次强制循环锅炉,压力不超过 14 MPa 及 q_{max} 不超过 350 kW/m²	式(8.7)
省煤器	对流式省煤器	$t_b = t_j + 30$ ℃
	辐射式省煤器	$t_b = t_j + 60$ ℃
过热器	所有情况	式(8.7)
管道	在烟道外(不受热)	$t_b = t_j$

锅筒筒体：

$$t_b = t_{gz} + \mu\left(\frac{q_{max}}{\alpha_2}\right)\beta + \frac{q_{max}}{1\,000}\frac{s}{\lambda}\frac{\beta}{\beta+1} + \Delta t \qquad (8.5)$$

集箱：

$$t_b = t_{gz} + \frac{q_{max}}{\alpha_2} + \frac{q_{max}}{1\,000}\frac{s}{\lambda}\frac{\beta}{\beta+1} + c\Delta t \qquad (8.6)$$

管子：

$$t_b = t_{bh} + \frac{q_{max}}{\alpha_2} + \frac{q_{max}}{1\,000}\frac{s}{\lambda}\frac{\beta}{\beta+1} \qquad (8.7)$$

式中：q_{max} ——最大热负荷，kW/m^2；

$\quad\alpha_2$ ——内壁对工质的放热系数，$kW/(m^2 \cdot ℃)$；

$\quad\beta$ ——锅筒筒体、集箱及管子外径与内径的比值；

$\quad s$ ——壁厚，mm；

$\quad\lambda$ ——钢材的导热系数，$kW/(m \cdot K)$；

$\quad c$ ——工质混合不完全系数；

$\quad\Delta t$ ——温度偏差；

$\quad\mu$ ——均流系数。

8.3 圆筒形元件的应力分析和强度计算

材料的强度特性都是在单向拉伸试验中测定的。而当锅炉元件受内压作用时，薄壁圆筒承受两向应力作用，厚壁圆筒处于三向应力状态，这些情况下要判别元件的承载能力，不能简单应用材料拉伸试验条件下测得的强度特性，而必须应用强度理论。

8.3.1 筒形元件的应力分析

设圆筒形元件内压力为 p，内径为 D_n，外径为 D_w，壁厚为 s。当 s 相对于筒体直径小得多的情况下，一般按薄壁容器来分析。存在着三种应力：切应力（或环向应力）、轴向应力及径向应力为求环向应力，可假想将圆筒壁按图 8.7 所示方法切为两半，并取长度为 l，外力（介质内压力）在水平方向上的合力为：

$$\int_0^\pi p\,\mathrm{d}z\sin\theta\cdot l=\int_0^\pi pr_n\sin\theta\mathrm{d}\theta\cdot l=2r_n pl \tag{8.8}$$

在水平方向上,内力的总和为 $2\sigma_1 sl$。

根据内外力平衡及 $2\pi r_n\approx D_p$ 有:

$$D_p p=2\sigma_1 s$$

$$\sigma_1=pD_p/2s \tag{8.9}$$

为求轴向应力,则可按图 8.8 所示方法假想截开,则无论封头形状如何,外力在水平方向投影总和为 $p\pi D_n{}^2/4$。

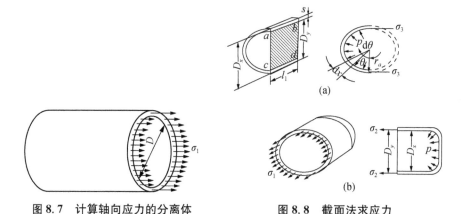

图 8.7　计算轴向应力的分离体　　　　图 8.8　截面法求应力

内力总和为 $\sigma_2\pi D_p s$,则 $p\pi D_n{}^2=\sigma_2\pi D_p s$,$D_n\approx D_p$。

$$\sigma_2=pD_p/4s \tag{8.10}$$

圆筒形元件仅受内部介质压力 p 的作用,故内壁径向应力的大小为 p,作用于外壁的压力为零。取平均径向应力 σ_3 等于内壁介质压力的一半,即:

$$\sigma_3=-\frac{p}{2} \tag{8.11}$$

因 σ_3 为压应力,故式(8.11)中有一负号。

8.3.2　第三强度理论(最大剪应力强度理论)

第三强度理论认为材料在复杂应力状态下的最大剪应力达到在简单拉伸或压缩屈服的最大剪应力时,材料就发生破坏。即:材料发生塑性流动或剪断是由于载荷在危险点处所产生的最大剪应力 $\tau_{\max}$ 达到某一数值 τ_0 而引起的。即:

$$\tau_{\max} = \tau_0 \tag{8.12}$$

由材料力学可知：$\tau_{\max}$ 为该点最大主应力 σ_1 与最小主应力 σ_3 之差的一半，即：

$$\tau_{\max} = 0.5(\sigma_1 - \sigma_3) \tag{8.13}$$

$\tau_{\max}$ 发生在与 σ_2 平行，并与 σ_1 或 σ_3 的作用面成 45° 的斜截面内。

最大剪应力理论建立起来的强度条件为：

$$\tau_{\max} \leqslant [\tau] \tag{8.14}$$

式中：$[\tau]$——材料在单相受力时的许用剪切力，单位是 MPa，$[\tau] = [\sigma]/2$；

$[\sigma]$——材料在单相受力时的许用应力，单位是 MPa。

由式(8.13)及 $[\tau] = [\sigma]/2$ 代入式(8.14)得第三强度理论，强度条件：

$$\sigma_1 - \sigma_3 \leqslant [\sigma] \tag{8.15}$$

将式(8.9)及式(8.11)代入式(8.15)得：

$$s \geqslant pD_n/(2[\sigma] - p) \tag{8.16}$$

8.4　开孔圆筒形元件的强度计算

锅筒、集箱等受压元件上开孔，减小了金属壁面的有效承载面积，使孔间最小截面上的应力升高，降低了筒体的强度。从孔排中任取两个相邻孔，当内压力较小时，孔间最小截面(称为"孔桥")上的应力并非均匀分布，而是集中于孔边(应力集中)，使该处应力水平提高，相当于在无减弱圆筒情况下将许用应力削弱。因此给出定义减弱系数。

8.4.1　纵向孔桥的减弱系数

设薄壁筒体上布置如图 8.9 所示的纵向孔排，则：

$$2N = pD_p t N = 0.5pD_p t$$
$$\sigma_\theta = N/(t-d)s = pD_p/2s \times t/(t-d)$$
$$\sigma_\theta \leqslant [\sigma]$$
$$pD_p/2s \leqslant [\sigma](t-d)/t = \varphi[\sigma] \tag{8.17}$$

式中：$\varphi = (t-d)/t$ 称为纵向孔桥减弱系数。

φ 表征纵向截面的减弱程度,可以表示为:

$$\varphi = \frac{\text{开口后的有效面积}}{\text{未开孔时的有效面积}} = \frac{(t-d)s}{ts} = (t-d)/t \qquad (8.18)$$

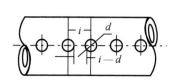
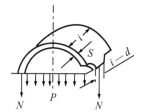

图 8.9　开有纵向孔排的筒体

8.4.2　横向孔桥的减弱系数

设薄壁筒体上布置如图 8.10 所示的等直径横向孔排,则

$$\sigma_2(\pi D_p - id)s = p\pi D_p^2/4, \ \sigma_2 = pD_p/4s \times t'/(t'-d); \qquad (8.19)$$

式中: t' ——横向孔排节距, $\pi D_p = it'$;

$\varphi' = (t'-d)/t'$ 称为横向孔桥减弱系数。

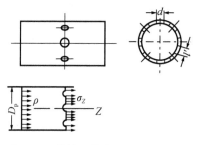
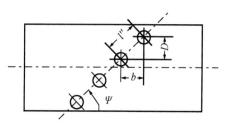

图 8.10　筒体上等直径横向孔排结构　　　图 8.11　斜向孔排结构

8.4.3　斜向孔桥的减弱系数

当筒体被斜向孔排减弱时,如图 8.11 所示,则斜向孔桥的减弱系数为

$$\varphi'' = (t''-d)/t'' \qquad (8.20)$$

式中: t'' ——孔桥在筒体平均圆周上的斜向节距。斜向孔排时筒体的实际减弱程度,应以斜向孔桥当量减弱系数 $\varphi_d = K\varphi''$ 来表示:

$$K = 1/\sqrt{1 - \frac{0.75}{(1+n^2)^2}} \tag{8.21}$$

式中：$n = b/a$ ——孔桥的方向；

　　　b ——两孔间的纵向节距；

　　　a ——两孔间平均圆周上的横向距离。

8.4.4　焊缝减弱系数

焊缝减弱系数 φ_n 表示对焊接工艺的不信任程度，等于焊缝保证强度与母材强度的比值。它与焊接方法、坡口形式、检查手段、残余应力消除程度、工艺掌握程度及钢材类别等因素有关。按锅炉制造技术条件检查合格的焊缝，焊缝减弱系数 φ_n 可按表 8.5 选取。无缝钢管的焊缝减弱系数 $\varphi_n = 1.0$。若环向焊缝上无孔桥，则环向焊缝减弱系数不予考虑。

表 8.5　焊缝减弱系数 φ_n

焊接方法	焊缝形式	φ_n
手工电焊或气焊	双面焊接有坡口对接焊缝	1.00
	在焊缝根部有垫板或垫圈的单面焊接有坡口对接焊接	0.80
	有氩弧焊打底的单面焊接有坡口对接焊接	0.90
	无氩弧焊打底的单面焊接有坡口对接焊接	0.75
熔积层下的自动焊	双面焊接对接焊缝	1.00
	单面焊接有坡口对接焊缝	0.85
	单面焊接无坡口对接焊缝	0.80
电渣焊	直坡口焊缝	1.00

8.4.5　孔桥强度

因为在孔桥上应力分布是均匀的，因此依据孔桥减弱系数的定义可以分别导出孔桥上当量应力计算式：

$$纵向孔桥：\sigma_d = \sigma_1 - \sigma_2 = \frac{\sigma_h}{\varphi} = \frac{pD}{2s\varphi} \leqslant [\sigma] \tag{8.22}$$

$$横向孔桥：\sigma_d = \frac{\sigma_z}{\varphi'} = \frac{pD}{2s(2\varphi')} \leqslant [\sigma] \tag{8.23}$$

$$\text{斜向孔桥：} \sigma_d = \frac{pD}{2s(K\varphi'')} \leqslant [\sigma] \qquad (8.24)$$

其中，K 为斜向孔桥减弱系数折算系数，它的大小由斜向孔桥的方位决定，计算式为：

$$K = \frac{1}{\sqrt{1 - \dfrac{0.75}{2(n^2 + 1)}}} \qquad (8.25)$$

式中：$n = b/a$——孔桥的方向；

　　　b ——两孔间的纵向节距；

　　　a ——两孔间平均圆周上的横向距离。

$$t'' = \sqrt{a^2 + b^2} = a\sqrt{1 + n^2} \qquad (8.26)$$

这里应指出，圆筒被不同的孔桥和焊缝减弱时，应计算各孔桥的 φ、φ' 和 φ''，并确定焊缝减弱系数 φ_n，从纵向孔桥减弱系数 φ、两倍横向孔桥减弱系数 $2\varphi'$、斜向孔桥减弱系数 φ'' 及焊缝减弱系数 φ_n 中选取最小减弱系数进行计算。若孔桥位于焊缝上，该部位的减弱系数应取孔桥减弱系数和焊缝减弱系数的乘积。

8.5　管子和管道的强度计算

8.5.1　最高允许计算压力

由强度计算的基本公式可知在校核计算时，管子的最高允许计算压力计算式为：

$$[p] = \frac{2[\sigma]S_y}{D_w - S_y} \qquad (8.27)$$

式中：$[p]$——最高允许计算压力；

　　　S_y——管子的有效壁厚；

　　　D_w——管子的外径。

8.5.2　理论计算壁厚

锅炉内的无缝钢管的理论壁厚 S_L 的计算式为：

$$S_L = \frac{pD_w}{2[\sigma] + p} \tag{8.28}$$

式中：p ——计算压力；

D_w ——管子的外径；

$[\sigma]$ ——许用应力。

8.5.3　附加壁厚

在锅炉的实际设计中钢管的最小需要壁厚要在理论壁厚的基础上加上附加壁厚，这是因为锅炉在使用的过程中会不断腐蚀而减薄，而且实际钢管的壁厚都存在一定的偏差。附加壁厚 C 按下式计算：

$$C = C_1 + C_2 \tag{8.29}$$

式中：C_1 ——腐蚀余量，一般取 0.5 mm；

C_2 ——壁厚负偏差，根据钢管的负偏差率 m 按下式计算

A ——系数。

$$C_2 = \frac{m}{100 - m} S_L = AS_L \tag{8.30}$$

习题

1. 为什么材料的许用应力要由抗拉强度、屈服极限及持久强度三者中考虑安全系数后，取其中最小值作为许用应力？

2. 为什么在锅炉受压元件强度计算中用元件温度最高部位的内外壁温度的算术平均值作为计算壁温？为什么不用内外壁温度中的最高温度作为计算壁温？

3. 按第三强度理论计算承受内压力的薄壁圆筒形元件的壁厚时，推导计算公式中只考虑切向应力 σ_1 及径向应力 σ_3，没有考虑轴向应力 σ_2，为什么在计算减弱系数时还要考虑横向减弱系数 φ' 呢？

4. 为什么要进行孔的加强计算？什么情况下需要对单孔或孔排进行加强？加强后的单孔为什么可以按无孔处理？

5. 当锅筒筒体和集箱开孔直径超过未加强孔的最大允许直径时，为什么锅筒筒体和集箱的最小减弱系数 $\varphi_{min} \leqslant 0.4$ 时可以不必进行加强计算？

6. SZL10-13-WⅡ型锅炉后墙下集箱开孔如图 8.12 所示。工作压力 2 923.9 kPa，集箱外径为 219 mm，材料为 20 号碳钢，壁厚 10 mm，试校核强度是否够。集箱平端盖采用Ⅵ型，开有直径为 108.5 mm 手孔，采用壁厚 23 mm，问强度

是否够?

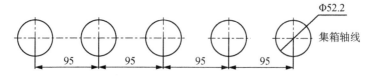

图 8.12　SZL10-13-WⅡ型锅炉后墙下集箱开孔示意图(单位:mm)

7. 凸形(椭球体)封头的工作压力为 1 321.7 kPa,内径 1 600 mm,内高度 600 mm,用 15 g 整块钢板压制而成,不受热,其中心部位开一个椭圆形人孔,长轴为 400 mm,求封头所用钢板应取的厚度。

参考文献

[1] 李之光,蒋智翔. 锅炉受压元件强度:标准分析[M]. 北京:技术标准出版社,1980.

[2] 国家质量监督检验检疫总局,中国国家标准化管理委员会. 水管锅炉第 4 部分:受压元件强度计算:GB/T16507. 4—2013[S]. 北京:中国标准出版社,2013.

[3] 国家质量监督检验检疫总局,中国国家标准化管理委员会. 锅壳锅炉 第 3 部分:设计与强度计算:GB/T 16508. 3—2013[S]. 北京:中国标准出版社,2014.

[4] 张力. 锅炉原理[M]. 北京:机械工业出版社,2011.

[5] 林宗虎,徐通模. 实用锅炉手册[M]. 2 版. 北京:化学工业出版社,2009.

[6] Rayaprolu K. Boilers for power and process[M]. Boca Raton:CRC Press, 2009.

[7] El-Mahallawy F M, Habik S E D. Fundamentals and technology of combustion[M]. Amsterdam:Elsevier, 2002.

[8] 胡冀轩. 锅炉压力容器裂纹的形成原因及预防措施[J]. 智能城市,2021,7(24):96-97.

[9] 杨保林. 600 MW 火电机组锅炉吹管临时管道强度计算及选择[J]. 城市建设理论研究(电子版),2018(14):3.

[10] 李之光. 锅炉强度计算标准应用手册[M]. 增订版. 北京:中国标准出版社,2008.

[11] 国家质量监督检验检疫总局,中国国家标准化管理委员会. 锅壳锅炉第 2 部分:材料:GB/T 16508. 2—2013[S]. 北京:中国标准出版社,2014.

第9章　工业锅炉水处理与蒸汽的净化

锅炉的水质监督及水处理是保证锅炉安全、经济运行的重要措施之一。水处理不当会给锅炉造成严重的后果,可概括为结垢、腐蚀和汽水共腾。结垢直接影响传热和汽水正常循环,轻则造成垢下腐蚀、燃料浪费和缩短锅炉寿命,重则引发胀管、变形或爆管事故。腐蚀直接影响材料强度,轻则缩短锅炉寿命,重则造成裂纹、泄漏甚至爆炸事故。汽水共腾直接影响蒸汽质量,可能导致过热器及其他用汽设备结垢甚至引起安全事故。此外,水质不好还会引起蒸汽带水,恶化蒸汽品质。因此,加强水质监督、普及锅炉水处理对提高锅炉运行效率、延长锅炉使用年限、节约能源等都具有重要意义。

9.1　水中杂质和锅炉水

9.1.1　杂质分类

锅炉用水多取自天然水。天然水可分为地表水(江水、河水、湖水和海水)和地下水(井水和泉水)两大类。天然水在循环过程中,与大气、土壤和岩石长时间接触。水容易与各种物质混杂,并因有较强的溶解能力,所以任何水体都不同程度地含有多种多样的杂质。另外,工业废水、生活污水以及农田化肥的流失、排入水体,使天然水中杂质更加复杂。绝对纯净的天然水是没有的,现将天然水的杂质分类介绍如下:

1. 悬浮杂质

悬浮杂质主要是砂粒、泥土、细菌、藻类及原生动物等不溶性杂质。其中比重大的在水中能自行下沉,比重小的则悬浮在水中或漂浮在水面上,统称为悬浮物。悬浮物颗粒尺寸较大,是使水产生浑浊现象的主要原因。其主要来源是:水流对地表、河床的径流冲刷,各种废水、废弃物侵入水体,水生动植物及其死亡残骸的肢解。

2. 胶体杂质

天然水中的胶体是某些低分子物质的集合体,产生的主要原因是:微粒的布朗运动,分散在水中的各种固体颗粒,随时受水分子热运动的撞击;微粒间的静电斥力;微粒的水化作用。胶体杂质的成分比较复杂,一类是硅、铁、铝等矿物质胶体;另一类是由动植物腐败后的腐殖质形成的有机胶体。胶体微粒的比表面积(单位体积物质具有的表面积称作比表面积)很大,有明显的表面活性,能吸附很多粒子,而形成带正电荷或负电荷的"分子和离子的集合体"。由于胶体微粒带有同性电荷而互斥,不能彼此黏合,因而不能自行下沉,可在水中长时间稳定存在。

3. 溶解杂质

溶解杂质主要是矿物质盐类和气体。天然水中溶解的盐类主要是钠、钾、钙、镁的碳酸氢盐、氯化物和硫酸盐等。在水中多以离子状态存在。常见的阳离子有:Ca^{2+}、Mg^{2+}、Na^+、K^+、NH_4^+、Fe^{2+}、Mn^{2+}、Cu^{2+}、Zn^{2+} 等;阴离子有:HCO_3^-、Cl^-、SO_4^{2-}、F^-、NO_3^-、CO_3^{2-}等。天然水中的气体杂质,多以低分子状态存在,主要是氧气和二氧化碳,前者的来源是由于水中溶解了大气中的氧,后者主要是水或泥土中的有机物分解和氧化的产物。有时也有少量的二氧化硫和硫化氢等气体。水中杂质分类如表9.1所示。

表 9.1　水中杂质分类

粒径/m	$10^{-7}\sim10^{-6}$	$10^{-5}\sim10^{-3}$	$10^{-2}\sim10$	
分类	溶解物质	胶体物质	悬浮物质	
特征	透明	光照下浑浊	浑浊	肉眼可见
常用处理方法	离子交换	自然沉降		
		混凝、澄清、过滤		

为了加强对于地表水环境的管理,防止水环境的污染,参阅《地表水环境质量标准》(GB 3838—2002),依据地表水水域环境功能和保护目标,按功能高低依次划分为五类,如表9.2所示。

Ⅰ类主要适用于源头水、国家自然保护区;

Ⅱ类主要适用于集中式生活饮用水地表水源地一级保护区、珍稀水生生物栖息地、鱼虾类产卵场、仔稚幼鱼的索饵场等;

Ⅲ类主要适用于集中式生活饮用水地表水源地二级保护区、鱼虾类越冬场、洄游通道、水产养殖区等渔业水域及游泳区;

Ⅳ类主要适用于一般工业用水区及人体非直接接触的娱乐用水区;

Ⅴ类主要适用于农业用水区及一般景观要求水域。

对应地表水上述五类水域功能,将地表水环境质量标准基本项目标准值分为五类,不同功能类别分别执行相应类别的标准值。水域功能类别高的标准值严于水域功能类别低的标准值。同一水域兼有多类使用功能的,执行最高功能类别对应的标准值。

表 9.2　地表水分类

项目		Ⅰ类	Ⅱ类	Ⅲ类	Ⅳ类	Ⅴ类
水温/℃		人为造成的环境水温变化应限制在: 周平均最大升温≥1 周平均最大降温≤2				
pH(无量纲)		6～9				
溶解氧≥		饱和率90% (或 7.5)	6	5	3	2
高锰酸钾指数 ≤		2	4	6	10	15
化学需氧量≤		15	15	20	30	40
五日生化需氧 ≤		3	3	4	6	10
氨氮≤		0.15	0.5	1	1.5	2
铜≤		0.0	1.0	1.0	2.0	2.0
锌≤	单位:mg/L	0.1	1.0	1.0	2.0	2.0
氟化物≤		1.0	1.0	1.0	1.5	1.5
砷≤		0.1	0.1	0.1	0.1	0.1
镉≤		0.0	0.0	0.0	0.0	0.0
六价铬≤		0.0	0.0	0.0	0.1	0.1
铅≤		0.0	0.0	0.0	0.1	0.1
氰化物≤		0.0	0.0	0.2	0.2	0.2
挥发酚≤		0.0	0.0	0.0	0.0	0.1
石油类≤		0.1	0.1	0.1	0.5	1.0

9.1.2　水中杂质对锅炉的危害

1. 结垢

随着水的不断蒸发,水中杂质会不断浓缩,发生物理化学反应然后沉淀析出,沉积的悬浮物不仅会影响锅炉的传热和锅水的循环,使锅炉效率下降,严重时还会堵塞炉管,发生爆炸而造成被迫停炉。锅炉结有水垢时,会导致受热面的传热性能变差,大量的热量被烟气带走,排烟热损失增加,在相同的锅炉出力要求下,就会增加燃料的浪费;此外,锅炉结有水垢时,会增加受热面两侧的温差,当受热面金属温度过高时,在炉内压力的作用下很可能会使炉管发生鼓包甚至爆炸;锅炉结垢时,传热性能变差,随着水垢的厚度增加,在炉膛容积一定的条件下,会限制锅炉的出力。

2. 腐蚀

水中杂质在与受热面接触时,会使管壁发生电化学反应,引起金属腐蚀,使金属壁面变薄,降低金属管壁的强度,缩短锅炉使用年限,造成经济上的损失。如果检测不及时还会出现严重的安全事故;金属腐蚀产物被炉水代入受热面时,会和其他杂质结成水垢,而当水垢中含有铁时,传热效果更差。

3. 汽水共腾

由于锅炉运行操作不当或锅炉结构问题以及锅水中的杂质容易发生汽水共腾现象。汽水共腾会产生严重的危害,主要有:蒸汽受到污染;过热器管和蒸汽流通管道产生积盐,严重时会堵塞管道;使过热蒸汽的过热温度下降;水面计内充有气泡,造成液面分辨不清;产生水锤作用;造成蒸汽阀门、回水弯头部位和过热器内的腐蚀。

9.1.3 锅炉水分类

根据所处部位和作用的不同,锅炉水可分为以下几种:

1. 原水

指未经任何净化处理的天然水或自来水,是锅炉的水源水,或称生水,如江湖水、井水、泉水、水库水、城市自来水等。

2. 补给水

是指原水经过各种净化处理之后,用以补充锅炉汽水损失的水。根据净化采取的方法不同,又可以分为:

(1) 清水   去除了原水中的悬浮杂质。

(2) 软水(软化水)   去除了水中钙镁离子。

(3) 除盐水   去除了水中全部的阴阳离子杂质的水。

工业锅炉的补给水大多数是软化水。

3. 生产回水

蒸汽经生产设备或采暖设备进行热交换,冷凝后返回锅炉的水称为回水。如果供热系统清洁,且没有外界杂质的污染时,生产回水就近似蒸馏水了。这部分水水量大、水质纯净、温度较高,必须避免污染,从而保证最大限度地回收利用。

4. 给水

供给锅炉工作的水称为给水,通常由生产回水和补给水两部分组成。当生产回水污染严重不能回收利用时补给水即成为给水。

5. 炉水

运行锅炉内受热沸腾而产生蒸汽的水称炉水。除了蒸汽锅炉下降管中的水,其他系统的炉水均为汽水混合物。

6. 排污水

当锅炉水不断蒸发浓缩时,锅水含盐量增加,会产生水垢或者泥渣。当水质指标超过工业锅炉水质标准的要求时,为除掉炉水中的悬浮泥渣和降低炉水中的杂质(碱、盐等)含量,要人为排掉的一部分炉水称排污水。

9.2　水质的一般指标

为了评价和衡量水的质量好坏,须采用一系列指标。锅炉用水的水质指标可分为两类:一类是反映某种单独物质或离子含量的指标,如溶解氧、磷酸根、氯根等;另一类是反映水中某些共性物质总含量的指标,如硬度反映结垢物质总含量,碱度反映碱性物质总含量。水的用途不同,采用的指标也各有不同,根据《低压锅炉水质标准》的规定,介绍水质指标如下:

9.2.1　悬浮物

悬浮物是指水中不溶解的固态杂质,包括泥沙、黏土、藻类、细菌及植物的有机体微小碎片等,其含量单位为 mg/L。对于锅内水处理,要求水的悬浮物限制在 20 mg/L 以下;对于锅外化学水处理,将原水经过澄清、混凝、过滤之后,悬浮物含量可以降低到 5 mg/L 以下。所以工业锅炉水质标准规定悬浮物≤5 mg/L。

悬浮物的测定方法(过滤称重法)较繁,一般不作为运行控制项目,只进行定期的检测。

9.2.2　含盐量

表示水中溶解性盐类的总量,是衡量水质的一项重要指标。主要有三种表示方法:

(1) 含盐量,此法比较精确,可以通过水质全分析所得的全部阴、阳离子量计算得到。表示方法有两种：一种是当量表示法，将水中全部阳离子（或阴离子）按照毫克当量/升（mg-N/L）相加；另一种是重量表示法，将水中全部的阴阳离子换算成 mg/L，然后相加得到。

这种方法复杂而且费时，除非对含盐量有特殊要求，一般不常采用此方法。

（2）溶解固形物也叫蒸发残渣，是将过滤的澄清水样在水浴锅中蒸干后，放入 105～110 ℃的烘箱再干燥，并将所得残渣称重即得，单位用 mg/L 表示，只能近似表示水中的含盐量。

（3）电导率，此方法最简便。由于水中溶解的大部分盐类都会电离成离子，利用离子的导电能力（电导率）来测定水中含盐量的高低。电导率定义为电极面积 1 cm^2，极间距离 1 cm 时溶液的电导，单位为微西/厘米（μS/cm）。各种水质的电导率见表 9.3。

表 9.3　不同水质的电导率

水质名称	电导率/(μS/cm)	水质名称	电导率(μS/cm)
超高压锅炉和电子用水	0.1～0.3	天然淡水	50～500
新鲜蒸馏水	0.5～2	高含盐量水	500～1000

9.2.3　硬度

硬度 H 是表示水中某些高价金属离子（如 Ca^{2+}、Mg^{2+}、Mn^{2+}、Fe^{2+} 等）的含量。含有这类离子的水，在受热蒸发浓缩过程中，易生成难溶盐，如沉积在锅炉受热面上即形成水垢。通常把含有 Ca^{2+}、Mg^{2+} 较多的水称为硬水。把含有 Ca^{2+}、Mg^{2+} 较少的水或不含的水，称为软水。衡量水中 Ca^{2+}、Mg^{2+} 的多少，一般用硬度表示。单位用毫克当量/升（mg-N/L）表示，也有用德国度（°G）表示的。1 °G 相当于 10 mg/L 的 CaO。由于 CaO 的当量

$$1 \text{ °G} = 10/28.04 \approx 0.357 \text{ mg-N/L} \tag{9.1}$$

反之：

$$1 \text{ mg-N/L} \approx 2.8 \text{ °G} \tag{9.2}$$

硬度单位的另一表示方法，即百万分单位（ppm）。每一百万份质量的水中含有一份质量的 $CaCO_3$（或每升水中含有 1 mg $CaCO_3$）时的硬度，叫作 1 ppm。由于 $CaCO_3$ 的当量是 50.04，所以

$$1 \text{ ppm} = 1/50.04 \approx 0.02 \text{ mg-N/L} \tag{9.3}$$

或：

$$1 \ \mathrm{mg\text{-}N/L} \approx 50 \ \mathrm{ppm} \tag{9.4}$$

或：

$$1 \ ^{\circ}\mathrm{G} = 10/28.04 \approx 17.85 \ \mathrm{ppm} \tag{9.5}$$

硬度通常可以分为以下几类：

（1）总硬度表示水中钙、镁离子的总含量，用 H 表示。

（2）钙硬度表示水中 Ca^{2+} 离子的含量，用 H_{Ca} 表示。

（3）镁硬度表示水中 Mg^{2+} 离子的含量，用 H_{Mg} 表示。

钙硬度 H_{Ca} 和镁硬度 H_{Mg} 之和为总硬度 H。由于总硬度和钙硬度都可用容量法测定，因此镁硬度可由两者之差求得。即：

$$H_{Mg} = H - H_{Ca} \tag{9.6}$$

（4）碳酸盐硬度 H_t 表示水中钙、镁的碳酸氢盐 $Ca(HCO_3)_2$、$Mg(HCO_3)_2$ 和溶解的碳酸盐 $CaCO_3$、$MgCO_3$ 的含量。

（5）暂时硬度简称暂硬，表示水中钙、镁的碳酸氢盐含量。这些盐类在水中受热后会分解生成沉淀，从水中析出。其反应如下：

$$Ca(HCO_3)_2 = CaCO_3 \downarrow + H_2O + CO_2 \uparrow \tag{9.7}$$

$$Mg(HCO_3)_2 = Mg(OH)_2 \downarrow + 2CO_2 \uparrow \tag{9.8}$$

由于钙、镁碳酸盐的溶解度很小，因此碳酸盐硬度近似等于暂时硬度，通常这两个硬度不加区分。

（6）非碳酸盐硬度 H_{ft} 是指钙、镁的氯化物、硫酸盐、硅酸盐等非碳酸盐含量。这些盐受热后一般不能从水中沉淀析出，故又称为永久硬度。

（7）负硬度 $H_{负}$ 表示水中碳酸氢盐的含量。

显然，总硬度又等于暂硬和永硬之和，即

$$H = H_t + H_{ft} = H_{Ca} + H_{Mg} \tag{9.9}$$

9.2.4 碱度

碱度 A 是水质的另一重要控制指标，表示能与某些金属阳离子形成碱性化合物的一些阴离子含量的总和。例如，天然水中的 HCO_3^-、SiO_3^{2-}、$HSiO_3^-$（有时还有 CO_3^{2-}）和炉水中的 OH^-、CO_3^{2-}、PO_4^{3-} 等阴离子与 Ca^{2+}、Mg^{2+}、K^+、Na^+

等阳离子所形成的化合物都会构成水的碱度。碱度的单位用 mg/L、°G、mEq/L 或者 ppm 表示,它们之间的换算关系与硬度的相同。它们之间的换算关系如表 9.4 所示。

锅炉运行中,主要控制氢氧根碱度(A_{OH^-})、碳酸根碱度($A_{CO_3^{2-}}$)、碳酸氢根碱度($A_{HCO_3^-}$),其余可以忽略。但是,水中不能同时存在这三种碱度,因为碳酸氢根能和氢氧根反应:

$$HCO_3^- + OH^- = CO_3^{2-} + H_2O \qquad (9.10)$$

所以,水中不能同时具有 $A_{HCO_3^-}$ 和 A_{OH^-}。

表 9.4　换算系数

已知浓度	所求浓度			
	mg/L	°G	mEq/L	ppm
mg/L	1	2.8/N	1/N	50.1/N
°G	N/2.8	1	1/2.8	17.9
mEq/L	N	2.8	1	50.1
ppm	0.02N	0.056	0.02	1

另外,水中的暂硬是由钙、镁离子与 HCO_3^- 和 CO_3^{2-} 形成的盐类造成的,它们同时也构成碱度。除这种暂硬"碱度"外,当水的碱度较高时,还可能有钠、钾的碳酸氢盐存在,这部分碱度叫作钠盐碱度。当水中有钠盐碱度存在时,永硬便会消失,反应如下:

$$2NaHCO_3 = Na_2CO_3 + H_2O + CO_2 \uparrow \qquad (9.11)$$
$$Na_2CO_3 + CaSO_4 = CaCO_3 \downarrow + Na_2SO_4 \qquad (9.12)$$

天然水中硬度与碱度的关系有三种可能,如表 9.5 所示。

表 9.5　硬度与碱度的相对关系

硬度分析结果	碳酸盐硬度	非碳酸盐硬度	负硬度
$H > A$	A	$H-A$	0
$H = A$	A 或 H	0	0
$H < A$	H	0	$A-H$

碱度的测定(容量法)是分两步进行的:首先以酚酞为指示剂进行滴定,得到酚酞碱度,再以甲基橙为指示剂进行滴定,得到甲基橙碱度。

根据测得的酚酞碱度和甲基橙碱度值,可以确定水中氢氧根碱度(A_{OH^-})、碳酸根碱度($A_{CO_3^{2-}}$)和碳酸氢根碱度($A_{HCO_3^-}$)的大小,如表9.6所示。

表9.6 测定碱度的换算

所求碱度	测得碱度				
	$A_甲=0$	$A_酚 < A_甲$	$A_酚 > A_甲$	$A_酚 = A_甲$	$A_酚 = 0$
A_{OH^-}	0	0	0	$A_酚 - A_甲$	$A_酚$
$A_{CO_3^{2-}}$	0	$A_酚 - A_甲$	$2A_甲$	$2A_甲$	0
$A_{HCO_3^-}$	$A_甲$	$A_甲 - A_酚$	0	0	0

为了防止锅炉发生苛性脆弱化腐蚀,对炉水制定了相对碱度的标准。炉水碱度折算成游离NaOH的量与炉水中溶解固形物含量的比值。即:

$$相似碱度 = \frac{炉水碱度(NaOH)}{炉水溶解固形物} \tag{9.13}$$

炉水碱度折算成游离NaOH的量(mg/L)按下述计算:

(1) 当水中只有酚酞碱度($A_酚$,mg-N/L)时,NaOH的量$=A_酚 \times 40$。

(2) 当水中酚酞碱度大于甲基橙碱度($A_甲$,mg-N/L)时,炉水相对碱度小于0.2。这是一个纯经验数据,尚无严格根据。

9.2.5 pH

表示水溶液酸碱性的指标,其定义是氢离子浓度的负对数,即$pH = -lg[H^+]$,式中$[H^+]$表示溶液中H^+的摩尔浓度(mol/L)。

按pH大小,水的酸碱性如表9.7所示。

表9.7 pH与水的酸碱性关系

pH	<5.5	5.5~6.5	>6.5~7.5	>7.5~10	>10
酸碱性	酸性	弱酸性	中性	弱碱性	碱性

9.2.6 溶解氧

氧在水中的溶解度取决于水温和水面上氧气的分压力:水温越高、水面上气体中的氧气分压力越低,水中的溶解氧(mg/L)就越少。GB/T 1576—2018标准规定蒸发量≥6 t/h的锅炉必须除氧,且含氧指标≤0.1 mg/L。

溶解氧对金属有强烈腐蚀作用;水中有机物进行生物氧化分解需要消耗溶解氧,若有机物较多,氧速度超过从空气中补充的溶氧速度,则溶解氧将减少。当有机物污染严重时,水中的溶解氧甚至接近于零。另外,有机物在缺氧条件下分解,出现腐蚀发酵现象,使水质严重恶化。基于以上原因,因而规定溶解氧是给水水质的控制指标。

9.2.7　含油量

天然水中一般是不含油的,但回水中可能带入油质,故规定了给水含油量指标。给水含油量一般以 mg/L 计。但通常不作为运行控制项目,只做定期检测。

9.2.8　磷酸根

天然水中一般不含磷酸根(PO_4^{3-}),但在进行炉内校正处理时,要向锅炉内加入一定量的磷酸盐。因此,PO_4^{3-}(mg/L)就成为炉水的一项控制指标。

9.2.9　亚硫酸根

给水中的溶解氧可用化学方法去除,常用的化学药剂为亚硫酸钠。给水中亚硫酸钠相对于水中氧的过剩量越大,反应速度也越快,反应则越完全。在此情况下,水中的亚硫酸根含量成为一项控制指标。

9.3　工业锅炉用水的标准

9.3.1　低压锅炉水质标准

为防止锅炉结垢、腐蚀、炉水起沫或蒸汽污染而引起积盐,必须对锅炉给水及炉水质量进行监督检测。定期取样化验,使之符合标准。锅炉的压力和用途不同,其水质标准也不同。此外,水质标准还与锅炉形式、容量等有关。

《工业锅炉水质》规定了工业锅炉运行时给水、锅水、蒸汽回水以及补给水的水质要求,最新标准为 GB/T 1576—2018,于 2018 年 12 月 1 日开始实行,代替之前的 GB/T 1576—2008 的标准。该标准适用于额定出口蒸汽压力小于 3.8 MPa,且以水为介质的固定式蒸汽锅炉、汽水两用锅炉和热水锅炉。

1. 锅壳型锅炉

立式水管(LS 型)、立式火管(LH 型)、卧式内燃(WN 型)等燃煤锅炉的水质标准应符合表 9.8 的规定。从水质角度来看,具有以下特点:

(1) 锅炉的水容较大,能容纳较多泥渣,不易堵塞;

（2）锅炉中泥渣的沉降和排放条件较好,结垢后容易清除;

（3）无省煤器,工质在锅壳内扰动强烈,沉淀物不易黏结,易形成泥渣。

表 9.8　锅壳型燃煤锅炉水质标准

项目	给水		炉水	
	炉内加药处理	炉外化学处理	炉内加药处理	炉外化学处理
悬浮物/(mg/L)	≤20	≤5		
总硬度/(mg-N/L)	≤3.5	≤0.03		
总碱度/(mg-N/L)			10～20	≤20
pH(25 ℃)	≥7	≥7	10～12	10～12
溶解固溶物/(mg/L)			<5 000	<5 000
相对碱度			<0.2	<0.2

因此,这类锅炉对水质要求较低。另外考虑到炉内加药处理方法简单,投资小,在加药、排污、清洗等工作正常时,一般能达到少垢、薄垢运行,为多数小型锅炉房所采用,故标准中允许火管类锅炉值采用炉内加药处理。但炉外化学处理可使锅炉获得良好的给水品质,确保锅炉安全运行,所以在条件可能时,对火管类锅炉仍应尽量采用炉外化学处理。

（1）如果测定溶解固形物有困难,可采用测定氯化物(Cl^-)的方法来间接控制,但溶解固形物与氯化物(Cl^-)间的比例关系须由各单位根据其具体情况试验确定,并应定期复试和修正该比例关系。

（2）当硬度指标超过此值时,使用锅炉的单位在报上级主管部门批准和当地劳动部门同意后,可以适当放宽。

（3）兰开夏锅炉的溶解固形物可小于 10 000 mg/L。

（4）当相对碱度≥0.2时,应采取防止苛性脆化的措施。

2. 水管锅炉和水火管组合锅炉

这类锅炉包括:SZP 型、SHL 型、SHS 型、SHF 型、DZD 型等水管锅炉以及原 KZG 型、KZL 型快装锅炉等,它们的主要特点是:

（1）锅炉多具有水冷壁和采用弯水管,且直径较小,清理水垢较困难;

（2）锅炉水容较火管类的小,泥渣沉降和排除条件较差;

（3）容量大于 2 t/h 的锅炉多装有省煤器,易出现 $CaCO_3$、$MgCO_3$ 等沉积水垢。

因此,要使这类锅炉做到微垢或无垢运行,一般采取炉外化学处理的方法。其水质标准应符合一定标准,并按工作压力 $p≤1$ MPa、$1<p≤1.6$ MPa、$1.6<$

$p \leqslant 2.5$ MPa 大气压三档加以区分,考虑到在 $p \leqslant 1$ MPa 大气压的小容量锅炉上实行炉内加药处理是较为简单、有效的方法,故在溶解内对蒸发量小于或等于 2 t/h 的锅炉,规定允许采取炉内加药处理,并按火管类锅炉水质标准中的相应数值要求,但炉水溶解固形物值规定的较低,为 4 000 mg/L。

3. 燃油锅炉和燃气锅炉

由于燃油锅炉、燃气锅炉单位受热面积上热强度较高,因此无论是火管或水管锅炉,其水质标准都规定按照水管锅炉的水质标准(表 9.9)考虑。当锅炉蒸发量 $\leqslant 2$ t/h,采用炉内加药处理。其给水和炉水应符合表 9.9 的规定,但炉水的溶解固形物 $< 4\,000$ mg/L。

当锅炉蒸发量 $\geqslant 10$ t/h 必须除氧,6 t/h $\leqslant$ 锅炉蒸发量 < 10 t/h 应尽量除氧,对于供汽轮机用气的锅炉,给水含氧量均应 $\leqslant 0.05$ mg/L。

表 9.9　水管锅炉水火管组合锅炉水质标准

项目		给水			炉水		
工作压力/MPa		$\leqslant 1.0$	>1.0 $\leqslant 1.6$	>1.6 $\leqslant 2.5$	$<=1.0$	>1.0 $\leqslant 1.6$	>1.6 $\leqslant 2.5$
悬浮物/(mg/L)		$\leqslant 5$	$\leqslant 5$	$\leqslant 5$			
总硬度/(mg-N/L)		$\leqslant 0.03$	$\leqslant 0.03$	$\leqslant 0.03$			
总碱度 /(mg-N/L)	无过热器				$\leqslant 20$	$\leqslant 20$	$\leqslant 14$
	有过热器					$\leqslant 14$	$\leqslant 12$
pH(25 ℃)		$\geqslant 7$	$\geqslant 7$	$\geqslant 7$	$10\sim12$	$10\sim12$	$10\sim12$
含油量		$\leqslant 2$	$\leqslant 2$	$\leqslant 2$			
溶解氧		$\leqslant 0.1$	$\leqslant 0.1$	$\leqslant 0.05$			
溶解固形物 /(mg/L)	无过热器				$<4\,000$	$<3\,500$	$<3\,000$
	有过热器					$<3\,000$	$<2\,500$
SO_3^{2-}/(mg/L)						$10\sim30$	$10\sim30$
PO_4^{3-}/(mg/L)						$10\sim30$	$10\sim30$
相对碱度					<0.2	<0.2	<0.2

4. 热水锅炉

热水锅炉的水处理方式应尽量采用炉外化学处理,国外有些国家(如德国)甚至采用除盐水作补给水,以防止泥垢结在锅炉内或采暖。

对温度 $\leqslant 95$ ℃的热水锅炉,由于锅炉中工质温度甚低、距工作压力下的饱和温度较远,硬度盐不易析出,锅炉即使结垢也很轻微,加之考虑到国内 $\leqslant 95$ ℃

的热水锅炉多不进行炉外水处理,因此,也允许补给水采用炉内加药处理。其水质标准应符合表 9.10 的规定。如采用炉外化学处理时,应符合热水温度>95 ℃。

由表 9.10 可以得出:

(1) 对水温≤95 ℃的热水锅炉允许补给水的硬度较高(≤5.5 mg-N/L),这样不少地区的原水不经处理就可直接供入锅炉,而在炉内进行加药处理。

(2) 对水温>95 ℃的热水锅炉,其补给水硬度规定为≤0.6 mg-N/L。这样除了采用离子交换处理外,也可以采用石灰处理来达到。

(3) 对水温≤95 ℃的热水锅炉及循环系统,其补给水和循环水的含氧量未作规定,这是考虑到国内水温≤95 ℃的热水循环系统多用开式高位膨胀水箱定压,加之管道阀门不严,系统中不可避免地要带入氧气,而氧气在低温条件下腐蚀速度缓慢,不会对锅炉产生严重腐蚀。因此,国内对水温≤95 ℃的热水锅炉多不要求除氧。

(4) 对水温>95 ℃的热水锅炉及循环系统,氧的腐蚀较为严重,故应限制补给水和循环水的含氧量。标准中规定的含氧量数值(≤0.1 mg/L)是较高的,一般除氧方法均能达到。

表 9.10　热水锅炉水质标准

项目	≤95 ℃采用炉内加药处理		>95 ℃采用炉外化学处理	
	补给水	循环水	补给水	循环水
悬浮物/(mg/L)	≤20		≤5	
总硬度/(mg-N/L)	≤5.5		≤0.6	
pH(25 ℃)	≥7	10~12	≥7	8.5~10
溶解氧/(mg/L)			≤0.1	≤0.1
含油量/(mg/L)			≤2	≤2

9.3.2　中、高压锅炉水质标准

中、高压锅炉水质标准包括三部分:给水水质标准、补给水水质标准和锅炉炉水水质标准。

1. 给水水质标准

给水一般指经过除氧等工艺处理、直接进入锅筒的水。中、高压锅炉给水水质应该满足表 9.11 标准要求,对于液态排渣锅炉和原设计为燃油的锅炉,给水的硬度和铁、铜含量应满足表9.11中压力高一级的规定。

2. 补给水水质标准

补给水一般指经过脱盐系统处理过的脱盐水。其水质以不影响锅炉给水水质为标准。应符合表9.12标准。

3. 锅炉炉水水质标准

(1) 15.7~18.3 MPa 的汽包炉或者使用磷酸盐处理的汽包炉,采用挥发性工艺处理时,炉水水质应满足表9.13。

(2) 当使用脱盐水处理补给水时,若锅炉压力在5.9~15.6 MPa 之间,其氯离子应小于 4 mg/L;锅炉压力在 15.7~18.3 MPa 之间时,氯离子应小于 1 mg/L。

(3) 当汽包炉采用磷酸盐—pH 控制时,锅水的钠离子和磷酸根离子的摩尔比值应维持在2.3~2.8之间,比值过小时,应加入适量的中和剂进行调节。

表 9.11   中、高压锅炉给水水质标准

水质项目	汽包炉/MPa				直流炉/MPa
	3.8~5.8	5.9~12.6	12.7~15.6	15.7~18.3	5.9~18.3
硬度/(μmol/L)	≤3.0	≤2.0	≤2.0	≈0	≈0
溶解氧/(μg/L)	≤15	≤7	≤7	≤7	≤7
铁/(μg/L)	≤50	≤30	≤20	≤20	≤10
铜/(μg/L)	≤10	≤5	≤5	≤5	≤5
钠/(μg/L)					≤10
二氧化硅/(μg/L)	应保证二氧化硅符合标准				≤20
pH(25 ℃)	8.5~9.2	8.8~9.3 或 9.0~9.5			
联胺/(μg/L)	10~50 或 10~30				
油/(mg/L)	<1.0	<0.3			

表 9.12   锅炉补给水水质标准

种类	硬度/(μmol/L)	二氧化硅/(μg/L)	电导率/(μS/cm)	碱度/(mmol/L)
一级化学除盐出水	≈0	≤100	≤10	
一级化学混床除盐出水	≈0	≤20	≤0.3	
石灰、二级钠离子交换出水	≤5.0			0.8~1.2
氢-钠离子交换出水	≤5.0			0.3~0.5
二级钠离子交换出水	≤5.0			

表 9.13　锅炉炉水水质标准

项目			磷酸盐处理				挥发性处理
			锅炉压力/MPa				
			3.8~5.8	5.9~12.6	12.7~15.6	15.7~18.3	15.7~18.3
磷酸根/(mg/L)	单段蒸发		5~15	2~10	2~8	0.5~3	
	分段蒸发	净段	5~12	2~10	2~8		
		盐段	≤75	≤50	≤40		
pH(25 ℃)			9~11	9~10.5	9~10	9~10	8.5~9.5
总含盐/(mg/L)							≤2.0
二氧化硅/(mg/L)							≤0.2
氯离子/(mg/L)							≤0.5

9.3.3　废热锅炉水质

　　废热锅炉的水质标准可以参照与其结构相似的工业锅炉水质标准。对一般结构的废热锅炉,其水质标准可以参照同类型、同参数的锅炉水质标准。但是对于那些既是废热锅炉回收设备又是工艺设备的废热锅炉,以及不同工艺造成的不同形式的废热锅炉,其水质往往有特殊要求,具体可以参照相关行业制定的有关标准。

9.4　工业锅炉给水处理

9.4.1　水垢的形成及危害

　　许多溶于水的物质如 NaCl、NaOH 等都具有正的溶解度系数,即物质溶解度随温度的增加而增加,但也有的物质具有负的溶解度系数,即随温度的增高溶解度反而减小,如 $CaSO_4$、$CaCO_3$、$MgCO_3$、$Ca(OH)_2$、$Mg(OH)_2$ 等钙、镁化合物。

　　水在受热面中被加热时,随着温度不断升高,其中钙、镁化合物的溶解度越来越小,达到饱和后便开始析出。在整个蒸发过程中,水的温度保持不变,但其中盐类的浓度却不断增加,当某种盐类在水中的离子浓度的乘积达到某一数值时,则这种盐类便达到饱和状态开始以结晶的形式析出,结晶可在水中也可直接在受热面上,主要取决于结晶核心的位置。在受热面上的结晶是一种坚硬而致密的沉淀物,即水垢。

水垢导热系数很小,约为钢材导热系数的几十分之一,如表9.14所示。因此,当受热面上结有水垢后,热阻会大大增加,烟气的热量不能有效地传递给工质,最终会导致锅炉的排烟温度的提高,降低锅炉的热效率。当热负荷很高时,管壁温度会提高,降低金属材料的机械性能,严重时还会使受热面管子发生变形和破裂等失效事故,危及锅炉设备的安全。

表 9.14　水垢及钢的导热系数

	水垢特性	导热系数 λ /[W/(m・℃)]
钢	—	46.7
氧化铁水垢	坚硬	0.11～0.23
硅酸盐水垢	坚硬	0.06～0.23
碳酸盐水垢	硬度与孔隙不定	0.58～0.70

9.4.2　水垢的清除

水垢的清除,一般都不采用机械的办法,因为致密坚硬的水垢附着在受热面上很难清除。一般采用化学除垢(酸洗和碱洗)。

1. 酸洗除垢法

(1) 溶解作用　原理是用盐酸和水垢中的钙、镁的碳酸盐及氢氧化合物发生反应,生成易溶于水的氯化物和 CO_2 气体。

$$CaCO_3 + 2HCl \Longrightarrow CaCl_2 + H_2O + CO_2 \uparrow \tag{9.14}$$

$$MgCO_3 + Mg(OH)_2 + 4HCl \Longrightarrow 2MgCl_2 + 3H_2O + CO_2 \uparrow \tag{9.15}$$

(2) 剥离作用　HCl 溶解金属表面氧化物,从而破坏金属与水垢之间的结合。

$$FeO + 2HCl \Longrightarrow FeCl_2 + H_2O \tag{9.16}$$

$$Fe_2O_3 + 6HCl \Longrightarrow 2FeCl_3 + 3H_2O \tag{9.17}$$

(3) 气掀作用　盐酸与碳酸盐水垢作用所产生的大量 CO_2,在逸出过程中,对于难溶解或溶解速度较慢的垢层,具有一定的掀动力,使之从管壁上脱落下来。

但是,盐酸与水垢及金属氧化物发生反应时,对金属也起一定的腐蚀作用。

$$Fe + 2HCl \Longrightarrow FeCl_2 + H_2 \uparrow \tag{9.18}$$

因此,常在酸洗液中加少量的缓蚀剂,如"O_2 缓蚀剂",若丁缓冲剂等,一方面能降低腐蚀速度,同时又能起到除垢的效果。

2. 碱洗除垢法

碱洗除垢的效果远不及酸洗的显著,但对钢材腐蚀作用小,操作也简便。碱洗液由 Na_2CO_3、$NaOH$ 或 $Na_3PO_4 \cdot 12H_2O$ 配制而成。Na_2CO_3、$NaOH$ 碱洗液适用于硅酸盐水垢,$Na_3PO_4 \cdot 12H_2O$ 溶液适用于任何水垢。

一般情况下,每 1 m^3 水中,Na_2CO_3 用 10～20 kg(浓度为 1%～2%),$NaOH$ 用 2～4 kg(浓度为 0.2%～0.4%),$Na_3PO_4 \cdot 12H_2O$ 用 3～5 kg(浓度为 0.3%～0.5%)。碱洗时可在常压下长时间煮炉,一般不少于 24 h,最好煮40 h,碱煮后要立即冲掉泥渣,并打开锅炉进行机械除垢,否则泥渣又会重新硬化而难以清除。

3. 栲胶除垢

栲胶除垢也是一种常用的除垢方法。一般是用橡椀栲胶。实践证明,橡椀栲胶不仅可以用于锅炉的防垢,还可以用于除垢。有时将橡椀栲胶与碱性药剂一起进行协同除垢。

除垢机制:①疏松作用。由于橡胶中的主要成分单宁在碱性介质中,易水解成没食子酸,会对结垢的金属离子产生络合作用,对碳酸盐水垢产生溶解作用。②剥离作用。栲胶中的单宁具有较强的渗透性,甚至可以穿过垢层渗透到水垢和锅炉基体金属之间,在金属表面形成单宁酸铁保护膜,破坏了水垢与金属之间的结合强度。③改变晶型结构作用。栲胶与硫酸盐水垢作用,使硫酸盐水垢结晶由坚硬致密的针状或棒状结构变为较松软的团状结构。

9.4.3　工业锅炉的水处理

锅炉水处理是工业锅炉运行中不可缺少的内容,工业锅炉水处理方法很多,总体可分为锅外水处理和锅内水处理。锅外水处理主要是水的软化,即在水进入锅炉之前,通过物理的、化学的及电化学的方法除去水中的钙、镁硬度盐和氧气,防止锅炉结垢和腐蚀。锅内水处理就是往锅炉(或给水箱、给水管道)内投加药剂达到防止或减轻锅炉结垢和腐蚀的目的。整体而言,这两种方法的结合应用对于降低锅炉能耗有着很大的作用,并大幅度提高了安全性。但是,实际应用过程仍存在不足之处,仍有改进空间。

1. 锅外水处理

锅外水处理流程图如图 9.1 所示。

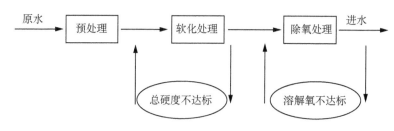

图 9.1　锅外水处理流程图

（1）预处理　在原水使用前应进行沉淀、过滤、凝聚等净化处理。对于高硬度或高碱度的原水，在离子交换软化前，还应采用化学方法进行预处理。化学预处理方法有：

① 石灰软化处理：将生石灰调制成石灰乳 $CaO+H_2O \!\Longrightarrow\! Ca(OH)_2$，配制成一定浓度的石灰乳溶液后加入水中反应如下：

$$Ca(HCO_3)_2+Ca(OH)_2 \Longrightarrow 2CaCO_3\downarrow+2H_2O \tag{9.19}$$

$$Mg(HCO_3)_2+2Ca(OH)_2 \Longrightarrow Mg(OH)_2\downarrow+2CaCO_3\downarrow+2H_2O \tag{9.20}$$

经石灰处理后，主要消除了水中钙、镁的碳酸氢盐，使硬度降低，但碱度不变。

② 石灰纯碱软化处理：除加石灰外，还要加入纯碱（Na_2CO_3），其作用是去除非碳酸盐硬度。这种方法适用于硬度大于碱度的原水，反应式如下：

$$CaSO_4+Na_2CO_3 \Longrightarrow CaCO_3\downarrow+Na_2SO_4 \tag{9.21}$$

$$CaCl_2+Na_2CO_3 \Longrightarrow CaCO_3\downarrow+2NaCl \tag{9.22}$$

$$MgSO_4+Na_2CO_3 \Longrightarrow MgCO_3\downarrow+Na_2SO_4 \tag{9.23}$$

$$MgCO_3+Ca(OH)_2 \Longrightarrow Mg(OH)_2\downarrow+CaCO_3\downarrow \tag{9.24}$$

③ 石灰-石膏软化处理：当原水中碱度大于硬度时，单纯石灰软化只能降低与碳酸盐硬度相应的那部分碱度，而其余的钠盐碱度是不能除去的。采用同时加入石灰和石膏（$CaSO_4$）的方法，则可在软化水的同时降低水的钠盐碱度，反应式为：

$$2NaHCO_3+CaSO_4+Ca(OH)_2 \Longrightarrow 2CaCO_3\downarrow+Na_2SO_4+2H_2O \tag{9.25}$$

（2）软化处理　采用离子交换软化，基本原理是当原水流经阳离子交换剂时，水中的 Ca^{2+}、Mg^{2+} 等阳离子被交换剂吸附，而交换剂中的可交换离子（Na^+ 或 H^+）则溶入水中，从而除去了水中钙、镁离子，使水得到了软化。离子交换软化法有以下几种：

① 钠离子交换软化法:钠离子交换剂是工业锅炉最常使用的离子交换剂,化学分子式用 Na·R 表示,当原水经钠离子交换剂时,水中的钙、镁离子被钠离子置换,其反应式为:

碳酸盐硬度:

$$Ca(HCO_3)_2 + 2NaR \rightarrow CaR_2 + 2NaHCO_3 \tag{9.26}$$

$$Mg(HCO_3)_2 + 2NaR \rightarrow MgR_2 + 2NaHCO_3 \tag{9.27}$$

非碳酸盐硬度:

$$CaSO_4 + 2NaR \rightarrow CaR_2 + Na_2SO_4 \tag{9.28}$$

$$MgSO_4 + 2NaR \rightarrow MgR_2 + Na_2SO_4 \tag{9.29}$$

钠离子交换法不仅可以除去永久硬度,也可以除去暂时硬度,而且处理前后水中的总碱度保持不变。处理后水的含盐量增加,因为钙镁盐等当量值转变成钠盐,而钠的当量值(23)比钙和镁的当量值(20.04)和(12.16)高,所以水的含盐量将有所提高。

随着交换过程的不断进行,交换剂中的 Na^+ 大部分被置换,出水中便含有 Ca^{2+}、Mg^{2+}(即出现了硬度),当硬度达到一定范围时,水就已经不再符合锅炉给水的标准了,说明交换剂已失效,此时就要再生,恢复交换剂的软化能力,所用的再生剂是食盐(NaCl)。

再生过程中,使含有大量 Na^+ 的氯化钠溶液通过失效的交换剂层,将离子交换剂所吸附的 Ca^{2+}、Mg^{2+} 强行排除掉,而 Na^+ 被交换剂所吸附,使交换剂重新恢复交换能力,其反应式如下:

$$CaR_2 + 2Na^+ \Longrightarrow 2NaR + Ca^{2+} \tag{9.30}$$

$$MgR_2 + 2Na^+ \Longrightarrow 2NaR + Mg^{2+} \tag{9.31}$$

② 部分钠离子交换软化法:该方法是让原水的一部分经过离子交换器,另一部分直接进入水箱。经钠离子交换后软水中 $NaHCO_3$ 在水箱中受热分解成为 Na_2CO_3,利用这些 Na_2CO_3,去软化未经钠离子交化器中的生水永硬,同时消除一部分碱度。

部分钠离子交换软化有如下特点:①减少钠离子交换器的负荷,这样就可减小设备容量;②可以软化、除碱而不需要另加药剂,并减少原用食盐的消耗量;③软化不彻底,尤其是当水中的永硬与总硬度之比小于 0.5,软化效果会更差。因此,这种方法只适用于小型锅炉,当水中的永硬与总硬度之比大于 0.5 时,作为软化除碱使用。

③ 氢-钠离子交换软化法：氢离子交换软化水的原理是利用离子交换剂中氢离子置换原水中的钙镁离子，反应式如下：

碳酸盐硬度：

$$Ca(HCO_3)_2 + 2HR \rightarrow CaR_2 + 2H_2O + 2CO_2 \uparrow \qquad (9.32)$$

$$Mg(HCO_3)_2 + 2HR \rightarrow MgR_2 + 2H_2O + 2CO_2 \uparrow \qquad (9.33)$$

非碳酸盐硬度：

$$CaSO_4 + 2HR \rightarrow CaR_2 + H_2SO_4 \qquad (9.34)$$

$$CaCl_2 + 2HR \rightarrow CaR_2 + 2HCl \qquad (9.35)$$

$$MgSO_4 + 2HR \rightarrow MgR_2 + H_2SO_4 \qquad (9.36)$$

$$MgCl_2 + 2HR \rightarrow MgR_2 + 2HCl \qquad (9.37)$$

由此可见，氢离子交换还有除盐的作用，除盐的量与水中的碳酸盐硬度的摩尔数相等。氢离子交换后水中有游离酸，产生的酸量与水中的非碳酸盐硬度的摩尔数相等。因此不能作为锅炉给水，氢离子交换不能单独使用，必须与钠离子交换联合使用，称为氢-钠离子交换，使产生的游离酸与经钠离子交换后生成的碱相中和，达到除碱的目的。

（3）除氧处理　水中往往溶解有氧(O_2)、二氧化碳(CO_2)等气体，锅炉易被腐蚀。GB 1576—2001 规定蒸发量≥6 t/h 的锅炉必须除氧，且含氧指标≤0.1 mg/L(此指标范围内氧腐蚀的速度缓慢)，而淡水中氧的溶解极限如表 9.15 所示，水的温度升高，氧的溶解度减小。

表 9.15　淡水中氧的溶解极限

水温/℃	0	5	10	15	20	40	60	80	90
溶解量/(mg/L)	14.6	12.8	11.3	10.2	9.2	6.5	4.8	2.9	1.0

溶解氧在炉水介质中，作为一种强的去极化剂，其腐蚀机制是：

$$O_2 + 2H_2O + 4e^- \Longrightarrow 4OH^- \qquad (9.38)$$

$$Fe \Longrightarrow Fe^{2+} + 2e^- \qquad (9.39)$$

众所周知，溶解氧与腐蚀速度成正比，即含氧量增大，腐蚀加剧，含氧量减小，腐蚀减缓。若将 pH 提高，则能减缓腐蚀，但实际上即使把 pH 提高到 10～12，依然会有氧腐蚀。而当水中没有溶解氧时，只要将 pH 调到 9.5～10 就会大为减缓乃至避免腐蚀。为此应尽量除去水中的氧，工业锅炉一般采用热力除氧，即引入具有一定压力的蒸汽将水加热至沸腾，水中的氧根据表 9.15 因溶解度减少而逸出。再将逸出的氧随少量凝结的蒸汽一起排出，以保证给水质量。热力除氧法的淋水盘式除氧器是一种理想的除氧装置，进水在 0.02～0.025 MPa 下加热到沸点 105℃，在除氧器内喷淋到足够的细度可以有效地除去氧气。

2. 锅内水处理

锅炉给水在炉外进行软化处理，可有效防止锅炉在受热面上结垢。但需要较多的设备和投资，增加了人员数量和维护费用，这对某些小型锅炉房是比较难实现的，此时可以考虑采用锅内水处理。锅内水处理是通过向锅炉给水投加一定数量的药剂，与形成水垢的盐类起化学作用，生成松散的泥垢沉淀，然后通过排污将泥垢从锅内排出，以达到减缓或防止水垢结生的目的。

（1）加碱处理　在汽包中加入纯碱（Na_2CO_3）作为作用药剂，利用水中过剩的 CO_3^{2-} 离子与 Ca^{2+}、Mg^{2+} 离子作用，反应如下：

$$Ca^{2+} + CO_3^{2-} =\!= CaCO_3 \downarrow \tag{9.40}$$

$$CO_3^{2-} + H_2O =\!= 2OH^- + CO_2 \uparrow \tag{9.41}$$

$$Mg + 2OH^- =\!= Mg(OH)_2 \downarrow \tag{9.42}$$

反应生成的 $CaCO_3$ 及 $Mg(OH)_2$ 呈泥渣状态，可随排污除去。

（2）加磷酸盐处理　当炉内压力较高时，纯碱会发生水解，其反应如下：

$$Na_2CO_3 + H_2O =\!= 2NaOH + CO_2 \uparrow \tag{9.43}$$

因此炉水中不能保持必要的 CO_3^{2-} 浓度，并且会产生苛性钠，使炉水碱度过高，对锅炉工作不利。这时通常采用磷酸三钠（$Na_3PO_4 \cdot 12H_2O$）作为锅内水处理的处理药剂。炉水中的钙、镁离子与磷酸根离子（PO_4^{3-}）结合生成溶解度小的钙镁磷酸盐类，反应式如下：

$$3CaSO_4 + 2Na_3PO_4 =\!= Ca_3(PO_4)_2 \downarrow + 3Na_2SO_4 \tag{9.44}$$

$$3CaCl_2 + 2Na_3PO_4 =\!= Ca_3(PO_4)_2 \downarrow + 6NaCl \tag{9.45}$$

$$3MgSO_4 + 2Na_3PO_4 =\!= Mg_3(PO_4)_2 \downarrow + 3Na_2SO_4 \tag{9.46}$$

$$3MgCl_2 + 2Na_3PO_4 =\!= Mg_3(PO_4)_2 \downarrow + 6NaCl \tag{9.47}$$

$Ca_3(PO_4)_2$、$Mg_3(PO_4)_2$ 等沉淀物是具有高度分散的胶体颗粒，在锅水中能作为补充的结晶中心，使 $CaCO_3$ 和 $Mg(OH)_2$ 在其周围析出，变成细小、分散状，而不易在金属表面附着，生成流动性较强的泥垢，可随排污除去。

（3）加入腐植酸钠　腐植酸钠在碱性条件下,羧基或酚羟基上的钠离子,可与水中的钙、镁离子进行交换,生成腐植酸钙、镁的沉淀而使水质得到软化;腐植酸钠胶溶物对钙、镁盐的分散、吸附、络合等作用,不但阻止了晶体的增长,而且所生成的泥垢黏度小、流动性强,很易随排污除去;腐植酸钠在碱性条件下,可与锅炉金属生成一层黑色的保护膜,且结构紧密、覆盖均匀、附着力强,是一种良好的缓蚀保护膜;腐植酸钠有较强的渗透作用,它能渗透到水垢和金属接触面上,与钙、镁盐发生复分解作用,使老水垢与金属表面的附着力降低而脱落。

3. 锅内简易水处理方法

（1）锅内加药水处理　锅内加药水处理是将药剂直接投加到锅筒或给水箱、给水管道中,使给水中的结垢物质经化学、物理作用生成松散、非黏附性的泥渣,通过排污将其排除,从而达到防止结垢或减轻锅炉结垢和腐蚀的目的。

锅内加药水处理的药剂,常用的有钠盐——氢氧化钠、碳酸钠和磷酸三钠,也有投加柞木、烟秸和石墨的。

① 钠盐法:俗称加减法水处理。碳酸钠进入汽锅后水解,使锅水中 pH 提高到 10.5 以上,并保持锅水中过剩的碳酸根。在锅水中反应可生成碳酸钙和氢氧化镁的水渣排出锅外。锅水中的钙离子浓度降低,就会减少硫酸钙和硅酸钙的产生,从而减少水垢的产生。

② 柞木法:将去皮柞木棒直接放在锅筒内,或放在给水箱中浸泡,可达到防垢的目的。其原理是:柞木中含有单宁、磷酸化合物及醋酸化合物。单宁溶于水成胶状态,表面积大,吸附硬度离子后成为泥渣。磷酸化合物的作用与磷酸三钠除垢作用相同。醋酸化合物的作用是使水垢中的钙、镁离子形成可溶性盐类,因而能使水垢轻松脱落。

③ 石墨法:石墨比重较大,能沉积在锅筒受热面上形成一层薄膜,阻止锅水中硬度盐分在受热面上生成水垢。同时,石墨具有吸附性,细小的石墨颗粒悬浮在水中可以吸附一部分硬度盐,形成泥渣沉淀。

（2）物理水处理　物理水处理是防垢和阻垢的另一类方法,其特点是不用添加任何药剂来参与化学反应而达到清除锅水中硬度或改变水中硬度盐类的结垢性质。

物理水处理的方法有热力软化法、磁化法和高频水性改变法等。

① 热力软化法是锅筒内装设锅内热力软化装置,利用水受热后碳酸氢盐分解而清除的原理。用这种方法处理,锅内会有沉淀,也仅能消除碳酸氢盐硬度,而且还有二氧化碳产生,现已使用很少。

② 磁化法是将原水流经磁场后,使水中钙、镁盐类在锅内不会生成坚硬水垢,而成松散泥渣,能随排污排出。

③ 高频水性改变法与磁化法水处理的原理相同,只是将原水流经高频电场而得到了处理。

4. 反渗透技术在锅炉水处理中的应用

反渗透技术又称逆渗透,其最大的优点就是可以达到分离、提取、纯化及浓缩的目的,这对于现代企业发展来讲至关重要。也可以将其理解为是一种以压力差为推动力,进一步从相应的溶液中推出溶剂的一种手段,如适用于海水、苦咸水淡化或水的软化处理。可以说,该技术能够达到预期的处理效果。该技术的工作原理是:将相同容积的稀溶液分别放在同一个容器的两侧,随后在两个溶液之间放入半透膜进行阻隔。通过实验手段,可以看到稀溶液中的溶剂将自然地穿过半透膜向浓溶液方向流动,这是反渗透的一个原理。

在工程上应用如华能长春热电厂锅炉水处理工程是对电站锅炉水杂质及水垢等进行处理,得到达标用水的水质处理工程。此工程水处理 500 m^3/d,水质要求较高,传统的水质处理方式无法满足。对比应用反渗透系统,通过污垢滤除等一系列处理,净化水源,使得水质各项指标达到标准。

在整个工程水质处理中,系统损耗电量费用和设备折旧费用较高,减少了药剂使用量,按照日处理锅炉水 500 m^3 计算,日耗费用 1 760 元。而传统锅炉水处理装置日耗费用在 2 000 元以上,并且污水处理超标情况频繁出现,不利于环境保护。所以,无论是费用消耗,还是环境保护,设计的反渗透系统优势更大一些,符合电站锅炉水处理要求。

9.5　蒸汽的净化

经汽水分离后输出的饱和蒸汽,往往含有水滴和杂质,它们会影响蒸汽的使用,并引起结垢、腐蚀等危害。净化蒸汽的目的就是使锅炉产生的蒸汽具有一定的纯净度,使它能够符合安全的标准。

9.5.1　蒸汽杂质的危害

(1) 一部分盐类杂质沉积在过热器管壁上,会增加管壁传热热阻,使管壁温度升高,严重时会使管子破裂,产生垢下腐蚀,以致发生爆管事故。

(2) 一部分杂质随蒸汽进入汽轮机内,沉积在汽轮机的通流部分,将使蒸汽的流通截面减小,叶片粗糙度增加,甚至改变叶片的型线,使汽轮机的阻力增大,出力和效率降低。

(3) 部分盐分沉积在蒸汽管道的阀门处,使阀门动作失灵及阀门漏气。

9.5.2　蒸汽杂质的带入

1. 机械携带

它是指蒸汽中含有水滴,而水滴内含有杂质。蒸汽进入过热器后,由于温度的升高,水滴被蒸干,其中溶解的盐类杂质会沉积在管壁上,还有一部分悬浮在过热蒸汽中。这里用湿度表示蒸汽携带水滴的大小,即:

$$\omega = \frac{水滴质量}{蒸汽的质量} \times 100\% \tag{9.48}$$

对于低压锅炉而言,蒸汽携带的盐分绝大部分是由蒸汽携带的水滴而带入的,则每千克蒸汽中的盐量为:

$$S_q = \frac{\omega}{100} S_g \tag{9.49}$$

式中:S_q——每千克蒸汽中的含盐量,mg/kg;

　　　S_g——每千克炉水中的含盐量,mg/kg。

2. 选择性携带

有一部分盐分是直接溶解在蒸汽中而被带入的,但因为各种盐分在蒸汽中的溶解度不同,蒸汽的溶盐存在选择性,因此称为选择性携带。

通常用分配系数 a_m 来表示某种盐类溶解在蒸汽中的能力:

$$a_m = \frac{S_q^m}{S_g^m} \times 100\% \tag{9.50}$$

式中:S_q^m——某种盐类溶解在蒸汽中的数量;

　　　S_g^m——某种盐类溶解在与蒸汽接触的炉水中的数量。

9.5.3　提高蒸汽品质的方法

1. 改善给水的品质

通过提高给水的品质既减少了炉水的含盐量,也可以减少蒸汽的含盐量。但是要想提高给水的品质就要改善水处理的方法,这就要通过技术经济比较,采用合理的水处理系统。

2. 增加炉水排污量

由于在锅炉中的给水不断蒸发浓缩,而使得炉水含盐量不断增加,因此为使炉水保持合格的水质要连续或间断地排出部分炉水。由于排污量的增加将使热损失和补水量增加,因此排污量的多少也要全面考虑。

3. 改进锅炉内部机械装置

为减少蒸汽的机械性携带,可以选择适当的汽水分离器,以提高汽水分离效率。为减少蒸汽的选择性携带,可以采用蒸汽清洗及分段蒸发等方法。

9.6　锅炉的排污及排污量计算

9.6.1　锅炉的排污

为了使锅炉水的水质符合规定的标准,采用锅炉排污的方法。排污方式分为连续排污和定期排污两种。连续排污是排除炉水中的盐分杂质;因上锅筒蒸发面附近的盐分浓度较高,所以连续排污就设在低水位下面,习惯上也称表面排污。定期排污主要是排除锅水中的水渣——松散状的沉淀物,同时也可以排除盐分,所以定期排污管开设在下集箱或锅筒的底部。在小型锅炉上,通常只设定期排污管。

锅炉排污与节能的关系是:若排污率超标每增加 1%,所消耗的能源 Q 占锅炉能耗的 $0.2\% \sim 1\%$,即:

$$Q \propto G_s \times H_s \times t/\eta \times 100\% \tag{9.51}$$

式中:G_s——表示锅炉一定工作压力下的排污饱和水量;

　　H_s——表示锅炉一定工作压力下的饱和水焓;

　　t——排污时间;

　　η——锅炉的热效率。

由公式可知,排污热量 Q 与排污饱和水量 G_s、饱和水焓 H_s、排污时间 t 成正比,与锅炉热效率成反比。因此,排污量越大、排污时间越长,其能耗就越大。因此,掌握锅炉的定期排污对节约能源有一定的作用。

锅炉排污的原则及安全性问题:目前,我国大部分锅炉当原水的硬度<175 ppm 时,排污率可控制在 $1\% \sim 10\%$。通常排污工作应按"勤排、少排、均匀排"的原则进行,须由专人按各排污点顺序逐个排污,以免遗漏。排污途中不得

易人或离人,最好通过大修查出锅炉何处污垢积聚最多,以便对该处加强排污。排污门的开启时间应短且须间断进行。一般每个排污点一次排污时间不得超过30 s,否则既浪费热能,又影响锅炉水循环,甚至发生水冷壁爆管,工业锅炉排污率一般在 5%～10%。排污工作时机的选择很重要,通常应在锅炉水位稍高,低负荷、高气压时为好,因为此时炉水沉淀物沉积于底部,且不易导致缺水,高气压时排污水流速高,便于排出污垢。由此可见,排污时水位低,应先补水,使水位保持在 +50 mm 左右,再开启排污门,并设专人监视水位变化,防止缺水。排污结束后,应戴手套摸一下排污管温度并察看排污扩容器,以判断排污阀关闭与否,若有杂物卡在阀芯处而泄漏,可重新开启一次阀后快速关闭;若因阀芯磨损而难以关严,应尽快安排修理,必要时停炉。

另外,排污管道上串联着两个排污阀、一个截止阀,用于快速启闭,称为一次门。另一个是行使缓慢开关功能,称为二次门,见图 9.2。其操作程序应遵守以下规则:首先全开二次门,然后微开一次门(尤其在冬季),预热排污管系后,再快开一次门排污,约 30 s 后先关闭一次门,后关闭二次门。否则,本来二次门相对处于冷态,不受带压高温炉水的侵蚀和沉渣作用,此时则受带压高温炉水冲刷,长此以往,会造成渗漏,其结果会使串联的两个排污门同时渗漏甚至泄漏。所以按一定的顺序进行操作非常必要。此外排污扩容器上宜设置 5～10 m 高的出汽筒,以防止蒸汽排出时烫伤操作人员。

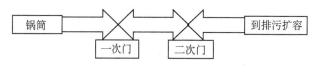

图 9.2　排污管道示意图

9.6.2　锅炉排污量计算

排污量的计算,可按含碱量的平衡关系式进行:

$$(D + D_{ps})A_{gs} = D_{ps}A_g + DA_q \tag{9.52}$$

式中：D——锅炉的蒸发量,t/h;

D_{ps}——锅炉的排污水量,t/h;

A_g——锅水允许的碱度,mg/L;

A_q——蒸汽的碱度,mg/L;

A_{gs}——给水的碱度,mg/L。

因蒸汽中的含碱量极小,常可忽略(即认为 $A_q \approx 0$),用排污量对蒸发量的百

分比,即排污率表示,则:

$$P_1 = \frac{D_{ps}}{D} \times 100\% = \frac{A_{gs}}{A_g - A_{gs}} \times 100\% \tag{9.53}$$

同样,排污率也可按含盐量的平衡关系求得,即

$$P_2 = \frac{S_{gs}}{S_g - S_{gs}} \times 100\% \tag{9.54}$$

式中：P_1——按碱度计算的排污率；

　　　P_2——按含盐量计算的排污率；

　　　S_{gs}——给水的含盐量,mg/L；

　　　S_g——炉水的含盐量,mg/L。

求得 P_1,P_2 后,取其中较大的数值。一般排污率应控制在 10% 以下。

在供热系统中尽可能回收凝结水,既能减少热损失,又能减少给水处理的费用。有凝结水返回锅炉房作为给水时,给水的水质以含盐量表示,则

一般凝结水含盐量很少,即认为 $S_n \approx 0$,则

$$S_{gs} = S_{ps}G \tag{9.55}$$

$$GS_{gs} = DS_q + D_{ps}S_g \tag{9.56}$$

$$S_{gs} = S_b\alpha_b + S_n\alpha_n \tag{9.57}$$

$$G = D + D_{ps} \tag{9.58}$$

$$S_{gs}G = S_b(\alpha_b G) + S_n(\alpha_n G) \tag{9.59}$$

蒸汽含盐量常认为很少,即 $S_q \approx 0$,

$$S_b\alpha_b G = S_{ps}S_g \tag{9.60}$$

$$S_b\alpha_b(D + D_{ps}) = D_{ps}S_g \tag{9.61}$$

$$P_2' = D_{ps}/D \times 100\% = S_b\alpha_b/(S_g - S_b\alpha_b) \times 100\% \tag{9.62}$$

式中：S_b——补给水的含盐量,mg/L；

　　　S_{ps}——排污水的含盐量 mg/L；

　　　S_n——凝结水的含盐量,mg/L；

　　　α_b、α_n——分别为补给水及凝结水占总给水的份额；

　　　G——总给水量,t/h。

当排污率 P 求出后,就可计算出排污量,其计算公式是：

$$G_s = P \cdot G \tag{9.63}$$

式中：G_s——为与一定排污率相对应的排污量，t；

G——为锅炉在两次排污时间内的给水量，t/h。

习题

1. 水垢是怎样形成的？水垢对锅炉有哪些危害？

2. 常用水质指标有哪些？它们的含义及单位是什么？

3. 锅炉给水处理方法有哪几种？

4. 锅炉给水除氧的目的何在？

5. 某厂某日水质化验数据如下：总碱度为 3.9 mg-N/L，总硬度为 7.7 °G，求此水的暂硬、永硬或负硬为多少？

6. 原水的碳酸盐硬度为 5.97 mg-N/L，钙离子含量为 73.8 mg/L，镁离子含量为 38.9 mg/L，试计算其永久硬度。

7. 某厂锅炉房原水分析数据如下：阳离子总计为 1 155.332 mg/L，其中 $K^+ + Na^+ = 146.906$ mg/L，$Ca^{2+} = 5.251$ mg/L，$Mg^{2+} = 1.775$ mg/L，$NH_4^+ = 1.200$ mg/L，$Fe^{3+} = 0.200$ mg/L。阴离子 353.042 mg/L，其中 $Cl^- = 26.483$ mg/L，$SO_4^{2-} = 82.133$ mg/L，$HCO_3^- = 219.661$ mg/L，$CO_3^{2-} = 24.364$ mg/L，$NO_2^- = 0.001$ mg/L，$NO_3^- = 0.400$ mg/L。总硬度为 1.142 °G，总碱度为 4.412 mg-N/L，溶解氧为 8.894 mg/L，可溶性二氧化碳为 14.00 mg/L，pH=8.85。试求其相对碱度，并说明是否需要除碱。

8. 某厂 SZD10-13 型锅炉的给水水质化验得 $HCO_3^- = 195$ mg/L，$CO_3^{2-} = 11.2$ mg/L，阴阳离子总和为 400 mg/L，试判断其相对碱度。

9. 若炉水碱度基本保持 14 mg-N/L，软水碱度为 1.6 mg-N/L，凝结水回收率为 40%。求此锅炉的排污率。

参考文献

［1］李之光，范柏樟. 工业锅炉手册[M]. 天津：天津科学技术出版社，1988.

［2］金定安，曹子栋，俞建洪. 工业锅炉原理[M]. 西安：西安交通大学出版社，1986.

［3］侯红霞. 浅谈锅炉水质处理工作的重要性[J]. 同煤科技，2006(4)：38.

［4］黄生琪，周菊华. 锅炉定期排污与安全、节能[J]. 江西能源，2003(1)：22-24.

［5］上海市劳动局锅炉安全监察处. 工业锅炉安全技术基础[M]. 北京：劳动人事出版社，1983.

［6］张敏.工业锅炉水处理节能降耗现状与对策探讨[J].中国新技术新产品,2011(22):118.

［7］郭丽群.水处理设备布置对工业锅炉安全经济运行的影响[J].黑龙江科技信息,2011 (26):44.

［8］陈宇勇,林举华.浅析有水处理工业锅炉结垢的原因及对策[J].广西轻工业,2011,27 (8):37.

［9］PetersC R. Water treatment for industrial boiler systems [J]. Industrial water engineering,1980,17(6):16,18-26.

［10］王仲贤,沈红新.新型工业锅炉水处理技术及应用[J].化学工程与装备,2011(8): 150-153.

［11］张明.工业锅炉水处理对锅炉能效的影响[J].科技传播,2010,2(15):17.

［12］张文辉,刘秀华.工业锅炉水处理[J].热能动力工程,2010,25(4):393.

［13］岳玉玲,吕葆华.工业锅炉水处理工作存在的问题和对策[J].科技创新导报,2010,7 (19):80.

［14］Mcglone K. Water treatment and steam boiler feed tank design[J]. Finishing, 1990, 14 (7):38.

［15］Anon. Boiler water treatment:a change of concept, components [J]. Energy management technology, 1986, 10(2):28-31.

［16］张炳雷,李越胜,杨树斌,等.基于水处理的工业锅炉节能研究[J].节能技术,2009,27 (6):555-557.

［17］李星华,顾建新.工业锅炉水处理问题浅析[J].科技信息,2009(13):428.

［18］林华曦.工业锅炉水质和水处理方法[J].锅炉制造,2008(1):25-28.

［19］国家市场监督管理总局,中国国家标准化管理委员会.工业锅炉水处理设施运行效果与 监测:GB/T 16811—2018[S].北京:中国标准出版社,2018.

［20］Hartung R W. Water quality needs for boiler water treatment are assessed[J]. Pulp and paper, 1990, 64(7):97-100.

［21］高静.工业锅炉微机自动化控制水处理系统的改造[J].有色设备,2005(2):42-44.

［22］查恩思,张国栋.工业锅炉磁化水处理应用分析[J].节能,2005,24(3):46-47.

［23］曹剑华,江开.小型工业锅炉水处理管理中常见问题的对策[J].工业锅炉,1996(4): 30-32.

［24］陈卫平.从水处理设备布置谈工业锅炉的安全经济运行[J].工业锅炉,1996(4):32-33.

［25］叶德全.工业锅炉水处理装置的改造[J].设备管理与维修,1995(9):15-16.

［26］李贵素.工业锅炉水处理方法和系统的选择[J].中国井矿盐,1991,22(2):39-42.

［27］Tinham B. Boiler breakthrough[J]. The Plant Engineer:the journal of the institution of plant, 2009(NOV/DEC):8-9, 11.

[28] 吴味隆,等.锅炉及锅炉房设备[M].5版.北京:中国建筑工业出版社,2014.

[29] 国家市场监督管理总局,中国国家标准化管理委员会.工业锅炉水质:GB/T 1576—2018
[S].北京:中国标准出版社,2018.

[30] 石永.工业锅炉水处理及其节能减排措施研究[J].中国资源综合利用,2021,39(9):
182-184.

[31] 国家环境保护总局,国家质量监督检验检疫总局.地表水环境质量标准:GB 3838—2002
[S].北京:中国环境科学出版社,2002.

[32] 佟得吉.反渗透技术在电站锅炉水处理中的工程应用[J].中阿科技论坛(中英阿文),
2019(3):36-39.

第10章　工业锅炉的除尘和脱硫脱氮

我国是一个耗能大国,又是一个能源紧缺的大国,特别是非再生能源储量少。近几年,环境与能源现状严峻,环境污染现象也颇为严重。我国大气污染的来源有燃料燃烧、企业生产、交通运输。煤燃烧产生的 SO_2、NO_x 等废气是大气污染的主要来源,SO_2 主要是由燃煤排放产生。我国是以煤炭为主要能源的国家,煤炭产量居世界第一位,而高硫煤的储量占煤炭总储量的 $20\%\sim25\%$。

燃料燃烧产生的废气中,有尘粒、硫和氮的氧化物、碳氢化合物、CO 等主要的有害污染物。此外,还有一些别的有害气体和金属微粒。电力工业的电站锅炉和工矿企业的工业锅炉主要排放的污染物是烟尘、二氧化硫和氮的氧化物。随着燃料品种、燃烧方式、燃烧条件不同,其中污染物的质和量都有显著的变化。

根据《全面实施燃煤电厂超低排放和节能改造工作方案》的要求,到 2020年,全国所有具备改造条件的燃煤电厂力争实现超低排放,在基准氧含量 6% 的条件下,烟尘、SO_2 和 NO_x 排放浓度分别不高于 10 mg/m³、35 mg/m³ 和 50 mg/m³,此限值对燃煤机组 SO_2 和 NO_x 的要求已与《火电厂大气污染物排放标准》(GB 13223—2011)燃气机组一致。通过全面推行超低排放,全国火电行业烟尘、SO_2 和 NO_x 排放绩效和排放量较 2016 年均显著下降,2019 年电力行业的 SO_2 和 NO_x 排放量已经降到 89 万 t 和 93 万 t。

除此之外,我国针对以燃煤、燃油和燃气为燃料的单台出力 65 t/h 及以下的蒸汽锅炉,各种容量的热水锅炉和有机热载体锅炉以及各种容量的层燃炉、抛煤机炉,专门制定了《锅炉大气污染物排放标准》(GB 13271—2014)。该标准规定了锅炉烟气中颗粒物、二氧化硫、氮氧化物、汞及其化合物的最高允许排放浓度限值和烟气黑度限值。林格曼黑度就是用视觉方法对烟气黑度进行评价的一种方法。共分为六级,分别是 0、1、2、3、4、5 级,5 级为污染最严重。见表 10.1和表 10.2。

表 10.1　在用锅炉大气污染物排放浓度限值

污染物项目		限值			污染物排放监控位置
		燃煤锅炉	燃油锅炉	燃气锅炉	
颗粒物	单位:mg/m³	80	60	30	烟囱或烟道
二氧化硫		400 550①	300	100	
氮氧化物		400	400	400	
汞及其化合物		0.05	—	—	
烟气黑度 (林格曼黑度)/级		≤1			烟囱排放口

注:①位于广西壮族自治区、重庆市、四川省和贵州省的锅炉执行该限值。

表 10.2　新建锅炉大气污染排放浓度限值

污染物项目		限值			污染物排放监控位置
		燃煤锅炉	燃油锅炉	燃气锅炉	
颗粒物	单位:mg/m³	50	30	20	烟囱或烟道
二氧化硫		300	200	50	
氮氧化物		300	250	200	
汞及其化合物		0.05	—	—	
烟气黑度 (林格曼黑度)/级		≤1			烟囱排放口

本标准由环境保护部于 2014 年 4 月 28 日批准。新建锅炉自 2014 年 7 月 1 日起、10 t/h 以上在用蒸汽锅炉和 7 MW 以上在用热水锅炉自 2016 年 7 月 1 日起执行本标准;《锅炉大气污染物排放标准》(GB 13271—2001)自 2016 年 7 月 1 日废止。各地也可根据当地环境的需要和经济与技术条件,由省级人民政府批准提前实施本标准。

国内环境质量标准规定居民区大气中有害物质最高容许浓度如表 10.3 所示。

表 10.3　居民区大气中有害物质最高容许浓度

物质名称		最高容许浓度	
		一次	日平均
煤尘	单位:mg/m³	0.15	0.05
风尘		0.5	0.15

（续表）

物质名称		最高容许浓度	
		一次	日平均
CO	单位:mg/m³	3.0	1.0
SO₂		0.5	0.15
NO		0.15	—
噪声/dB		35~90	

10.1　烟气除尘

为了降低工业锅炉排烟含尘量,使其在规定的标准范围内,要考虑对设备加装除尘装置。燃烧方式不同对除尘设备的要求就不一样,烟尘颗粒度组成不同,要求的除尘器形式也不一样。所以燃烧方式是选择除尘设备的重要依据。

烟气除尘过程实际上是一个气固分离的过程:当含尘气流进入某一分离区时,在几种力的作用下,尘粒偏离气流运动轨迹,经过足够长的时间移动并附着在分离界面上,不断被除去以便为新尘粒的附着创造条件。

除尘过程需具备的条件是:

（1）有能使尘粒运动轨迹偏离气流流线的作用力;

（2）有可供尘粒附着的分离截面;

（3）有足够时间以保证尘粒能够移动到分离界面;

（4）能使已附着于分离界面上的颗粒不断被除去而不会重返气流中。

10.1.1　除尘器分类

充分燃烧是消烟除尘和节约燃料的前提,节约燃料的本身也就减少了污染。但改进燃烧并不能完全代替除尘,对一些机械化燃烧的工业锅炉,燃烧工况较好,燃烧也较充分,但排烟含尘浓度仍然很高,超出国家排放标准,仍然需要设置除尘器。

除尘器按其作用原理可分为四大类型:

（1）机械力除尘器　利用重力、惯性力和离心力将烟尘颗粒分离出来,如旋风分离器。

（2）洗涤式除尘器　也称湿式除尘器,利用含尘气流与水等液体表面接触除尘,如水膜除尘器。

（3）过滤式除尘器　其原理是使含尘气流通过过滤介质而使烟尘从烟气中分离，如袋式除尘器。

（4）电力除尘器　利用高压电场产生的静电力使烟尘带电，从而定向移动，从烟气中分离。

各除尘器的性能比较如表 10.4 所示。

表 10.4　四类六种除尘器的比较

除尘器类型	最佳粒径范围/μm	制造安装费	运行管理费	备注
机械力除尘器	>100	低	低	占地大，效率低，<5 μm 粒子分离难
	>50	中	低	
	5~20	中	中	
洗涤式除尘器	0.1~5	高	高	洗涤污水须处理
过滤式除尘器	0.1~1.0	高	高	需及时清灰
电力除尘器	0.01~1.0	很高	中	对于高浓度粉尘运行费很高

10.1.2　除尘器的主要参数

锅炉除尘装置的工作性能指标主要有除尘效率、除尘器阻力及漏风量。

1. 除尘器漏风量的测定

最简单的方法是在除尘器正常工作时，测出其进口的烟气量 Q_j 和出口烟气量 Q_c，则得到除尘器的漏风量 Q_l。

$$Q_l = Q_c - Q_j \tag{10.1}$$

有时也用漏风系数来表示漏风量的大小：设在进出口烟气量为 Q_j 与 Q_c，又测得进出口的 SO_2 体积浓度为 C_j 和 C_c，按质量守恒原理，SO_2 成分经过除尘器前后应保持不变，即

$$Q_j \cdot C_j = Q_c \cdot C_c \tag{10.2}$$

得漏风系数：

$$\beta = \frac{Q_c}{Q_j} = \frac{C_j}{C_c} \tag{10.3}$$

2. 除尘效率的测定

除尘效率一般用 η 表示：

$$\eta = \frac{G_\mathrm{j} - G_\mathrm{c}}{G_\mathrm{j}} \times 100\% \tag{10.4}$$

式中：G_j——除尘器进口烟气量 Q_j 与进口含尘浓度 C_j 的乘积，表示每秒钟进入除尘器的烟尘质量，单位为 mg/s；

　　G_c——除尘器出口烟气量 Q_c 与出口含尘浓度 C_c 的乘积，表示每秒钟排出除尘器的烟尘质量，单位为 mg/s。

3. 除尘器阻力的测定

除尘器阻力，即烟气流过除尘器的压力损失，它的大小直接关系到引风机的压头和能耗。在除尘效率一定的条件下，阻力大，则引风机所需提供的压头越高，耗电量越大。因此，除尘器阻力是衡量除尘器性能和运行费用的重要指标之一。通常把除尘器阻力小于 500 Pa 的除尘器称为低阻除尘器，500～2 000 Pa 为中阻除尘器，大于 2 000 Pa 的为高阻除尘器。

在正常运行时，测定除尘器进出口的全压 H_j 和 H_c，那么，进出口全压之差 ΔH 便是该除尘器的阻力，即：

$$\Delta H = H_\mathrm{j} - H_\mathrm{c} \tag{10.5}$$

若进出口管道直径相等，则更加方便，只要在除尘器进出口管道上各开一个静压孔，用 U 形管便可测得该除尘器的阻力。

10.1.3　除尘装置的选择

除尘设备的主要性能指标有：表示除尘效果的除尘效率和分级除尘效率，表示能耗指标的压降或阻力，表示生产能力的处理气量，表示经济性能的单位处理气量的造价、维修及运行费用等。

1. 除尘装置选用方针

（1）工业锅炉和采暖锅炉原则上都必须采取消烟除尘的措施，而且要与主体工程同时设计，同时施工，同时投产。

（2）因地、因炉、因燃料制宜，综合考虑消烟除尘、节约燃料、节约电力以及材料消耗、制作能力、运行费用、使用寿命、占地面积和维护管理等各项因素。

（3）掌握除尘对象的性质及其变化，根据除尘装置的工作特性及其适用范围，选择与其相匹配的除尘设备。

不同形式的除尘装置对于颗粒分散度具有不同的适应性。在选择除尘装置时要从不同的方面进行考虑，包括颗粒的组成和颗粒的分散度。

表 10.5 和表 10.6 分别给出了不同燃烧方式的国产工业锅炉的排烟含尘颗

粒的组成和颗粒分散度。

表 10.5 不同燃烧方式的国产工业锅炉的排烟含尘颗粒的组成 单位：%

烟尘的颗粒百分组成	手烧炉	链条炉	抛煤机	煤粉炉	沸腾炉
小于 10 μm 的含量	5	7	11	25	4
小于 20 μm 的含量	8	15	23	49	10
小于 44 μm 的含量	30	25	42	79	20
小于 74 μm 的含量	40	38	56	90	26
小于 149 μm 的含量	49	57	73	98	74
大于 149 μm 的含量	51	43	27	2	26

表 10.6 不同燃烧方式的国产工业锅炉的排烟含尘颗粒分散度

粒径 /μm	锅炉类型						
	手烧炉（自然引发）/%	手烧炉（机械引风）/%	链条炉排炉 /%	往复炉排炉（机械引风）/%	抛煤机锅炉 /%	煤粉炉 /%	沸腾炉 /%
<5	1.2	1.3	3.1	4.2	1.5	6.4	1.3
5～<10	4.6	7.6	5.4	9.9	3.6	13.9	7.9
10～<20	14.0	6.65	11.3	12.4	8.5	22.9	13.8
20～<30	10.6	8.2	8.8	10.6	8.1	15.3	11.2
30～<47	16.9	7.5	11.7	13.8	11.2	16.4	15.4
47～<60	9.1	15.6	6.9	6.7	7.0	6.4	10.6
60～74	7.4	3.2	6.3	7.0	6.1	5.3	11.21
>74	36.2	50.0	46.5	36.4	54.0	13.4	28.6

由上表可知，手烧炉和链条炉等层燃方式的烟尘的颗粒组成相近，10 μm 以上的颗粒占 90%，大部分尘粒在 50～200 μm 的范围内，而煤粉炉的尘粒小于 20 μm 的含量约占 50%，沸腾炉的尘粒小于 10 μm 的不到 10%。不同燃烧设备所产生的烟尘量以及颗粒尺寸的分布，对除尘装置类型的选择有着决定性的意义。

烟尘分散度除受燃烧方式的影响外，也会随锅炉的负荷变化。大于 76 μm 的粗灰粒的排出量随锅炉负荷增加而增加；而小于 1 μm 的细烟尘量却随之下降。所以锅炉在低负荷时，排烟中细灰量大，高负荷时则大部分是粗灰。当然，颗粒分散度也与锅炉运行操作条件有关。

2. 锅炉排烟的含尘浓度

锅炉排烟的含尘浓度是影响除尘器工作性能的一个重要指标，也是除尘器选用时必须周密考虑的一个重要因素。应使除尘器能较高效率地工作的理想含尘量与锅炉排烟含尘浓度的变化范围相适应。

在选用除尘器时,对于含尘浓度这一因素,一般可做如下考虑:

(1) 对于重力、惯性和离心式除尘器,一般情况下,含尘浓度与除尘器的除尘效率成正比,含尘浓度越大,除尘效率越高。但是各型除尘器对于锅炉排烟的含尘浓度具有不同的适应性。

(2) 对于文丘里洗涤器等湿式除尘装置,考虑到喉部的摩擦损耗和喷倒着塞等方面的问题,一般初始含尘浓度保持在 10 g/Nm³ 以下。

(3) 对于袋式过滤除尘等装置,初始含尘浓度低时,整体除尘性能较好。当初始含尘浓度很高时,宜采用重力、惯性或其他除尘器进行预处理,并采用连续清灰方式。对于袋式过滤除尘装置,其理想的进口含尘浓度尽可能保持在 0.2~10 g/Nm³ 的范围内。

(4) 对于电气除尘器,含尘浓度高时会产生集尘极锤击次数增加,部分烟尘产生二次飞扬并被裹入排出烟气中等一些问题,进而导致除尘效率下降。一般,考虑烟气的初始含尘浓度在 30 g/Nm³ 以下。

3. 其他考虑因素

在选用除尘器时,除了要对烟尘粒度分布和含尘浓度有所分析外,尚应考虑如下几个因素:

(1) 选用重力、惯性和离心除尘器时应掌握烟尘的比重。

(2) 选用电气除尘器时应掌握粒子的比电阻值,电气除尘器的尘粒比电阻应保持在 $10^4 \sim 2 \times 10^{10}$ Ω·cm 的范围内。

(3) 对于袋式和过滤式除尘器,为保证其安全运行,防止其堵塞,要考虑尘粒的黏附性。

(4) 不同的除尘器对于烟气流量的变化有不同的适应性,在选用除尘器时应尽量使烟气流量的变化与除尘器适宜的烟气流速相适应。

(5) 烟气温度高时,尘粒黏度大,离心或电气除尘效率下降。而在 100~200 ℃ 之间,烟尘的比电阻呈现最高值,烟温也受到滤布材料耐温的限制,为防止腐蚀、堵灰,烟温应高于露点 20 ℃。

10.1.4　除尘器简介

针对不同的燃烧设备和除尘要求,工业锅炉可以采用不同的除尘装置。但工作原理通常是利用作用在烟尘粒子上的重力、惯性力、离心力、电场力使其从烟气中分离出来,也有的采用洗涤或过滤的方法。对于任何一种除尘装置,可能同时应用上述一种或几种工作原理。按净化烟气时是否采用水来喷射或洗涤，除尘方式分为干式和湿法两类。下面介绍几种常用的除尘装置。

1. 旋风除尘器

工业锅炉的烟气除尘，大都采用旋风除尘器。其工作原理是：切向进口的气流在筒内做旋转运动，其中的烟尘粒子受到离心力的作用而被甩到壁面上，而后在重力的作用下从烟尘中分离出来。它具有结构简单紧凑，制造、安装和运行方便，以及除尘效率和阻力适中等优点。由于离心力较重力大几百倍甚至上千倍，因而离心式除尘器相比重力沉降式除尘器可分离更小的尘粒。理论分析得出旋风筒内灰粒的分离速度为：

$$w = \frac{d^2(\gamma_1 - \gamma_g)}{18 \cdot \mu} \cdot \frac{v}{gR} \tag{10.6}$$

式中：w ——灰尘的分离速度，m/s；

$\quad$ d ——灰粒直径，m；

$\quad$ γ_1、γ_g ——分别为灰粒和烟气的质量，kg/m³；

$\quad$ v ——灰粒的切向速度，m/s；

$\quad$ R ——平均旋转半径，m。

由此可见：分离速度（或分离效率）与气流切向速度的平方成正比，但当进口速度由 15 m/s 增加到 35 m/s 时，除尘效率几乎不变，而压力损失却大大增加，因此，旋风分离器进口烟速大多取为 15～20 m/s。分离速度与气流的平均旋转半径成反比，小直径旋风筒除尘效率高。灰粒的分离速度与灰粒直径成正比，因而进入除尘器的灰粒直径越大，除尘效率越高。除尘效率与灰粒子直径的关系见表 10.7。一般旋风除尘器对大于 10 μm 的灰粒除尘效率高，所以旋风除尘器多用于层燃炉除尘或作为煤粉炉、沸腾炉双极除尘的第一级。

表 10.7 除尘效率与灰粒子直径的关系

灰粒子直径/μm	0～5	>5～10	>10～15	>15～30	30 以上
除尘效率/%	15～20	55～60	88～96	94～99	98～99

旋风除尘器是一种能使含有微尘的气体旋转，并依靠离心力达到气固分离的装置。旋风除尘器的种类有很多，按粒子分离效率的高低可分为高效和中效；按处理气量的能力可分为大流量和中流量；按压降大小分为高阻和低阻；也可以根据外形分为长锥体、长筒体、扩散式和旁通式等；根据旋风除尘器的位置分为立式、卧式和倒装式；还有人根据组合情况分为单筒与多管旋风除尘器等。针对

某些特殊工况下空气系统的除尘装置,采用具有体积小、流动损失低、分离效率高等优点的轴向导叶式直流旋风除尘器,也称为涡旋管粒子除尘器。

下面着重介绍工业锅炉烟气除尘系统中常用的一些旋风除尘器,但它仅是旋风除尘器中的一小部分。

(1) 普通的旋风除尘器　应用较多的旋风除尘器如图 10.1 所示。它们适用于除尘要求不高的层燃式工业锅炉。能够捕捉 10 μm 以上的灰尘颗粒。烟气入口速度为 15~20 m/s,阻力为 490.6~980.7 Pa,除尘效率可达 70%~90%。它具有结构紧凑、设备费用较低、除尘效率高的优点,但其阻力大且易磨损。

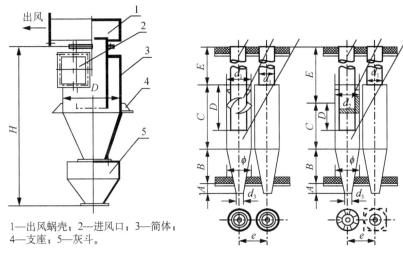

1—出风蜗壳；2—进风口；3—简体；
4—支座；5—灰斗。

图 10.1　旋风除尘器　　　图 10.2　立式多管旋风除尘器

(2) 立式多管旋风除尘器　这种除尘器在国内外工业锅炉与小型电站锅炉中广泛应用。它是由若干单个立式旋风子装箱组合而成,具有螺旋形及花瓣形导向装置,其结构如图 10.2 所示。

立式多管旋风除尘器的主要工作特性如下:

① 立式多管旋风除尘器的除尘效率较稳定,除尘效率一般可达 80%~85%,对于 5 μm 的粉尘、微细粉尘具有较高的净化能力。

② 负荷适应性好,当锅炉负荷从 100%变至 75%时,除尘效率仅下降 1%。进口烟速一般约为 20 m/s,烟气阻力为 686.5~882.6 Pa。曾在国内一些抛煤机炉和小型煤粉炉上使用,可用于蒸发量 $D \geqslant 6.5$ t/h 的中小型抛煤机锅炉或中小型煤粉炉,除尘效果良好,但因金属耗量很高,每净化 1 000 m³/h 烟气需350~400 kg,所以未能得到推广使用。

③ 单个旋风子加工装配严格,其排灰孔易堵灰,影响除尘效果,而且检修时

需拆开设备,工作量大。

④ 立式多管旋风除尘器不适用于处理具有黏结性的烟尘。

(3) 影响旋风除尘器效率的因素

① 入口速度。在一定范围内,提高入口速度 u_0,可以提高除尘效率。u_0 一般为 $12\sim20$ m/s 为宜。不低于 10 m/s,以防入口管道积灰。但速度太高,既增加了阻力损失,又会因气流强烈旋流而把已分离的尘粒重新带走。

② 除尘器的结构尺寸。筒体直径愈小,除尘效率愈高。减小排出筒直径,有利于捕集更小的粒子;适当增加锥体长度,有利于提高除尘效率。锥体角度一般以 $20°\sim30°$ 为宜。

③ 除尘效率随粉尘粒径和密度增大而提高。

④ 除尘效率随气体的温度和黏度的增高而降低。

⑤ 除尘器下部的严密性。若除尘器下部不严密,漏入了冷空气,则会降低除尘效率。

除此之外,近年来,旋风除尘器也有了新的形式如方型旋风筒除尘器。通常情况下除尘器的效率越高则其阻力越大,有时为了减少阻力损失,除尘效率可能有所下降。而这种方型旋风筒加装了导流叶片,兼顾了两者,从而实现了设计优化。还有一种旋风惯性沉降式除尘器,这种除尘器结合了重力沉降、惯性分离和离心分离等原理,提高了除尘效率。

2. 过滤式除尘器

过滤式除尘器按种类分为袋式除尘器和颗粒层除尘器。袋式除尘器的结构如图 10.3 所示,它是利用棉、毛或人造纤维等加工的滤料进行过滤。粗尘粒首先靠碰撞、拦截等作用被捕集,并在网孔之间产生"架桥"现象,使小颗粒黏附其上,形成初次黏附层。而后,在初层上逐渐堆积成粉尘层,使滤布成为对粗、细粉尘皆可有效捕集的滤料。所以,袋式除尘器除了靠滤料的碰撞拦截作用外,主要是靠粉尘层的筛滤作用。随着过滤的进行,粉尘层不断增厚,效率增高,阻力也增大,过滤到一定时间后,需要进行清灰。但清灰又不能过度,否则将影响粉尘层的滤筛作用。这

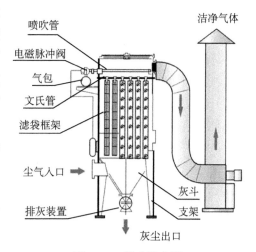

图 10.3　袋式除尘器

种除尘器的特点是可分离大于 1 μm 的烟尘粒子,其除尘效率高达 99%。但其阻力较大,一般为 1 000～2 000 Pa。此外,因受布袋材质耐温的限制,只能在一定的温度下工作;可处理大量含尘浓度高的烟气;对粉尘特性不敏感。

颗粒层除尘器是以硅砂、砾石、矿渣和焦炭等颗粒作为滤料,去除含尘气流中的粉尘的一种内滤式除尘器。由于能耐高温、耐腐蚀、耐磨损,除尘效率高,维修费用低,已引起人们的重视。

颗粒层除尘器的结构形式有很多种,常见的有靶式颗粒层除尘器、沸腾床颗粒层除尘器和移动床颗粒除尘器。图 10.4 是使用广泛的靶式颗粒层除尘器的一种形式。其中 10.4(a)为工作(过滤)状态,含尘气体经总管(1)切线进入旋风筒(2),粗颗粒在此被清除;而气流通过插入管(4)进入过滤室(5)中,然后向下通过滤床层(6)最终被净化。干净气体由净气室(7)经阀门(8)到净气总管(9)排出。图 10.4(b)为清灰状态。此时阀门(8)将净气总管(9)关闭,打开反吹风口,反吹气体先经干净气体室(7),然后向上通过滤床层(6);与此同时,耙子的旋转将凝聚在颗粒上的粉尘剥落下来,经插入管(4)吹至旋风筒(2)中沉降;然后气流返回到含尘气体总管,进入并联的其他正在工作的颗粒层除尘器中净化。

近年来,颗粒层除尘器开始应用在炼焦、化工和冶金等工业领域,在工业锅炉、燃煤炉窑、高炉煤气干除尘等场合应用日益广泛。

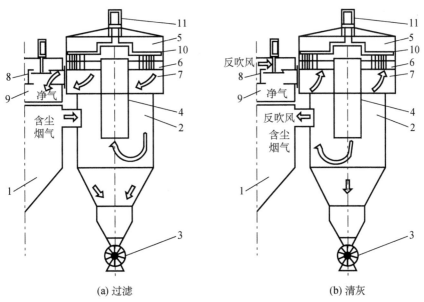

(a) 过滤　　　　　　　　　　(b) 清灰

1—切线;2—旋风筒;3—排灰阀;4—插入管;5—过滤室;
6—滤床层;7—净气室;8—阀门;9—净气总管;10—耙子;11—电机。

图 10.4　单层靶式颗粒层除尘器

3. 电除尘器

电除尘器本体的主要构件包括:电极系统清灰系统、排尘设备、烟道系统及保护电晕极绝缘子的空气气幕绝缘箱。图10.5为一个电除尘器的简图。

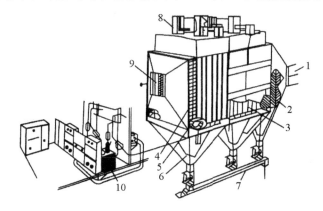

1—含尘气体入口;2—气流分布板;3—集尘极;4—放电极;5—振打机构;
6—除尘装置;7—绝缘子室;8—清洁气体出口;9—供电装置;10—高压电源。

图10.5　板式电除尘器

工作原理:在放电极(负极)和集尘极(正极)上加3万~9万 V 直流电压,当含尘烟气从其间穿过时,出现电晕放电,引起气体在放电极附近离子化,正离子一般立刻被放电极的电子所中和,负离子则附着在烟尘粒子上,使之带负电荷并在电场力作用下往集尘极运动,最后被集尘极捕获,然后通过敲打使尘粒落入底部灰斗。其工作原理图如图10.6所示。

电除尘器的电场力是在几万伏至几十万伏的高压作用下的静电场中形成的。带有粉尘的烟气流过电除尘器时,经历气体电离、粉尘荷电、荷电粉尘被捕集、从集尘板上清灰等四个阶段。

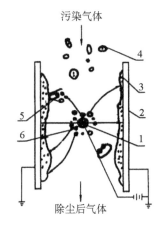

1—放电极;2—集尘板;3—粉尘层;
4—未荷电的粉尘颗粒;
5—荷电的粉尘;6—电晕区。

图10.6　静电除尘器工作原理

(1)电除尘器主要工作特性

① 电除尘器的除尘效率较高,可以根据条件和要求,设计效率可达95%~99.99%。

② 电除尘器能捕集0.01~5 μm 的微细尘粒,且能收集100 μm 以下各种粒级的粉尘。

③ 烟气阻力较小,一般为 49～196.1 Pa。

④ 处理烟气量较大,单台容量可达 10^3～$2×10^6$ m³/h。

⑤ 对烟尘浓度的适应性较好。

⑥ 电除尘器对烟气温度变化也比较敏感,一般电除尘器,烟气温度宜在 250 ℃以下;高温宜控制在 300 ℃以下。

⑦ 电除尘器对灰尘比电阻有较严格的要求,一般应控制在 10^4～$2×10^6$ Ω·cm。

⑧ 电除尘器结构较复杂,设备较庞大,占地面积大,设备制造和安装以及运行维护都有严格要求,同时除尘效率易受操作因素的影响,要求有较高的维护管理水平。

(2) 影响静电除尘效率的因素

① 尘粒的比电阻:尘粒比电阻在 10 Ω·cm 以下时,易脱离沉积极而重回到烟气流中去,最好的比电阻是 10^4～$2×10^6$ Ω·cm,当高于 $2×10^6$ Ω·cm 时,尘粒容易覆盖电极而起绝缘体的作用,影响除尘效率。

② 烟气流速:为防止沉降尘粒的二次夹带,一般都有临界值,一般锅炉飞灰的临界速度为 2.4 m/s,炭黑为 0.6 m/s,通常烟速都控制在 0.8～1.5 m/s 范围内。

③ 烟温:通常烟温为 100～250 ℃,超过 300 ℃后普通的碳钢构件易变形。

④ 含尘浓度:当电除尘器中烟气含尘浓度大于 200 g/m³ 时,就会发生电晕封闭。为燃煤锅炉设计的电除尘器含尘浓度的适应范围为 7～30 g/m³,当含尘浓度超过 35 g/m³ 时,要采取措施将烟气稀释。

⑤ 粒度:电除尘器的粒度使用范围是 0.01～80 μm,如果小于 0.01 μm 应先凝聚,当大于 80 μm 应加前置旋风子。工业锅炉烟尘粒子基本在 1～100 μm 范围内,都能被电除尘器捕集下来。

(3) 电除尘器的适用范围

适用于粉尘颗粒较细、浓度较高及含尘烟气量较大的锅炉及环境要求较高的企业。

4. 湿式除尘器

(1) 洗涤器除尘的工作原理　烟气中的灰尘具有亲水性,利用这一特性,用水洗涤烟气,将灰尘捕集下来的装置称为湿式除尘器。常用的湿式除尘器有离心式水膜除尘器(钢板制成或麻石砌筑等)、管式水膜除尘器(玻璃管、钢管等)、冲击水浴、湿式挡板等。离心式水膜除尘器由外筒体、淋水装置,灰斗,排灰管及进、出烟管等组成,如图 10.7 所示。工作原理:含尘烟气以 20 m/s 左右的流速由除尘器下部从切线方向进入除尘器筒体内,继而形成螺旋上升的气流;烟气中的尘粒在离心力作用下被甩向筒壁,围绕在除尘器上部的喷水管喷出的水在圆筒内壁上形成水膜,并沿壁往下流,烟气中的尘粒在遇到水膜后被润湿而随水膜流入灰斗中;含尘的废水在经落灰管溢流后流入沉淀池。目前这一设备也有些问题:含尘废水如果得不到很好的处理,就会对设备和土建基础造成腐蚀。采用麻石砌筑除尘器或筒体内贴瓷砖等耐磨抗腐材料,可使腐蚀问题得到一定程度的解决,但是废水处理也应引起足够重视。

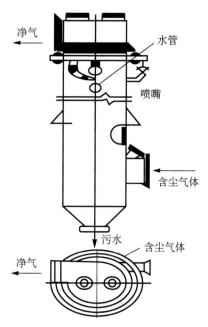

图 10.7　离心式水膜除尘器

(2) 洗涤器的性能　洗涤器可分为低能和高能洗涤器两大类。低能洗涤器的压力损失为 0.25～1.5 kPa。其耗水量(水气比)一般为 0.4～0.81 L/m³。对于大于 10 μm 的粉尘,其除尘效率可达 90%～95%。高能洗涤器压力损失为 2.5～9 kPa,对于 5 μm 以下的尘粒除尘效率达 90% 以上。因此,高能洗涤器常用于高炉煤气、转炉煤气、造纸和化铁炉的烟气除尘,而低能洗涤器一般用于焚烧炉、化肥生产、石灰窑等烟气除尘。

(3) 洗涤器的形式

洗涤器依其净化机制可分为七类,如图 10.8 所示。

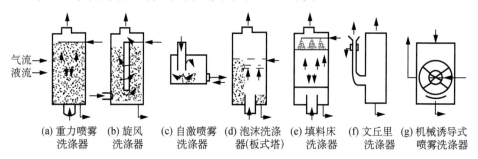

气流
液流

(a) 重力喷雾
洗涤器　(b) 旋风
洗涤器　(c) 自激喷雾
洗涤器　(d) 泡沫洗涤
器(板式塔)　(e) 填料床
洗涤器　(f) 文丘里
洗涤器　(g) 机械诱导式
喷雾洗涤器

图 10.8　各类湿式气体洗涤器示意图

① 重力喷雾洗涤器:重力喷雾洗涤器是洗涤器中最简单的一种。图 10.9 为喷雾塔的结构简图。由图可以看出,它是一种空塔,当含尘空气通过喷淋液体所形成的液滴空间时,由于尘粒与液滴之间的碰撞、拦截和凝聚等作用,使较大、

较重的尘粒依靠重力而沉降,并与洗涤液一起从塔底部排走。

　　喷雾塔的压力损失小(<0.25 kPa),操作稳定。但除尘效率低,占地面积大,耗水量大,对小于 10 μm 的尘粒捕集效率低,多用于净化大于 50 μm 的尘粒。常与高效除尘器联用,作为粗除尘器和降温器。

　　② 旋风洗涤器:旋风洗涤器理论最佳水滴直径 100 μm 左右,实际采用范围 100~200 μm。气流入口速度为 15~45 m/s。特别适用于气量大、含尘浓度高的场合,用于净化大于 5 μm 的粉尘。其除尘效率可达 90%,压力损失为 0.25~1 kPa。

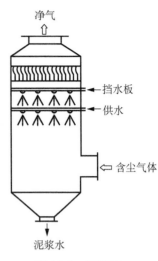

图 10.9　喷雾塔

　　旋风洗涤器又有旋风水膜式、旋筒水膜式和中心喷雾旋风除尘器三种结构。

　　图 10.10 所示的是中心喷雾旋风除尘器,其中心装设了一根多孔喷雾管。含尘气流由下部切向引入。气流入口速度在 15 m/s 以上,断面速度一般为 1.2~2.4 m/s,阻力损失为 0.5 kPa。对于小于 0.5 μm 的粉尘,除尘效率可高达 98%。当用弱碱液作为洗涤液时,对 SO_2 的吸收率可达 94%,耗水量为 0.5~0.7 L/m^3。

　　在旋风水膜除尘器内,喷雾沿切向喷向筒壁,使壁面形成水膜。而旋筒水膜式除尘器主要靠高速气流冲击水面,使水滴与尘粒碰撞并在离心力作用下,被甩向外筒形成水膜。总之,它们主要是靠水膜的作用除尘去粒的。

　　③ 文丘里洗涤器:文丘里洗涤器是一种高效湿式除尘,结构如图 10.11 所示。

　　水由装置在收缩管内喷嘴喷出,在高速气流冲击下雾化成细小液滴,同时,气体被水饱和,尘粒被水润湿,使尘粒与水滴或尘粒之间发生激烈碰撞、凝聚。在扩张管内,随着压力的回升,以尘粒为凝结核心的凝聚作用更快更完善,凝聚为大直径的含尘液滴,从而易于在脱水器中脱水分离,尘粒随污水排出。

　　文丘里洗涤器常用于高炉、氧气顶吹转炉、电炉、有色冶炼炉及各种炉窑的煤气或烟气的除尘装置。

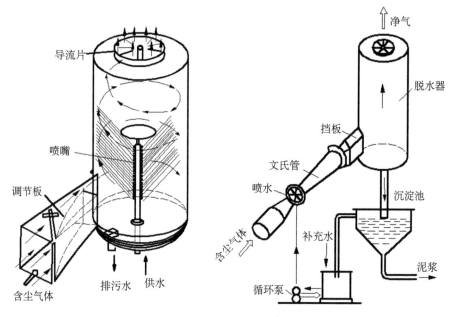

图 10.10 中心喷雾旋风除尘器   图 10.11 文丘里洗涤器

5. 惯性除尘器

几种常见的惯性除尘器如图 10.12 所示。惯性除尘器与常规多管除尘器不同，惯性除尘器的进气空间不仅能给旋风子配气，还可以利用重力沉降和旋风子壳体惯性碰撞作用，去除烟气中较粗的颗粒。通过分析和实验，惯性除尘器对 50 μm 以上的粗烟尘的除尘效果较好。整体式惯性力除尘器可作为一种进气

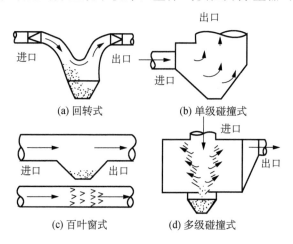

图 10.12 惯性除尘器结构示意图

滤清装置,利用粒子的碰撞和惯性达到除尘的目的。另外,惯性除尘器采用了新型旋风子技术,通过采用双进口长通道技术改进旋风器进口结构,改良进入旋风器内的含尘浓度分布和气流的轴对称性,达到了提高除尘效率和减少阻力的目的。

惯性除尘器具有投资少、性能优良、运行管理方便的优点,在陕西钢铁集团有限公司新建集中供热工业锅炉房(4 台 6 t/h 链条热水锅炉)和西安建筑科技大学 4 t/h 链条热水锅炉除尘器改造(替换 XZD/G.4)上使用,地方环保部门验收测试烟尘排放浓度均低于 100 mg/m^3。

10.2　锅炉烟气中氧化物的生成与危害

10.2.1　SO_x 的生成及危害

1. SO_x 的生成

目前,我国工业锅炉和电站锅炉以燃煤为主,在运行时所产生的烟气中含有相当数量的烟尘,煤燃烧后产生的大量烟气中,气体污染物以 SO_2 最多,其排放量占我国 SO_2 总排放量的 1/3 以上。煤中的硫在燃烧过程中,除部分(占 5%～10%)残留在灰分中外,大部分发生氧化作用合成 SO_2 由烟筒排除。若在高温富氧,并有 Fe_2O_3 和 V_2O_5 催化剂的情况下,有 0.5%～2% 的 SO_2 会转化成 SO_3。在煤粉炉和燃油炉中,目前还不能用改进燃烧技术的方法控制 SO_x 的生成量。因而 SO_2 的生成量将正比于燃烧中的含硫量,各种燃料的含硫量如表 10.8 所示,含硫量为 1.5% 的重油,排烟中的 SO_2 浓度为 1 099 ppm。煤通常含硫量为 0.5%～5.0%,故其 SO_2 生成量可达 365～3 650 ppm。

表 10.8　各种燃料的含硫量

燃料种类	A 重油	B 重油	C 重油	煤炭
含硫量/%	0.1～1.3	0.2～2.8	0.6～5.0	0.5～5.0
种类	有机化合物			有机硫、黄铁矿硫

2. SO_2 污染的危害

(1) 对人体健康而言,SO_2 气体可导致呼吸道等多种疾病,降低人类机体的免疫功能,使人体的抗病能力下降,并且相关疾病的发病特征具有广泛、长期、慢性的特点。

（2）对植物来说，SO_2 污染直接造成农作物受害，如粮食和蔬菜生产受损。

（3）对生态环境来说，使土壤酸化和贫瘠化，作物及森林生长减缓，湖水酸化，鱼类生长受到抑制等，恶化生态环境。

（4）对建筑物和材料产生腐蚀作用，混凝土建筑物的外层砂浆经 3 至 4 年酸雨的侵蚀，石子开始外露。至于 SO_2 对古建筑物等历史文化遗产的损害，则是无法用经济数字来估算的。

（5）引起金属和非金属腐蚀，造成重大的经济损失。

在空气中 SO_2 为 $0.1 \sim 1$ ppm 时植物受损，100 ppm 以上人会死亡。

10.2.2 NO_x 的生成及危害

1. NO_x 的生成

NO_x 包括 NO 和 NO_2。煤在燃烧过程中生成的氮氧化物主要是 NO（90%～95%），NO_2 是由 NO 在低温下氧化而生成的。燃烧过程中，NO 的形成主要取决于燃烧室的温度、氧气量以及烟气在高温区的残余量。燃烧时有两种方式形成氮氧化物：一种是含氮燃料的氧化，另一种是助燃空气中的氮气形成氮氧化物，该方式在高于 1 300 ℃ 的温度下形成氮氧化物的数量比较大。因此，生成氮氧化物的比例随燃烧温度的升高而迅速增加。氮氧化物的生成还与环境有关，例如酸雨、化学作用和光化学烟雾等。锅炉中燃料在燃烧过程中生成的 NO_x 有 3 种：

（1）温度型 NO_x 空气中的氮高温氧化而成；

（2）燃料型 NO_x 燃料中氮的氧化而成；

（3）快速温度型 NO_x 碳氢化合物燃料浓度过高时的燃烧产物（注：在空气中时）。

2. NO_x 气体的危害

煤在锅炉中燃烧时会生成氮氧化物 NO_x（NO 和 NO_2），主要以 NO 形式存在，其中小于 5% 的部分被氧化成 NO_2。当烟气从炉膛逸至烟囱口时，在低温有氧的大气中，大量的 NO 会转化成 NO_2。NO_x 的毒性很大，其中 NO_2 比 NO 毒性大 4～5 倍。其危害主要有：

（1）容易与动物血液中的血色素结合，使人体缺氧，引起中枢神经麻痹症；

（2）对呼吸器官黏膜有强烈刺激作用，比 SO_2 毒性强；

（3）NO_x 还会引起光化学烟雾，即在太阳光照射下氮氧化物（NO_x）和碳氢化合物（C_xH_y）等物质反应生成 PAN（过氧乙酰硝酸酯），对眼睛和呼吸道有强烈的刺激作用，对健康危害很大；

（4）NO 会破坏同温层中的臭氧层。

NO$_x$ 还会带来很多环境效应,包括:对湿地和陆生植物物种组成和竞争有很大影响,使大气能见度降低,地表水酸化,富营养化(由于水中富含氮、磷等营养物,藻类大量繁殖而导致缺氧),还会增加水中鱼类和其他水生生物的毒素含量。

10.2.3　锅炉的烟尘

锅炉燃料燃烧所产生的烟尘在大气粉尘污染中占很大的比例。

1. 锅炉烟尘的分类

（1）气相析出型烟尘　这种烟尘粒径很小,为 0.02～0.05 μm,形状为球形。因为它很细,所以这些粒子往往连成一片会形成海绵状的烟尘。

（2）残碳型烟尘　这种烟尘是煤或者重质油燃烧时未燃尽而生成的颗粒物。颗粒直径随煤粉的粒径和初期喷雾粒径的不同而不同,一般为 10～300 μm,残碳型炭黑近似呈球形,是孔隙率较高的多孔粒子。

（3）黑烟灰片　以烟气中的炭黑为核心,吸附硫酸,在接近烟气露点温度的时候,互相凝聚为大块,形成似雪片状的黑烟灰片。

（4）飞灰　煤中含有无机物矿物质的灰占煤质量的 5%～30%,有的甚至更高。燃烧后大部分无机矿物质成了飞灰颗粒。飞灰的粒度大小及其分布与原始煤粉的粒度分布有关。飞灰中往往含有许多重金属颗粒(如 Cd、As、Pb)。

2. 烟尘的主要危害

（1）小于 10 μm 的飘尘能被人吸入肺部或黏附于支气管壁内,引起各种呼吸道疾病如气管炎、支气管哮喘等。飘尘与烟气二氧化硫气体混合形成的粉尘烟雾,能更深地侵入呼吸道,对肺泡有更强的毒性作用。

（2）烟尘是水蒸气凝结的核心,大气受烟尘污染会生成云雾,严重时会使人视程缩短,能见度降低,影响城市交通。空中烟尘浓度大,将严重影响纺织、印染、食品、造纸、油漆以及仪表等工业产品质量。另外烟尘也会影响农作物的生长。

（3）含尘烟气会引起锅炉受热面和风机的磨损。

3. 影响烟尘量多少的因素

（1）煤种挥发物高的煤,飞灰量也高。

（2）运行方式煤掺水、二次风以及风煤比。

（3）燃烧方式不同时,不仅排放量不同,而且烟尘的粒度组成也不同。层燃

炉粒度大部分在 $50\sim200~\mu m$,而煤粉炉烟尘粒度中小于 $10~\mu m$ 的可达 40%。

4. 锅炉出口烟尘浓度

用单位排烟体积(单位为 $1~Nm^3$)内含有烟尘的质量(单位为 mg 或 g)来表示烟尘浓度。锅炉出口烟尘浓度与燃料特性、燃烧方式、燃烧室结构、锅炉负荷及运行操作等因素有关。

锅炉排放烟尘浓度的测定应注意满足下述条件:

(1) 锅炉负荷条件,投运 3 年以内的锅炉,应在额定出力下测试;运行 3 年以上的锅炉,可在其实际最大出力下测试,但该实际最大出力不应低于额定出力的 85%。

(2) 过量空气系数条件,烟尘浓度值是针对所测烟气的过量空气系数为 1.8 而定的。如果所测烟气的过量空气系数不是 1.8,则测得的烟尘浓度尚需换算成对应于 $a=1.8$ 的烟尘浓度值。换算方法是近似地将烟尘浓度视为与 a 成反比。参考标准《火电厂大气污染物排放标准》(GB 13223—2011),表 10.9 给出了我国各种锅炉出口烟气烟尘浓度。

表 10.9　各种锅炉出口烟气烟尘浓度

分类	燃煤锅炉	燃气锅炉	燃油锅炉
烟尘浓度/(mg/m³)	20	5	20

此外,还规定了燃煤锅炉房烟囱的最低高度,如表 10.10 所示。

表 10.10　燃煤锅炉房烟囱最低标准

锅炉房装机总容量/(t/h)	烟囱最低高度/m
<1	20
1~<2	25
2~<4	30
4~<10	35
10~<20	40
≥20	45

沸腾炉和煤粉炉的飞灰要比链条炉多 $4\sim5$ 倍。如一台 15 t/h 的煤粉炉,若不除尘,每昼夜从烟筒里飞出的烟灰可达 $8\sim9$ t。概略估算燃烧 1 t 煤所排出的各种有害物质质量如表 10.11 所示。

表 10.11　有害物质的排放质量

有害物质	每燃烧一吨煤的排放量/(kg/t)		
	电站锅炉	工业锅炉	采暖锅炉
煤粉尘	3～11	6～11	9～11
SO_2	60	60	60
CO	0.23	1.4	22.7
NO_2	9.0	9.0	3.6
$C_x H_y$	0.1	0.1	5.0

由表 10.11 可见燃烧产物不能任意排放,否则污染相当严重。为此,要采取措施减少烟尘污染,目前所采取的方法有:

(1) 改进燃烧方式,因煤而异,采取相应的运行操作方法。

(2) 加装除尘器,对排烟含尘量愈大或烟尘颗粒愈细的燃烧方式,除尘设备的要求就愈高。

(3) 高空扩散,采用高烟囱或高烟气出口速度。

10.2.4　改善燃烧,控制烟尘

对燃烧烟尘的治理方法有两类,一类是燃烧治理,另一类是排烟治理。前者即通过改善燃烧条件,尽可能使燃料完全燃烧,以便在燃烧过程中控制和减少烟尘的生成。后者是烟气通过烟囱排放之前在烟道上建立除尘装置对烟气进行净化。

1. 改善燃烧

为改善燃烧,除了要选择合适的燃料外,关键在于合理设计和选择性能良好的燃烧器。以液体燃料的雾化燃烧为例,首先是油的雾化,必须将油雾化,雾化颗粒越小越好,粒径分布越均匀越好。在保证雾化质量的前提下,还要进一步改善油滴与空气的混合条件,如增加气流的相对速度,增加两股气流的交角,适当增加旋流强度等。

2. 特殊燃烧方法

(1) 烟尘再燃烧法　燃烧初期在火焰中心所形成的炭黑烟尘是初期烟尘。若不能保证及时提供足够的氧气和一定的温度条件使之燃尽,烟尘一旦离开火焰中心,由于温度降低反应速度变慢,就难以保证燃尽。采用烟尘再燃烧方法,使那些未燃尽的烟尘回到高温区,在高温下再与氧气接触进行二次燃烧,可大幅度降低烟尘的生成量。具体要求是必须保证烟尘在该区域有足够的停留时间，才能使烟尘的再燃烧充分进行。

（2）烟气再循环法　烟气再循环法是在炉内形成烟气再循环区。如前所述，在助燃空气中掺入 N_2 和 CO_2 等气体后，可降低燃烧烟尘的生成量。当烟气循环比在一定范围内时，对改善燃烧有一定效果。其原因之一是在燃料消耗量不变的情况下，由于体积增大（加进了烟气），出口速度将增大，使燃料和空气的混合得到改善。其次，当 CO_2 浓度增高时，在高温下由于汽化反应而使未燃炭粒量降低，因而烟尘浓度有所降低。

（3）添加剂控制法　在燃料中加入某些金属或金属化合物、液体化合物等添加剂，可以达到减少炭黑生成量的目的。如金属 Ba、Mn、Fe、Ca、Mg、Ni 等的化合物，水、乙醇、碳化物等液状化合物，都可作添加剂。金属 Ba、Ca、Mo 等可作为原子团形成过程中的催化剂，控制脱氧反应，同时还可以同火焰离子交换电荷使小炭粒带正电，从而改变粒子的流动途径和凝聚特征，因此可避免凝聚成大颗粒，促使其燃尽，起到消烟除尘的作用。

综上所述，烟尘的燃烧治理要以控制一次燃烧烟尘的产生为主，烟尘的再燃烧和烟气的再循环为辅，尽可能降低烟尘的生成量。应当指出，在降低烟尘生成量的同时，还要考虑 NO_x 的生成量问题，切忌为降低烟尘量而使 NO_x 量剧增。

10.3　锅炉脱硫技术简介

10.3.1　脱硫原理

脱硫的基础是 SO_2 的物理化学性能。SO_2 的还原法脱硫：SO_2 可被 CO 或 H_2S 还原为元素 S。SO_2 的氧化法脱硫：SO_2 可进一步氧化为 SO_3 并被制成稀 H_2SO_4。而更多的脱硫方法则是利用 SO_2 能被碱金属、碱土金属化合物、金属氧化物和活性炭吸收或吸附，成为有 S 元素负载的中间产物，这种中间产物经加热或再生处理放出 SO_2 和吸收剂，最终制成脱硫副产品，而吸收剂又可以循环使用来吸收 SO_2。这种脱硫方法可用下面的线图来表明：

脱硫过程：SO_2＋吸收或吸附剂（碱金属、碱土金属化合物等）→有 S 负载的中间产物＋净化（脱硫）烟气

再生过程：有 S 负载的中间产物→吸附剂＋SO_2→制成硫制品

1. 石灰石、石灰脱硫技术

由于二氧化硫在遇到氧化钙、氧化镁等碱性金属氧化物时,会反应生成硫酸钙、硫酸镁等而被脱除,工程中常用的方法是使用石灰石和生石灰,即碳酸钙和氧化钙。

石灰石在燃烧脱硫过程中反应的化学方程式为:

$$2CaCO_3 \Longrightarrow 2CaO + 2CO_2 \uparrow \tag{10.7}$$

$$2CaO + 2SO_2 + O_2 \Longrightarrow 2CaSO_4 \tag{10.8}$$

石灰石在湿法脱硫过程中的反应为:

$$2CaCO_3 + 2SO_2 + H_2O \Longrightarrow 2CaSO_3 \cdot 1/2H_2O + 2CO_2 \tag{10.9}$$

$$2CaSO_3 \cdot 1/2H_2O + O_2 + 3H_2O \Longrightarrow 2CaSO_4 \cdot 2H_2O \tag{10.10}$$

石灰石脱硫工艺系统流程如图 10.13 所示。

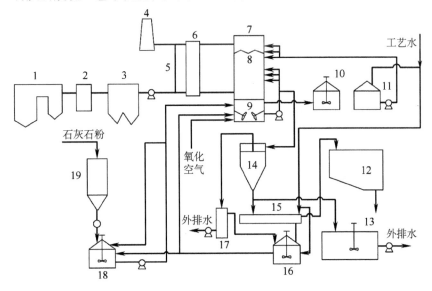

1—锅炉;2—空气预热器;3—电除尘器;4—烟囱;5—旁路烟道;6—气/气换热器;
7—吸收塔;8—除雾器;9—吸收氧化槽;10—维修用储箱;11—工艺水箱;
12—石膏仓;13—抛浆池;14—水力旋流器;15—皮带过滤机;
16—中间储箱;17—缓冲箱;18—石灰石浆池;19—石灰石仓。

图 10.13　石灰石脱硫工艺系统流程

2. 海水脱硫技术

海水具有天然的碱度和一定的水化学特性,可在反应塔内作为吸收液来洗涤烟气。由于海水脱硫工艺技术简单,不需要额外的添加剂,脱硫效率高,不需废水处理等优点,近年来得到广泛的应用。其工艺流程图如图 10.14 所示。

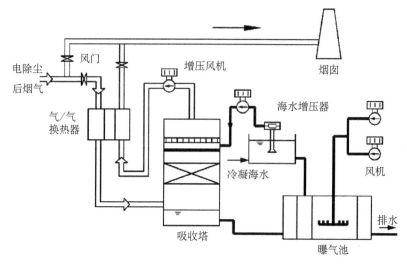

图 10.14 海水脱硫工艺系统流程图

3. 电子束照射法

用电子束照射烟气进行脱硫、脱硝的新技术是近年才发展起来的。其反应机制是:烟气在降温塔中降温至 65~70 ℃,与氨混合后,进入电子束反应器,经电子束照射后,烟气中的氧和水蒸气转化成氧化能力很强的粒子,并将烟气中的二氧化硫迅速氧化成中间产物硫酸,它们与预先加入的氨反应生成粒状的硫酸铵,然后被下游的除尘器收集下来。其工艺流程图如图 10.15 所示。

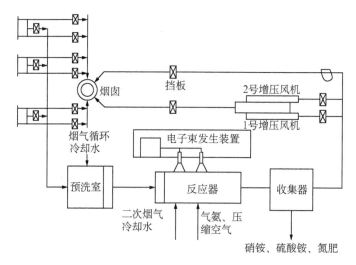

图 10.15 电子束照射法脱硫工艺系统流程图

10.3.2　脱硫技术

脱硫技术和方法可分三大类,即炉前脱硫、炉内脱硫和烟气脱硫。后两类方法中还分干法、湿法、抛弃法和回收法。这些方法各有各的优缺点。干法的优点是投资较少,脱硫后烟温高但不影响其后设备的腐蚀和大气的扩散,缺点是脱硫率低,设备大,且过程中需要催化剂。湿法的最大优点是所有反应在溶液里进行,传质效果好,脱硫率高,缺点是投资大,排烟温度低进而造成其后设备腐蚀并影响烟气的大气扩散,另外,排烟(脱除 SO_2)后需要用热交换器再加热,此外,反应回路中还会有腐蚀和堵塞等现象。抛弃法有二次污染的问题,回收法可真正做到不污染环境,并可收回硫制品,应予以提倡采用。但是,投资大,运行管理费用大,副产品的回收和销售也存在问题。

1. 炉前脱硫

炉前脱硫方法有:物理洗煤、化学洗煤、煤气化与液化、微生物法。

(1) 物理洗煤　可降低 40% 含硫量,减少 70% 灰分,但不能去除有机硫和铁矿硫。

(2) 化学洗煤　可使有机硫的化学键断裂,生成 H_2S 并与碱发生反应,可去除 90% 的无机硫和 70% 的有机硫。

(3) 煤气化与液化　都是将煤中的硫转变为 H_2S ,如整体煤气化燃气—蒸汽联合循环,但技术难度大。

(4) 微生物法　通过细菌等噬硫类微生物将煤中的硫脱除,但反应时间长,所需容器大。

在煤矿区或某一供煤站设置洗煤厂,在洗煤厂内进行煤的脱硫,其原理为:对于高硫煤(硫含量 $>2\%$)通过破碎,格筛筛煤后进入跳汰机、旋流器中,由于硫铁矿和灰分比重较大,在介质(如水)中与精煤发生分离,可脱除 50% 的硫及 60% 的灰分。硫铁矿和矸石富集在洗煤水中,水在回收煤泥后还可循环使用,排出的矸石进入流化床燃烧后可再加以综合利用。

经过这种方法处理的煤在工业窑炉、锅炉中燃烧后烟气中的 SO_2 排放量大大降低。但是对洗煤厂附近的污染较大,洗煤的初投资大、成本较高;洗煤虽然可洗去煤中的灰分和硫,但同时也洗去了煤中的挥发分,降低了煤的发热量;而且洗后的煤价格高。在环保部门未对烟气中的 SO_2 采取有效监督管理措施前,洗选的精煤鲜有市场,因此此法目前较少采用。

机械浮选法(MF)是目前用得最多的一种炉前脱硫方法。它利用煤和无机硫煤的密度差,浮选剂用水,采用跳汰机和摇床联合作业,脱硫率可达 $40\%\sim$

50％,脱灰率达 30％～40％。煤的浮选实际上是硫分在煤中的再分配,可作为低硫煤的补充。煤浮选后,可获得一半多的低硫煤,同时有 10％的尾煤,尾煤可作为硫酸的原料或在流化床内脱硫和燃烧。浮选可在煤矿进行,洗选后的煤价将提高一倍。用户(例如电站)若要建立洗煤工程,其投资较大,约为电站投资的 15％,尾煤如不利用,则有 12％左右的热损失。

炉前脱硫还有强磁分选法(HMS)和微波辐射法(MCD)两种。前者利用无机硫的顺磁性和煤的反磁性来分离,用超导材料制成磁选机,在 2 万 Gs(高斯)磁场下可实现脱硫,总脱硫率可达 45％。后一种方法是用一定波长的电磁波照射经水或碱或 $FeCl_3$ 等盐类处理过的 50～100 ℃煤粉,能使煤中的 Fe—S、C—S 化学键共振裂解,形成游离 S 并与 H、O 反应生成 H_2S、SO_2 或含氧、硫的低分子气体,从煤中逸出,脱硫率可达 70％。目前由于技术尚不够成熟,这两种炉前脱硫方法正在开发研究中。

2. 炉内脱硫

(1) 采用型煤　特别是添加固硫剂的型煤,是实现炉内脱硫的主要方法之一。它是向煤粉中加入黏结剂和固硫剂,然后加压成具有一定形状的块状燃料,故又称人造块煤。采用型煤后,脱硫率可达 40％～60％,并可减少 60％的烟尘排放量,节约 15％～27％的煤炭。因此,型煤是洁净煤技术的重要组成部分和优先发展领域,特别在工业锅炉脱硫技术和方法中具有广阔的发展前景。

(2) 炉内喷脱硫剂脱硫　在炉内喷入脱硫剂(石灰石、白云石、消石灰或碳酸氢钠等),在烟温为 900～1 250 ℃的区域,脱硫剂分解为 CaO 或 MgO,再和 SO_2 作用生成硫酸钙而达到脱硫目的。

$$CaO + SO_2 + 1/2O_2 == CaSO_4 \qquad (10.11)$$

有时由于炉温较高,单纯的炉内喷钙系统脱硫率较低,可在炉后增加增湿活化器,组合使用炉内喷钙和活化氧化法脱硫。增加增湿活化器后,就可使烟气中未反应的 CaO、MgO 和水反应生成高活性的 $Ca(OH)_2$、$Mg(OH)_2$ 并与剩余的 SO_2 化合成亚硫酸钙或亚硫酸镁,部分 $CaSO_3$、$MgSO_3$ 还能氧化为硫酸钙和硫酸镁,最后在电气除尘器中被收集下来。

$$CaO + H_2O == Ca(OH)_2 \qquad MgO + H_2O == Mg(OH)_2 \qquad (10.12)$$

$$Ca(OH)_2 + SO_2 == CaSO_3 \downarrow + H_2O \qquad Mg(OH)_2 + SO_2 == MgSO_3 + H_2O$$

$$(10.13)$$

$$CaSO_3 + 1/2O_2 \Longrightarrow CaSO_4 \qquad MgSO_3 + 1/2O_2 \Longrightarrow MgSO_4 \qquad (10.14)$$

这种方法投资少、占地少、运行费用低、无废水、操作维护方便。对中、小容量，低硫煤的锅炉特别适用。

3. 烟气脱硫

(1) 喷雾干燥法脱硫　原理：把脱硫剂石灰乳 $Ca(OH)_2$ 喷入烟气中，使之反应生成 $CaSO_3$，$CaSO_3$ 被热烟气烘干后呈粉末状，被除尘器捕集下来。由于 $Ca(OH)_2$ 不能完全发生反应，为了提高效率，可将在吸收塔和除尘器中收集下来的脱硫渣返回料浆槽与新鲜补充的石灰浆混合后进行循环使用。由于循环使用脱硫剂，而脱硫剂又和飞灰混在一起，故实际上循环使用的是新鲜石灰乳和收集下来的脱硫剂加飞灰的混合浆。煤飞灰中含有碱性化合物，对脱硫有促进作用。这种方法投资小，运行费用也不高，且回收系统简单，故对中、大型工业锅炉和电站锅炉改造较适用。这种方法中吸收塔是关键设备，而吸收塔中 $Ca(OH)_2$ 和 SO_2 的传质过程的好坏，完全取决于脱硫剂的雾化品质和雾化后与 SO_2 的混合情况。

但值得注意的是，为了提高脱硫剂浆液的雾化质量，其出口喷射速度不能太低，可采用机械雾化，但又因为脱硫剂浆液是飞灰和石灰浆的混合液，会造成喷嘴的严重磨损，故有时使用超声波雾化浆液技术，这样，改善喷嘴的磨损。

(2) 湿式石灰石膏法　烟气经电除尘后进入脱硫反应吸收塔，同时将用石灰石制成的石灰浆液用泵打入吸收塔，由吸收塔和塔底浆池两部分组成。脱硫过程分别在吸收塔和浆池的溶液中完成，其反应式如下：

吸收塔中：

$$SO_2 + H_2O \Longrightarrow H^+ + HSO_3^- \qquad (10.15)$$

$$H^+ + HSO_3^- + 1/2O_2 \Longrightarrow 2H^+ + SO_4^{2-} \qquad (10.16)$$

$$CaCO_3 + 2H^+ + SO_4^{2-} + H_2O \Longrightarrow CaSO_4 + 2H_2O + CO_2\uparrow \qquad (10.17)$$

塔底浆池中：

$$H^+ + HSO_3^- + 1/2O_2 \Longrightarrow 2H^+ + SO_4^{2-} \qquad (10.18)$$

$$2H^+ + SO_4^{2-} + CaCO_3 + H_2O \Longrightarrow CaSO_4 + 2H_2O + CO_2\uparrow \qquad (10.19)$$

这一技术比较成熟，生产运行安全可靠，脱硫率高达 95%，所有的反应都在溶液中进行，生成的盐类大多溶于水，故不会发生严重堵塞（浆池除外），如用热再生,其温度比吸收时高一些。

（3）碱金属吸收法　这种方法是用碱金属作为吸收剂来脱硫。常用的有钾、钠、锂等碱金属化合物,即使用 M_2CO_3、M_2SO_3、MOH（M 为碱金属）作为吸收剂来脱硫,具体反应如下：

吸收：
$$M_2SO_3+SO_2+H_2O =\!=\!= 2MHSO_3 \tag{10.20}$$

$$2M_2CO_3+SO_2+H_2O =\!=\!= 2MHCO_3+M_2SO_3 \tag{10.21}$$

$$2MOH+SO_2 =\!=\!= M_2SO_3+H_2O \tag{10.22}$$

氧化：
$$2M_2SO_3+O_2 =\!=\!= 2M_2SO_4 \tag{10.23}$$

再生：
$$2MHSO_3 =\!=\!= M_2SO_3+H_2O+SO_2\uparrow \tag{10.24}$$

此脱硫方法有双碱法（用 M_2SO_3 和 MOH 两种碱性物质脱硫）、亚硫酸钠法、氨洗涤法（AW）等。这种方法脱硫效率可高达 95%。此外,再生比较容易,如用氨作为吸收剂可直接得到化肥副产品,系统回路也不易堵塞。

（4）移动床活性炭吸附法　活性炭具有高度活性的表面,在有 O_2 存在时,它可促使 SO_2 转化为 SO_3,当烟气中有 H_2O 存在时,SO_3 和 H_2O 可化合生成 H_2SO_4 并吸附在活性炭微孔中,这一过程可看作是活性炭对 SO_2 的催化氧化过程。

过程如下：

$$SO_2+\frac{1}{2}O_2 =\!=\!= SO_3 \tag{10.25}$$

$$SO_3+H_2O =\!=\!= H_2SO_4 \tag{10.26}$$

此法工艺过程和设备比较简单,脱硫效率可达 90%,且再生过程也比较简单,常用的是热再生。活性炭在吸附 SO_2 后进入再生塔,用惰性气体作热载体,将热量带给要再生的活性炭,会产生如下反应：

$$2H_2SO_4+C =\!=\!= 2SO_2\uparrow+2H_2O+CO_2\uparrow \tag{10.27}$$

脱吸后的 SO_2 被送入专门的车间制成硫制品,脱吸后的活性炭则返回吸收塔中再循环利用,吸附烟气中的 SO_2。

另外也可采用洗涤再生,将活性炭微孔中的 H_2SO_4 用水洗涤出来,所得副产品为稀 H_2SO_4,消耗另外的能源可将其浓缩到有实用价值的 92% 以上的浓 H_2SO_4。

（5）磷铵复合肥法　此法是我国独创的,它是上述活性炭法的延伸。整个过程如下：

活性炭一级脱硫　$2SO_2+O_2+2H_2O \Longrightarrow 2H_2SO_4$（浓度为 30%）　(10.28)

磷灰石经酸处理获得 10% 浓度的 H_3PO_4，加 NH_3 得 $(NH_4)_2HPO_4$

$$Ca_{10}(PO_4)_6F_2+10H_2SO_4+20H_2O \Longrightarrow 6H_3PO_4+2HF\uparrow+10CaSO_4 \cdot 2H_2O$$
$$(10.29)$$

氨中和得复合肥：

$$H_3PO_4+2NH_3 \Longrightarrow (NH_4)_2HPO_4 \qquad (10.30)$$

用 $(NH_4)_2HPO_4$ 溶液进行第二级脱硫，再通空气氧化并加 NH_3 中和生成复合肥料磷酸二氢铵和硫酸铵：

$$(NH_4)_2HPO_4+SO_2+H_2O \Longrightarrow NH_4H_2PO_4+NH_4HSO_3 \qquad (10.31)$$

$$2NH_4HSO_3+O_2+2NH_3 \Longrightarrow 2(NH_4)_2SO_4 \qquad (10.32)$$

经干燥成粒，就成为含 N 和 P 在 35% 以上的磷铵复合肥料。

上述反应经两次脱硫后总脱硫率高达 95%，且回路中无堵塞现象，副产品复合肥料也有较好的销售市场。

(6) 金属氧化物脱硫　Cu、Mn、Fe、Zn 等金属氧化物都可以用作脱硫的吸收剂，其中以 Mn 的氧化物最佳，但 MnO_2 有毒，因此，已经实施的脱硫工艺过程用 CuO 最多。将 CuO 放在氧化铝制成的载体中，在 $300\sim500\ ℃$ 时会发生反应：

$$CuO+SO_2+\frac{1}{2}O_2 \xrightarrow{\quad 300\sim500\ ℃ \quad} CuSO_4 \qquad (10.33)$$

该技术多用干法，全部废气都要经过脱硫设备，虽然系统和设备复杂、庞大，投资也不低，但效率可高达 95%，还可以和脱硝同时进行。

该方法的再生可以在 700 ℃ 左右进行热再生，也可以用 H_2、CO、CH_4 还原再生，用 H_2 还原可以在较低的温度下进行，但容易生成 CuS。现在都用 CH_4 进行还原再生，其反应如下：

$$CuSO_4+\frac{1}{2}CH_4 \Longrightarrow Cu+SO_2+\frac{1}{2}CO_2+H_2O \qquad (10.34)$$

在再生反应器中，应保持足够的残余氧量，使 Cu 能够氧化成 CuO，以便在脱硫反应中循环使用。

(7) 海水烟气脱硫　海水呈碱性,碱度为 1.2～2.5 mmol/L,因而可用来吸收 SO_2 达到脱硫的目的。

海水脱硫工艺流程如图 10.16 所示。

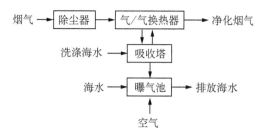

图 10.16　海水脱硫工艺基本流程图

锅炉排烟经除尘后烟气在 GGH(烟气换热器)中降温被送入吸收塔,海水洗涤 SO_2 发生如下反应:

$$SO_2 + H_2O = H_2SO_3 \qquad (10.35)$$

$$H_2SO_3 = H^+ + HSO_3^- \qquad (10.36)$$

$$HSO_3^- = H^+ + SO_3^{2-} \qquad (10.37)$$

生成的 SO_3^{2-} 使海水呈酸性,不能立即排入大海,应鼓风氧化后排入大海,即:

$$SO_3^{2-} + \frac{1}{2}O_2 = SO_4^{2-} \qquad (10.38)$$

生成的 H^+ 与海水中的碳酸盐发生反应生成 HCO_3^-,HCO_3^- 与水中的 H^+ 发生如下反应生成 CO_2,即:

$$HCO_3^- + H^+ = H_2CO_3 \quad H_2CO_3 = CO_2 \uparrow + H_2O \qquad (10.39)$$

反应产生的 CO_2 要驱赶尽,因此必须设曝气池,在 SO_3^{2-} 氧化和驱尽 CO_2 并调整海水 pH 达标后才能排入大海。净化后的烟气再经 GGH 加温后,由烟囱排出。

在这种方法中吸收剂使用海水,没有吸收剂制备系统,吸收系统不结垢不堵塞,吸收后没有脱硫渣生成,故不需要脱硫灰渣处理设施,而且脱硫率可高达 90%,投资运行费用均较低。

(8) 电子束照射脱硫　用大于 1 Mrad(兆拉德)电子流照射含水分的烟气,烟气中 H_2O 被激活产生 HO、HO_2 和 O 等强氧化剂,能迅速与烟气中的 SO_2、

NO_x 化合生成 SO_3 和 N_2O_5，再添加氨化合物就生成硫铵和硝铵，经除尘器收集即为化肥。

（9）催化氧化法脱硫　烟气经过触媒 V_2O_5 或 R_2SO_4 的催化作用，SO_2 转化为 SO_3，之后与 H_2O 化合成稀 H_2SO_4。整个过程均在烟气流中直接反应，还可以回收稀 H_2SO_4。这种方法要处理全部烟气，设备庞大，大多数过程要在高温下进行，增加了使用困难。此外，成品中杂质多、浓度低，副产品 H_2SO_4 要成为商品还要经过处理。

（10）微生物烟气脱硫技术　微生物烟气脱硫技术是利用微生物将烟气中的 SO_2、亚硫酸盐、硫酸盐等还原成单质硫并从系统中除去。典型的脱硫菌有脱硫弧菌、脱氮硫杆菌、氧化铁硫杆菌、排硫杆菌、紫色硫细菌、绿化硫细菌、贝氏硫菌属等。目前的研究表明，这种微生物脱硫方法可以和常规的湿法脱硫技术结合应用，用微生物水溶液吸收气相中的硫化物，然后再利用微生物脱除液相中溶解的硫化物从而达到脱硫的目的。

10.3.3　锅炉脱硫装置简介

为了控制二氧化硫污染，我国一直十分重视烟气脱硫技术和产品的研究。工业锅炉的烟气脱硫与除尘密切相关，按其关系，大致可分为三种类型。一是在湿式除尘基础上发展起来的除尘脱硫一体化技术，其脱硫和除尘在同一时间、空间内完成。例如，文丘里—水膜除尘脱硫技术、自激式水雾脱硫除尘技术等。二是除尘器与脱硫装置作为两套独立的设备进行设计和安装，因此，脱硫装置的结构、规模和效率都不会受除尘功能的限制。在设备布置上，引（鼓）风机常常安装在两套设备之间，例如采用喷淋塔、旋流板塔等脱硫设备时。三是除尘、脱硫并重的分段除尘脱硫组合装置，即在同一塔体（箱体）内，划分出以除尘为主的除尘段和以脱硫为主的脱硫段，例如旋涡式除尘器、BL-ZH 型脱硫除尘器等。本节将在介绍这三种类型工业锅炉烟气除尘脱硫技术的基础上，探讨它们的技术特点和适用对象。

1. 文丘里—水膜除尘脱硫装置

这一装置常用于工业锅炉的烟气除尘。如果配备必要的设备，并向供水中加入碱性试剂，还可以实现 $30\% \sim 60\%$ 的二氧化硫去除率。图 10.17 是文丘里—水膜除尘脱硫工艺流程图。其中文丘里—水膜除尘脱硫装置采用碳钢材质，内部做防腐处理。

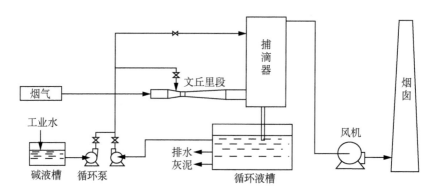

图 10.17 文丘里—水膜除尘脱硫工艺流程

2. 多管旋风除尘器除尘—喷淋塔脱硫工艺

该技术为某耐火材料厂燃煤窑炉所采用,自 2000 年 5 月投用以来,达到了设计要求,运行良好,且已通过当地环保局的验收。总体来说,这一方案投资低,占地少,但操作费用较高。所以综合考虑,这一方案能否被采用,首先要就烟气量的稳定性、气量大小、操作费用等因素做出评估;其次是要看脱硫要求,由于这种方法在装置结构、操作参数的确定上都是以除尘为主,脱硫率不是很高。

多管旋风除尘器常用于燃煤工业锅炉烟气除尘,工艺流程如图 10.18 所示。其中,喷淋塔为碳钢材质,内部做防腐处理。

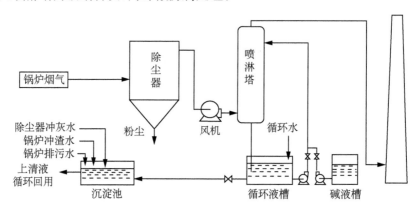

图 10.18 多管旋风除尘器除尘—喷淋塔脱硫工艺流程

该装置在结构设计、仪表配置上有很强的试验调节功能,也可作为大型试验装置使用。

如图 10.18 所示,风机处于除尘器和喷淋塔之间,没有风机防腐问题;将脱硫吸收液与锅炉冲渣水、除尘器冲灰水、锅炉排污水、风机冷却水等一起排入锅炉房沉淀池沉淀,脱硫副产物硫酸钙、亚硫酸钙与灰渣一起分离后处理,沉淀池上清液作为锅炉冲渣水、除尘器冲灰水以及脱硫装置外循环水重新使用,既无污水外排,也充分利用了灰渣和飞灰中的碱性物质来中和烟气中的二氧化硫。

多管旋风除尘器除尘—喷淋塔脱硫工艺,相对于文丘里—水膜除尘脱硫一体化工艺而言,投资高,占地大,但动力、水量消耗低。由于除尘器与脱硫塔分体设计安装,因此具有更大的灵活性。例如,在喷淋塔设计、操作上,可根据燃煤含硫量、脱硫要求灵活调整;喷淋塔除与多管除尘器配套使用外,还可以与电除尘器、布袋除尘器等配套使用。

3. 分段除尘脱硫组合装置

分段除尘脱硫组合装置(图 10.19)是指在同一装置(或箱体)内,分上下或前后两段,一段为除尘段,另一段为脱硫段。当采用上下结构,下部进气时,一般下段为除尘段,上段为脱硫段。除尘段又分为塔壁有水膜与无水膜两种方式。

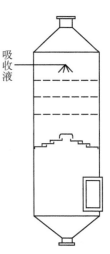

图 10.19　分段除尘脱硫组合装置

装置下段是空腔,壁上有水膜,上段有迷宫式布水装置和塔板。其原理是当烟气沿切向进入塔内旋转上升时,在离心力作用下,尘粒被甩到塔壁而被水膜黏附,由循环液出口排入沉淀池,细微尘粒和大部分 SO_2 随烟气一起进入 BL-ZH 型除尘脱硫塔脱硫段,在塔板的作用下气液间充分接触,达到脱除 SO_2 和细微尘粒的目的。这种装置比较适合小型锅炉的烟气除尘脱硫,若用于大中型锅炉,装置体积则过于高大。

4. 脱硫装置对比

文丘里—水膜除尘脱硫装置、多管旋风除尘器除尘—喷淋塔脱硫装置、分段除尘脱硫组合装置分析比较:

(1) 文丘里—水膜除尘脱硫装置投资低、占地少,但操作费用较高,其功能以除尘为主,二氧化硫脱除率可达 30%～60%。

(2) 与文丘里—水膜除尘脱硫装置相比,多管旋风除尘器除尘—喷淋塔脱硫工艺可以达到更高的除尘脱硫效率,动力、水量消耗低,对气量波动适应性强,适用于各种气量,尤其适用于大烟气量;但投资高,占地多。

(3) 分段除尘脱硫组合装置,设计紧凑,具有较好的除尘脱硫功能,比较适合小型锅炉烟气除尘脱硫。

10.3.4 脱硫问题分析

近年来,我国 SO_2 排放量一直居高不下,工业燃煤锅炉是我国 SO_2 排放的主要来源,其排放量占总量超过三分之一。而除尘脱硫装置的应用,对控制燃煤工业锅炉污染物排放和改善我国大气质量具有重要作用。选用和实施的脱硫技术首先要技术成熟,脱硫率高,投资和运行费用低,电耗要低,脱硫剂来源简易价廉并可再生,副产品回收费用低并有良好的市场效益,设备不堵塞、腐蚀,烟气净化后有良好的扩散性能,最后,如不回收也不会引起严重的二次污染。

某锅炉除尘脱硫设施在设计时主要只考虑了其除尘效率,其脱硫效率相对偏低,在燃用高硫煤时,为确保其脱硫效果,大量使用稀(浓)白液及氧强化的碱抽提(EO)段碱性废水除尘脱硫,主要存在烟气带水严重、酸腐蚀及管道结垢、脱硫成本增加等问题。对于该锅炉提出几点运行建议:(1)调整好锅炉燃烧及风量配比,维持炉内适当的过剩空气系数,既保证煤的充分燃烧,又保证尾部烟道含氧量维持在较低水平,减少 SO_3 的生成率,减缓烟道及风机腐蚀;(2)继续试用消化渣及白泥与煤掺烧,逐渐加大掺烧比例,试用中注意避免对锅炉燃烧及锅炉本体结构产生不良影响,必要时可外购石灰石粉碎试用;(3)在原煤中掺加适量脱硫剂,脱硫剂有一定节煤效果及固硫能力,使用后可缓解除尘脱硫系统的运行压力,减少稀白液、液碱、EO 段漂白碱性废水用量;(4)可以将开孔型文丘里除尘器喷头更换成不易结垢堵塞的螺旋形喷头,定期检查管道结垢并及时疏通,尽量采用低硫煤。

随着人们环保意识和法治观念的增强,越来越多的人已经认识到 SO_2 污染环境问题的严重性。同时排烟脱硫技术也已逐步被重视,世界各国都在积极研究开发脱硫技术(如利用增压流化床技术、静电技术等)。因此,我们也应加强脱硫技术的开发和应用,选择经济实用的脱硫技术,降低 SO_2 的排放量,保护我们生存的环境。

10.4 锅炉脱氮技术简介

目前,锅炉上所采取的降低氮氧化物的方法主要有 2 种:(1)调整燃烧操作以减少炉膛出口处的氮氧化物;(2)在烟气侧采取措施,如在锅炉的燃烧区和烟囱之间清除氮氧化物(氮氧化物生成之后)。在国际上,煤燃烧脱氮措施

SNCR 工艺(可选择性非催化降解)和 SCR(选择性催化降解)工艺应用比较
广泛。

10.4.1　新燃烧方法

新燃烧方法可分为低 NO_x 烧嘴、阶段燃烧、烟气再循环燃烧等。

1. 低 NO_x 烧嘴

低 NO_x 烧嘴是利用降低 NO_x 的原理,通过多样化的构造来实现的。从原
理和构造进行分类可分为促进混合型、分割火焰型、烟气自身再循环型、阶段燃
烧组合型。

(1) 促进混合型　该烧嘴可以促使燃料和空气很好地混合,实现低空气
消耗系数燃烧,从而降低 NO_x 的生成,如图 10.20 所示。其特点是燃料和空
气以直角碰撞并急速地混合,形成了沿燃烧室壁的圆锥形(钟形)的中空火焰,
由于火焰薄,火焰比面积大,故火焰的散热条件较好,加大了散热量;火焰最高
温度得以降低,同时烟气在高温区停留的时间也大大缩短,使 NO_x 生成量
减少。

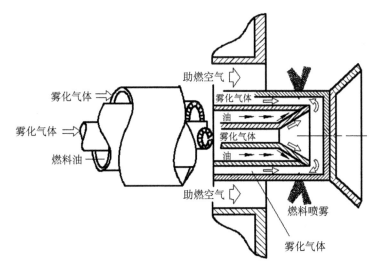

图 10.20　促进混合型 NO_x 喷嘴

(2) 分割火焰型　如图 10.21 所示,在烧嘴前端设有小槽,把火焰分割为数
个独立的小火焰,从而降低了火焰温度,缩短了停留时间,对降低 NO_x 的量有明
显效果,对减排 NO_x 也有作用。一般烧嘴头部为 4~6 个槽。使用结果表明,
这种方法可以降低 20%~40% NO_x 的排放量。

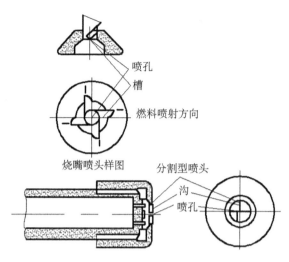

喷孔

槽

燃料喷射方向

烧嘴喷头样图

分割型喷头

沟

喷孔

图 10.21　分割火焰型 NO_x 烧嘴

（3）烟气自身再循环型　其原理是在烧嘴结构上创造了燃烧烟气再循环的条件，或者说靠喷射空气（喷射燃料）形成的负压，促使烟气再循环。即把烟气吸回，进入燃烧器与空气混合后再与燃料进行燃烧。

在循环区内，利用循环回来的烟气吸热，并降低氧气浓度，实现低氧燃烧，降低火焰区温度，有利于降低 NO_x。由于高温再循环烟气的作用，促进了燃烧之前的燃料汽化和蒸发，起到燃料改质的作用。

2. 阶段燃烧组合型

（1）非化学当量法　该方法是利用燃料过浓燃烧时，其燃烧温度低，特别是由于氧浓度过低这一特点，可有效降低 NO_x 的生成量。燃料过浓区的烟气中有未燃成分，这些成分可通过不同方式补充供氧，使之逐步燃尽。

（2）两段燃烧法　使第一阶段在供给的助燃空气处于空气过剩系数小于 1 的状态下进行燃烧，在第二燃烧阶段把不足的氧送入，使燃烧完全。在第一燃烧阶段的范围内，由于氧的浓度低，生成的产物中有相当数量的 CO 和 H_2，且火焰温度低，有效抑制了 NO_x 的生成；在第二燃烧区送入二次空气后比较快速地燃烧，故烟气在高温区停留时间较短，从而抑制了 NO_x 的生成。

（3）阶段燃烧　该方法中，助燃空气分段送入，称多段或阶段燃烧法。图 10.22 是分段配风的低 NO_x 烧嘴示意图，这种燃烧器的燃料段区是多段供风，故称为阶段燃烧法。在燃尽区，空气以多段射流的方式送入，有足够的动量，促使燃料尽快燃尽，并可防止火焰明显拖长，效果较好。

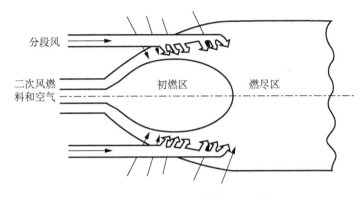

图 10.22　分段配风的低 NO_x 烧嘴

3. 烟气再循环燃烧

烟气再循环燃烧法是在烧嘴组织上循环。循环比一般取 $10\%\sim40\%$。循环比是指参加循环的烟气体积与燃烧用的空气量之比。在不灭火又不使火焰显著增长的范围内,循环比越大,降低 NO_x 的效果越好。

循环气体必须投在火焰高温区,否则将得不到应有的效果。

10.4.2　排烟脱氮

现阶段的低氮燃烧技术只能降低 $50\%\sim60\%$,达不到环境要求的标准,为了控制烟气中 NO_x 的含量,必须采用排烟脱氮技术。

1. 直接吸收法

直接吸收法可分为水吸收法和碱液吸收法。水吸收法是水和 NO_2 反应形成硝酸和亚硝酸,不能用于主要含 NO 的燃烧烟气的净化。碱液吸收法可用纯碱(Na_2CO_3)、烧碱($NaOH$)、氨水($NH_3 \cdot H_2O$)等溶液吸收废气中的 NO_x。但这类反应只有当 NO_x 中的 NO_2 大于 NO 的含量,即氧化浓度大于 50% 时吸收才比较安全,故不适用于燃烧烟气。

该方法工艺简单、投资少,以硝酸盐形式回收 NO_x,但对含 NO 较多的废气净化效果较差,吸收率不高,因此不适用于很大气量的废气处理,且易造成水的二次污染。

2. 氧化吸收法

在氧化剂和催化剂作用下,将废气中的部分 NO 氧化成溶解度高的 NO_2 和 N_2O_3,然后用水或碱液吸收脱氮的处理过程。氧化剂可采用臭氧、二氧化氯、亚氯酸钠、次氯酸钠、高锰酸钾、过氧化氢、氯和硝酸等。

按氧化方式的不同可分为催化氧化吸收法、气相氧化吸收法和液相氧化吸收法。

催化氧化吸收法是在催化剂作用下将 NO 氧化成 NO_2，然后用碱液吸收。氧化剂是气体中的过剩氧。催化剂是以活性炭、氧化铝、二氧化硅为载体的钒、钨、钛和稀土金属氧化物等。

气相氧化吸收法是采用 O_3 和 ClO_2 等强氧化剂在气相中将 NO 氧化成容易被水、酸和碱溶液吸收的 NO_2 和 N_2O_3。用水吸收可回收稀硝酸，但 O_3 用量较多，NO 氧化成 N_2O_3 需时间较长，氧化塔相应庞大。

液相氧化吸收法是用液相氧化剂将 NO 氧化，然后用碱吸收。液相氧化剂用高锰酸钾、次氯酸钠等。如 $KMnO_4 + 2KOH + 3NO_2 \Longrightarrow 3KNO_3 + H_2O + MnO_2$

3. 催化还原法脱氮

以 NH_3 为还原剂将 NO_x 还原为 N_2，反应如下：

$$2NH_3 + 5NO_2 \Longrightarrow 7NO + 3H_2O \tag{10.40}$$

$$4NH_3 + 6NO \Longrightarrow 5N_2 + 6H_2O \tag{10.41}$$

当烟气中有少量 O_2 时，会促进 NH_3 与 NO 发生反应：

$$4NO + 4NH_3 + O_2 \Longrightarrow 4N_2 + 6H_2O \tag{10.42}$$

因为 NH_3 容易泄漏又不经济，所以采用贵金属（如 Pt 等）、金属氧化物、钙钛矿型复合氧化物作为催化剂或使用金属离子交换分子筛。将催化剂附载于陶瓷或金属蜂窝载体上或直接挤压呈蜂窝状。各催化剂都有自己的操作温度：Pt 系催化剂，操作温度 230～290 ℃；V_2O_5/TiO_2，操作温度 300～450 ℃；新型分子筛，操作温度 350～600 ℃。

另外，稀土三效催化剂的开发，同时可排除烟气中 C_xH_y、CO 和 NO_x 三种有害成分。

(1) 添加廉价金属元素 La、Ce，既可降低 Pt 用量，又能提高催化活性；

(2) 用廉价 Pd 取代或部分取代 Pt-Pd-Rh 催化剂，可以降低成本；

(3) 添加碱土金属 Cs、Ba 等或过渡金属（Ni、Co）的氧化物，减少了 C_xH_y 对贵金属的毒素。

此外，$LaCoO_3$ 是一种良好的廉价催化剂，用于汽车尾气净化。当 CO 浓度较高时，NO 转化率较高；CO 浓度较低时，CO 与 C_xH_y 的转化率较高。

4. 吸附法

(1) 活性炭吸附法 活性炭对低浓度 NO_x 的吸附能力很强，解析后可回收

NO_x。国外用该法净化玻璃熔炉烟气,净化前 NO_x 和 SO_2 均为 $1.8 \times 10^{-4} \sim 2.4 \times 10^{-4}$,吸附净化后分别降至 2.0×10^{-5} 和 2.5×10^{-5} 以下。但由于在 300 ℃以上活性炭有自燃的可能性,这给吸附和再生造成很大困难,故限制了它的应用。

(2) 分子筛吸附法　该法用于吸附硝酸尾气,在国外已经是工业应用阶段,国内也有不少研究工作者并进行工业试验。常用的分子筛有氢型丝光沸石、氢型皂沸石、脱铝丝光沸石等。该法净化效率高,但装置占地面积大,能耗高,操作麻烦。

(3) 硅胶吸附法　硅胶的催化作用可使 NO 氧化为 NO_2,并将其吸附,通过脱吸可回收 NO_x。但烟气中有烟尘时,烟尘充塞硅胶,空隙和孔隙会很快失去活性,故烟气在吸附前必须先除尘。硅胶在超过 200 ℃时会干裂,这限制了硅胶的使用。

10.4.3　SNCR 脱氮工艺介绍

SNCR 工艺(可选择性非催化降解)依据氨在高温下的反应来减少氮氧化物的生成量,在反应中,氮氧化物和 NH_3 转化成氮气和水蒸气:

$$4NO + 4NH_3 + O_2 \xrightarrow{\text{高温}} 4N_2 + 6H_2O \qquad (10.43)$$

脱氮用的氨气宜液态存贮,应使用未加压的 25% 液态的 NH_3 溶液。NH_3 汽化后,应添加空气或蒸汽稀释。混合气体中,NH_3 的质量浓度应小于 5%。应在要求的温度范围内吹入含氨混合气体且其应在烟气流中均匀分布。

目前 SNCR 工艺主要存在以下问题:

1. 由于温度随锅炉负荷和运行周期在变化及锅炉中 NO_x 浓度的不规律性,使 SNCR 工艺应用时较复杂。因此,在应用时需要在锅炉不同高度安装大量的入气口,甚至将每段高度再分成几小段,每小段分别装有入气口和 NH_3 测量仪。这增加了测量和控制 NH_3 的难度。

2. 在吹入氨气量较多、温度降至最佳值以下、吹气均匀度较低、吹气量较少导致温度和氮氧化物含量不对称时,未反应的氨气比例将增加,会导致氨气的逸出。

逸出的氨气会与烟道内的剩余物反应发生堵塞,如堵塞空气加热器。因为 NH_3 与 SO_3 和烟气中的水分析出,会在较冷部件中形成硫酸氢铵,形成黏性沉积物,增加了飞灰堵塞、腐蚀的概率,还要频繁冲洗空气加热器。NH_3 向飞灰逸出的增加会降低飞灰的可综合利用性,使飞灰处置更复杂。

10.4.4 SCR 脱氮工艺介绍

SCR 工艺(选择性催化降解)用加氨方法使氮氧化物反应生成氮气和水蒸气,反应式如下:

$$4NO + 4NH_3 + O_2 \xrightarrow[280\sim400\ ℃]{催化剂} 4N_2 + 6H_2O \tag{10.44}$$

$$6NO_2 + 8NH_3 \xrightarrow[280\sim400\ ℃]{催化剂} 7N_2 + 12H_2O \tag{10.45}$$

利用催化剂来增加反应速率,使该工艺可在温度 280~400 ℃使用。蜂窝式催化是广泛使用的方式,有时也用板式催化。催化材料通常由二氧化钛构成,向其添加 V_2O_5(和其他材料,如 WO_3)作为活性成分。从结构上分:催化剂有蜂窝式和板式 2 种,蜂窝式催化剂具有模块化、比表面积大的优点,而板式催化剂不易积灰、对烟气的高尘环境适应力强、压降低、比表面积小。催化元件的构成和其几何形状的变化可使催化剂的性能和活性在一定范围内改变,以适应不同的运行条件。SCR 反应器由烟气入口、烟气出口、过滤器等组成。过滤器中,用单独的催化元件(或片)组合成模块,将模块分层安装在 SCR 反应器内形成若干层的反应层。

催化作用与烟气流量和成分、燃料和燃烧类型、脱氮程度、NH_3 逸出量和催化剂在烟道内的分布等有关。由于催化剂的活性随运行时间的增加而降低,因此设计时应考虑催化剂使用期限。SCR 装置在低 NH_3 逸出时运行(低于 SNCR 装置)。然而,硫酸氢铵的形成会引起腐蚀和沉积,发生如下反应:

$$NH_3 + SO_3 + H_2O = NH_4HSO_4 \tag{10.46}$$

SCR 工艺的灰尘沉积会造成催化元件通道堵塞和降低有效面积。如褐煤烟气中会产生侵蚀性灰,它使催化材料磨损。另外,某些烟气成分(如 As)是催化抑制剂,可快速降低催化剂的活性。

SCR 和 SNCR 技术的性能比较见表 10.12。

表 10.12 SCR 和 SNCR 技术的性能比较

项目	SCR	SNCR
NO_x 脱除效率/%	70~90	25~60
操作温度/℃	300~400	900~1 100
NH_3/NO(摩尔比)	0.1~1.0	0.8~2.5
NH_3 泄漏量/ppm(体积比)	<5	<10

（续表）

项目	SCR	SNCR
投资成本	高	低
运行成本	中等	中等

10.4.5　脱氮技术总结

　　从技术经济观点看,最佳的方案取决于现有的燃烧系统(常规的或低 NO_x)、燃料、炉膛结构、锅炉布置、实际和目标 NO_x 水平和其他因素。电厂每台机组或锅炉均有其自身的特点,这些会影响脱氮工艺和选择设计参数。燃烧室和锅炉的温度及温度与负荷的变化对 SNCR 工艺的使用效果有重要意义。这些也同样影响温度观测口处的几何尺寸。锅炉后烟气的温度范围对于高尘结构的 SCR 工艺有重要影响。锅炉尾部和空气预热器之间的空间大小决定了高尘布置方式是否可用 SCR 装置脱氮。

　　依据烟气中实际的氮氧化物含量和脱氮改造后要求的净烟气中氮氧化物的含量选择用 SNCR 或 SCR 工艺。不同工艺,氨消耗量不同。烟气中的灰尘量和特性影响催化剂的作用效果。催化剂的抑制成分(如重金属)可影响催化活性和产生的总灰量,在催化设计(栅距宽度)中必须考虑侵蚀催化剂的成分,如 SiO_2 等。SNCR 工艺投资较少,但 NH_3 耗量高;SCR 工艺投资较多,但 NH_3 耗量低。降解介质(氨液、氨溶液、尿素)的可利用率和成本等均是选择工艺的因素。

习题

1. SO_2 的脱除技术有哪些? 做简要介绍。

2. 锅炉的烟尘由哪几部分组成,各有什么特点?

3. 为什么要加装锅炉除尘装置?

4. 一般来说,湿式除尘装置的除尘效果比较好,但为什么不能随便采用?

5. 一台 4 t/h 的链条炉,运行中用奥氏烟气分析仪测得炉膛出口处:RO_2＝13.8%,O_2＝5.9%,CO＝0;省煤器出口处 RO_2＝10.0%,O_2＝9.8%,CO＝0。如燃料特性系数 β 为 0.1,试校对该烟气分析结果是否正确? 炉膛和省煤器出口处的过量空气系数即这一段烟道的漏风系数有多大? 并以计算结果分析该锅炉工作是否正常?

参考文献

［1］吴味隆，等.锅炉及锅炉房设备［M］.5版.北京:中国建筑工业出版社,2014.

［2］周强泰.锅炉原理［M］.3版.北京:中国电力出版社,2013.

［3］黄其励,等.先进燃煤发电技术［M］.北京:科学出版社,2014.

［4］吴忠标.大气污染控制工程［M］.北京:科学出版社,2002.

［5］李之光,范柏樟.工业锅炉手册［M］.天津:天津科学技术出版社,1988.

［6］金定安,曹子栋,俞建洪.工业锅炉原理［M］.西安:西安交通大学出版社,1986.

［7］林宗虎,徐通模.实用锅炉手册［M］.北京:化学工业出版社,1999.

［8］金国淼.除尘设备设计［M］.上海:上海科学技术出版社,1985.

［9］庞丽君,孙恩召,等.锅炉燃烧技术及设备［M］.2版(修订本).哈尔滨:哈尔滨工业大学出版社,1991.

［10］冯俊小,李君慧.能源与环境［M］.北京:冶金工业出版社,2011.

［11］李红.浅析干、湿两体除尘器在工业锅炉行业中的应用［J］.黑龙江科技信息,2007(3):46.

［12］雷仲存.工业脱硫技术［M］.北京:化学工业出版社,2001.

［13］李立国,王锁芳.直升机发动机的进气防护［M］.北京:国防工业出版社,2009.

［14］陈兵,张学学.烟气脱硫技术研究与进展［J］.工业锅炉,2002(4):6-10.

［15］刘忠生,彭德强,纪树满.燃煤工业锅炉烟气脱硫技术［J］.石油化工环境保护,2001(4):37-39.

［16］张永照.燃煤锅炉脱硫技术综述［J］.工业锅炉,2003(3):1-11.

［17］陈远泉.锅炉定期排污与节能的关系［J］.中国设备工程,2001(8):46-47.

［18］王彦秋,李玉静,张国民.工业锅炉节能途径分析与探讨［J］.应用能源技术,2008(11):18-20.

［19］沈建兴,王介峰.燃煤陶瓷窑的空气污染及防治［J］.陶瓷工程,2000(3):44-46.

［20］梅晓燕,陶邦彦.中小容量锅炉湿法烟气净化装置及系统优化［J］.动力工程学报.2001(5):1464-1468.

［21］陈兵,张学学.烟气脱硫技术研究与进展［J］.工业锅炉,2002(4):6-10.

［22］蒋利桥,陈恩鉴.可回收硫资源的烟气脱硫技术概述［J］.工业锅炉,2003(1):4-6.

［23］Nguyen A L, Duff S J B, Sheppard J D. Application of feedback control based on dissolved oxygen to a fixed-film sequencing batch reactor for treatment of brewery wastewater［J］. Water environment research, 2000, 72(1): 75-83.

［24］余刚,余奇,翟晓东,等.等离子体脱硝与等离子体催化联合脱硝的对比实验研究［J］.动力工程,2005,25(2):284-288.

［25］顾永祥,谭天恩.氢氧化钠水溶液吸收氧化氮传质-反应过程［J］.高校化学工程学报,
　　　1990,4(2):157-167.

［26］中华人民共和国环境保护部,国家质量监督检验检疫总局.锅炉大气污染物排放标准:
　　　GB 13271—2014［S］.北京:中国环境科学出版社,2014.

［27］龙淼.工业锅炉除尘脱硫装置存在的问题及改进措施［J］.中国新技术新产品,2013(5):
　　　74-75.

［28］李辉,孙雪丽,庞博,等.基于碳减排目标与排放标准约束情景的火电大气污染物减排潜
　　　力［J］.环境科学,2021,42(12):5563-5573.

第 11 章　工业锅炉自动调节和微机控制

　　为保证锅炉安全及经济运行,必须使一些能够反映锅炉工作状况的参数维持在规定的数值范围内或按一定的要求变化。当需要控制的参数偏离给定值时,使它重新回到给定值的动作叫作调节,其任务是维持锅炉水位、压力、温度、炉膛负压、烟气含氧量等参数在规定的范围内,并能自动适应负荷的变化,保证锅炉安全、经济地运行。靠自动化装置来实现这种调节的叫作自动调节。

　　锅炉的自控系统(如图 11.1 所示)一般可分为常规仪表自动控制和微机控制系统两大类。使用单元组合仪表来控制和调节工业锅炉的运行已是一项非常成熟的技术。20 世纪 60 年代,由于单元组合仪表投资大,仪表使用、维修技术要求高,因此没能推广到蒸发量较小的锅炉中。到了 20 世纪 70 年代,微电子技术迅猛发展,微型计算机得到推广应用,取代了常规仪表进入了工业锅炉行业。我国在 20 多年前也引进了数十套工业锅炉微机实时控制系统,并有多家高校、研究所和企业在研制国产的蒸发量在 10 t/h 以上的锅炉微机系统。

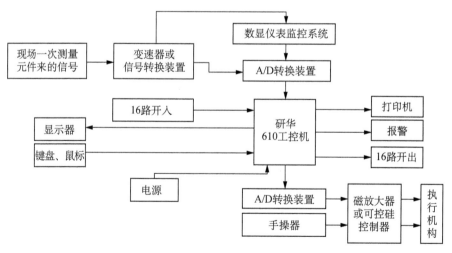

图 11.1　锅炉的自控系统

11.1　工业锅炉微机控制的意义

11.1.1　微机监控的目的

锅炉微计算机控制,是二十多年来开发的一项新技术,它是微型计算机软、硬件,自动控制,锅炉节能等几项技术紧密结合而成的技术。数十年前大多数工业锅炉的实际运行状况是自动化程度低,靠人工手动操作多,效率低,工况不稳,不能保证最佳的燃烧,而使用情况是锅炉鼓引风量大小不能调节,在燃烧过程中蒸汽压力幅度的波动很大,炉排速度不能够适应锅炉负荷变化的需求,处于能耗高、环境污染严重的生产状态。因此提高热效率,降低耗煤量,用微机进行控制是一件具有深远意义的工作。

作为锅炉控制装置,其主要任务是保证锅炉安全、稳定、经济的运行,减轻操作人员的劳动强度。采用微计算机控制,能实现锅炉进行过程的自动检测、自动控制等多项功能。

11.1.2　锅炉微机控制的优势

1. 可以直观而集中地显示画面和运行参数,能快速计算出机组在正常运行和启停过程中的有用数据。能在显示屏上同时显示锅炉运行的水位、压力、炉膛负压、烟气含氧量、测点温度、燃煤量等数十个运行参数的瞬时值、累计值及给定值,以便操作人员观察和比较。同时还可以按需要在锅炉的结构示意画面的相应位置上显示出参数值,令其直观形象,减少观察者的疲劳和失误。

2. 可以按需要随时打印或定时打印,能准确记录运行状况。一旦需要进行事故处理,能追忆打印并记录事故前的参数,供有关部门分析研究。

3. 在运行中能随时快速而简便地修改各种运行参数的控制值(给定值),并能修改系统的控制参数(变量)。

4. 减少显示仪表,还可利用软件来代替许多单元(例如加减器、微分器、滤波器、限幅报警器等),从而减少投资和故障率。

5. 微机系统可以对启动、停炉运行过程中的工况进行计算和实时监控,对主要参数变化趋势进行分析、操作和监视。

6. 提高锅炉的热效率:从已运行的锅炉看,采用计算机控制,至少可将热效率提高 3%。据上海海通锅炉微机控制公司统计,一台蒸发量为 20 t/h 的锅炉,全年平均负荷70%，以平均热效率提高5%计，全年节约煤800 t，半年即可回收控制系统的投资。

7. 提高锅炉运行的安全性：检测装置能把锅炉的运行状况随时报给工作人员和调节装置；调节装置能随时对锅炉的运行状态进行调节，使锅炉在良好的状态下运行。

8. 改善劳动条件：锅炉生产实现自动化，降低了体力劳动者的繁重工作。如锅炉启动，不需要工作人员直接操作，可以采用程序控制装置来启动。

9. 减少运行人员数量，提高劳动生产率：锅炉的生产过程实现了自动化，可以大大减少操作人员数量。各工作人员合理分配工作，提高生产率。

10. 锅炉是一个多输入多输出，非线性的动态对象，诸多调节量间存在着耦合通道。例如当锅炉的负荷变化时，所有的被调量都会发生变化。借助计算机的力量可以理想地控制多变量解耦的工作。

11. 锅炉微机控制系统经扩展后，可构成分级控制系统，可与计算机联网工作，有利于企业的现代化管理。

11.2   工业锅炉的自动控制和调节的任务

11.2.1   工业锅炉自动控制系统组成

工业锅炉自动控制系统一般由以下几部分组成：锅炉本体、一次仪表、微机、手自动切换操作、执行机构及阀、滑差电机等。一次仪表将锅炉的温度、压力、流量、氧量、转速等量转换成电压、电流等送入微机；手自动切换操作部分，手动时由操作人员手动控制，用操作器控制滑差电机及阀等，自动时对微机发出控制信号经执行部分进行自动操作；微机对整个锅炉的运行进行监测、报警、控制以保证锅炉正常、可靠地运行。

锅炉自动化的优点：提高锅炉运行的安全性，提高锅炉运行的经济性，改善劳动条件，减少运行人员，提高劳动生产率。

11.2.2   自动控制和调节的任务

工业锅炉的生产任务是依据锅炉的容量及负荷设备的要求，生产具有一定参数（压力、温度）的蒸汽和热水。为满足负荷设备的要求，保证锅炉本身运行的安全性和经济性，工业锅炉主要有下列自动控制和调节任务：

1. 保持汽包水位在规定的范围内

汽包水位是影响锅炉安全运行的重要参数,正常水位一般在汽包中心线下 100 mm 范围内。水位过高,会破坏汽水分离装置的正常工作,严重时会导致蒸汽带水增多,增加在管壁上的结垢和影响蒸汽质量;水位过低,则会破坏水循环,引起水冷壁管的破裂,严重时会造成干锅,损坏汽包。所以其值过高过低都有可能造成重大事故。因此,要严格控制汽包水位,使水位在标准线附近做微小的波动。

2. 稳定蒸汽的温度

过热蒸汽的温度是生产工艺的重要参数。蒸汽温度过高会烧坏过热器水管,对负荷设备的安全不利;温度过低,则会降低热效率。对汽轮机来说,进气温度每降低 5 ℃,效率就会降低 1%。因此,蒸汽温度需保持在额定范围之内。

3. 控制蒸汽压力的稳定

蒸汽压力是衡量蒸汽供求关系是否平衡的重要指标,是蒸汽的重要工艺参数。压力太高,会加速金属的蠕变;压力太低,就不可能提供给负荷设备符合质量的蒸汽。在锅炉运行中,压力降低,表明负荷设备的蒸汽消耗量大于锅炉的蒸发量;压力升高说明负荷设备的蒸汽消耗量小于锅炉的蒸发量。因此控制蒸汽压力,既是安全生产、维持负荷设备正常工作的需要,也能保证燃烧的经济性。

4. 控制炉膛负压在规定的范围内

锅炉在正常运行中,炉膛压力应保持在 10～20 Pa 的负值范围内。微负压燃烧能提高热效益,降低引风机功耗。负压过大,漏风严重,总风量增加,排烟热量损失增大,同时引风机的电耗增加,不利于经济燃烧;负压偏正,炉膛会向外喷火,不利于安全生产。

5. 维持经济燃烧

空气和燃料维持适当的比例,保证燃烧过程处于最佳工况。对于燃油锅炉,现代运行水平可将燃烧室里的自由氧控制在 0.5%～1% 之内,即过量空气的 2.4%～5%。将过量空气降低到近于理想水平而又不出现 CO 和冒烟,这就需要快速而精确的自动调节和控制。

工业锅炉在采用了微机监控系统后,特别是使气压稳定(指在燃料符合本型锅炉要求的前提下),满足了制油车间生产工艺要求,提高了供汽质量,减少了原气压不稳定幅度大而引起设备频繁动作的现象,设备的连续运行使生产工艺技术指标达到了技术要求。当然,工业锅炉生产是一个复杂的调节对象,有许多个调节参数和被调节参数,还存在着其他复杂的扰动参数。

11.3　工业锅炉自动调节和微机控制系统

由于 RTGW-10 微机控制系统能自动快速地进行数据采集、逻辑判断、精确计算,因此系统能较容易地实施锅炉生产中所需要的高控制规律和运算处理,并按生产要求改变控制程序和修改控制模型的参数,从而达到所要求的控制效果。下面以 RTGW-10 锅炉微机实时控制系统作为范例进行介绍。

11.3.1　给水调节系统

锅筒水位受给水量、蒸汽负荷、燃料量和蒸汽压力等参数的影响。给水自动控制的主要作用是保证给水稳定。给水调节系统的被调参数是汽包水位 H,调节机构是给水调节阀,调节量是给水流量 W。通过对给水流量的调节,汽包内部的物料达到动态平衡,维持汽包水位在允许的范围,保持给水稳定。锅炉输入参数与输出参数之间的相互影响,如图 11.2 所示。

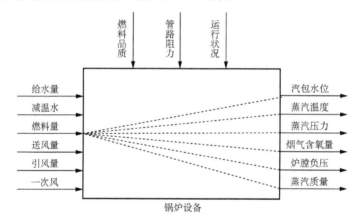

图 11.2　锅炉输入参数与输出参数之间的相互影响示意图

1. 汽包水位调节对象的动态特性

(1) 当给水量不变,蒸发量 D 突然增加 ΔD 时,如果只从物质不平衡角度看,则反应曲线如图 11.3(a) 中的 $H_1(t)$ 所示,但 D 增加时,蒸发量大于给水量,但在一开始时水位不仅没有下降,反而迅速上升,这是由于气泡体积迅速增加。这种现象称为"虚假水位"。水位的反应曲线如图 11.3(a) 中的 $H_2(t)$ 所示。$H_1(t)$ 和 $H_2(t)$ 相结合,实际的水位阶跃反应曲线如图 11.3(a) 中 $H(t)$ 所示。

(2) 燃料量 M 增加 ΔM 时,D 大于给水量,水位应下降。但开始时也存在"虚假水位",水位先上升,然后再下降。如图 11.3(b) 所示。

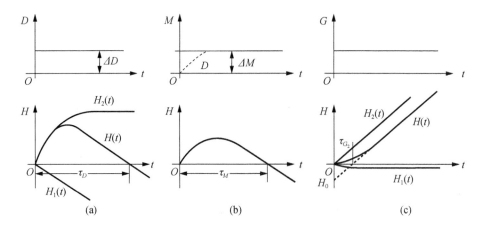

图 11.3　给水调节对象在扰动时的阶跃曲线

（3）当蒸发量 D 不变,而给水量 G 阶跃扰动时,汽包水位如图 11.3(c)所示。该图中 $H_1(t)$ 反映刚进入的给水水温较低,使汽水混合物中的汽包含量减小,水位下降。$H_2(t)$ 反映物质不平衡引起的水位变化。

2. 给水自动调节系统设计

由于给水调节对象没有自平衡能力,又存在滞后,因此应采用闭环调节系统。常用的给水调节系统有以下几种:

（1）以水位为唯一调节信号的单冲量调节系统;

（2）以蒸汽流量和水位作为调节信号的双冲量调节系统;

（3）以给水流量、蒸汽流量、水位作调节信号的三冲量调节系统。

下面以 RTGW-10 锅炉微机装置的给水调节系统为例进行介绍,RTGW-10 锅炉微机装置的给水调节系统采用单级三冲量调节方案。

系统方块图如图 11.4 所示。调节原理如图 11.5 框图。调节过程如下所述:

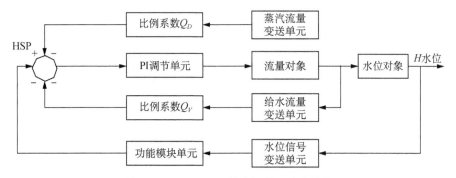

图 11.4　RTGW-10 给水调节系统方块图

三冲量控制系统是根据锅筒水位、给水流量和蒸汽流量三个冲量来改变给水调节阀的开度,从而控制锅炉给水流量。蒸汽流量和给水流量用孔板流量计取得差压信号,采用差压变送器将差压信号转换为电流信号。表示蒸汽流量和给水流量的电流信号经过数字滤波模块和开方模块并乘各自相应的比例系数,就得到与各自流量成比例的电流信号 $n_D I_D$ 和 $n_w I_w$。水位信号经差压变送器取得,并经数字滤波模块作为调节主信号 I_H。如果水位给定值取为 I_G,在平衡条件下,有 $n_D I_D - n_w I_w + I_H - I_G = 0$。若设定时,保证稳态 $n_D I_D = n_w I_w$,则 $I_H = I_G$。此时调节器的输出就与负荷相对应,电动伺服器停在某一位置上。上述四个信号,若有一个或一个以上发生变化,平衡状态就

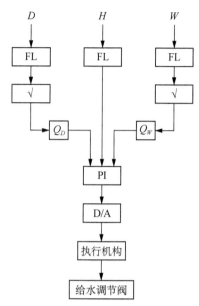

图 11.5　RTGW-10 给水
调节系统原理框图

会被破坏,PI 调节模块的输出也会发生变化。如水位升高时,调节模块的输出信号就会减小,使得给水调节阀关小。反之,当水位降低时,调节模块的输出值增大,使给水调节阀开大。有效避免了因"虚假水位"引起的反向动作,减小了锅筒水位与给水流量的波动幅度。

11.3.2　过热蒸汽温度调节系统

过热蒸汽温度(以下简称气温)调节系统的被调参数是过热器出口联箱的蒸汽温度。调节方式大多是采用喷水减温方式,其调节机构是喷水阀,被调量是减温喷水量。

1. 气温调节对象的特性

影响气温的扰动因素有:蒸汽负荷、炉膛负荷、烟温、火焰中心位置、炉膛负压、送风量、减温水量及蒸汽母管压力等。归纳起来有三类:进入过热器的蒸汽热量的变化、烟气传热量的变化及蒸汽流量的变化。

(1)减温水量扰动下过热气温变化的动态特性　这是一个典型的具有自平衡能力的多容对象的动态特性。采用混合式减温器,延迟时间 τ 为 30~70 s,时间常数为 100~130 s。

(2)烟气传热量扰动下过热气温变化的动态特性　烟温或流速发生变化

时,同时沿整个过热器管壁的气温也发生变化,其延迟时间 τ 较小,为 $10\sim20$ s。

(3) 蒸汽流量扰动下过热气温变化的动态特性　蒸汽流量扰动改变了汽与烟之间的热交换条件,在整个受热面上进行,因此,它与烟气传热量扰动下的动态特性相近。

2. 气温自动调节系统设计

常用的有以下三种气温自动调节系统:

(1) 具有导前微分信号的双脉冲气温自动调节系统,原理图如图 11.6(a)所示。

这个系统利用减温器后的气温 T_2 作导前信号,它比主气温 T_1 提前反映内扰作用,T_1 和 T_2 由热电偶测量。通过温度变送器转换成电流信号送到调节器。

(2) 过热蒸汽温度的串级自动调节系统,原理图如图 11.6(b)所示。

该系统与双脉冲气温自动调节系统有很大的区别,不用微分器,而是多用了一个副调节器。减温器后的导前气温信号送到副调节器,主气温信号送给主调节器。

(3) 气温的单脉冲自动调节系统,如图 11.6(c)所示。该系统采用过热器高温段后的蒸汽温度 T 作为测量信号。

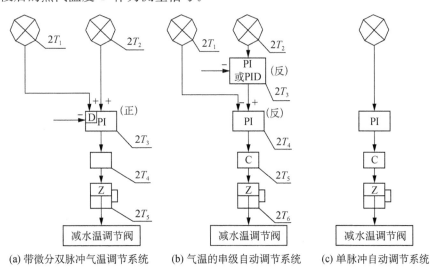

(a) 带微分双脉冲气温调节系统　(b) 气温的串级自动调节系统　(c) 单脉冲自动调节系统

图 11.6　气温调节系统原理图

11.3.3　锅炉燃烧调节系统

调节方案:采用单脉冲气温自动调节方案。

调节过程:热电偶测得的过热器高温段后的气温 T,经变送器转换成电流信号送到 PID 调节模块的输入端作为测量信号 I_T。当 I_T 与蒸汽温度的给定信号 I_g 相等时,调节系统处于平衡状态。当 T 增大,即 I_T 增大,就会产生偏差 $\Delta I_\lambda = I_T - I_g$,调节模块的输出变化的方向是使喷水减温阀开大,此时气温 T 就会下降,阀位反馈信号也发生变化。当蒸汽温度重新达到允许范围时,调节模块的输出不再继续变化。此时,阀位反馈信号与调节模块的输出信号平衡,减温阀开度也不再继续动作,调节系统重新处于平衡状态。

1. 调节系统简介

燃烧调节系统一般有 3 个被调参数:气压 p、过量空气系数 α(或最佳含氧量 O_2)和炉膛负压 p_f。一般有 3 个调节量:燃料量 M、送风量 F 和引风量 Y。对于 M,其调节机构根据燃料种类不同而不同,可能是炉排电机,也可能是燃料阀。对 F、Y,其调节机构一般是挡板执行机构。

2. 燃烧系统调节对象的特性

(1) 锅炉燃料量 B 阶跃扰动下,如用气负荷不变,此时气压的飞升曲线如图 11.7 所示。

此时气压调节没有自平衡能力,具有较大的迟滞和惯性。若锅炉出口的用气阀门开度不变,当气压因燃料量扰动而发生变化时,蒸汽流量也将发生变化。由于气压变化时,自发地限制气压的变化,因此气压调节有自平衡能力。此时气压的飞升曲线图如图 11.8 所示。

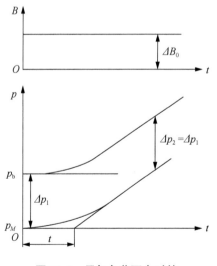

图 11.7　用气负荷不变时的
燃料扰动飞升曲线

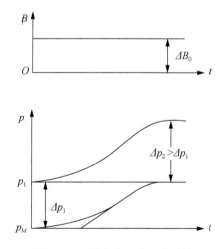

图 11.8　用气阀门开度不变时的
燃料扰动飞升曲线

（2）用气负荷扰动下气压变化的动态特性有下列两种情况。

用气阀门阶跃扰动时,气压调节有自平衡能力,有较大的惯性,其飞升曲线如图 11.9 所示。用气量阶跃扰动时,其飞升曲线如图 11.10 所示。此时,气压调节没有自平衡能力。如果不及时增加进入锅炉的燃料量,气压将一直往下跌降。

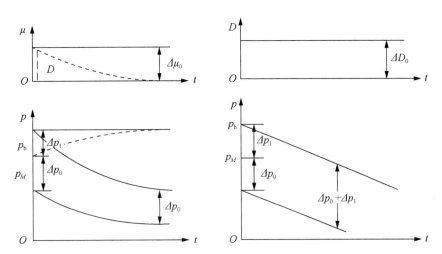

图 11.9　用气阀门阶跃扰动时的飞升曲线　图 11.10　用气量阶跃扰动时的飞升曲线

3. 送风自动调节对象的特性

送风调节系统工作的好坏,直接影响炉膛过量空气系数的变化。燃料量和送风量是影响过量空气系数变化的主要因素。风量扰动下,过量空气系数的动态特性有较大的自平衡能力,几乎没有延迟和惯性,近似为一比例环节。而燃料量扰动时,需经过输送和燃烧过程而略有迟延。

4. 炉膛负压自动调节对象的特性

炉膛负压自动调节的动态特性较好,但扰动通道的飞升时间很短,飞升速度也很快。

11.3.4　燃烧过程自动调节系统设计

燃烧过程自动调节系统根据燃料的不同有不同的要求,因此往往采用不同的调节方式。

1. 并列运行负压燃烧锅炉自动调节系统

（1）"燃料—空气"燃烧调节系统如图 11.11 所示。当母管压力 p_m 升高时,要求主调节器的输出信号 D_{p1} 减小,而 D_{p1} 减小要求燃料调节器和送风调节器分别相应减小燃料量 M 和送风量 F,反之亦然。

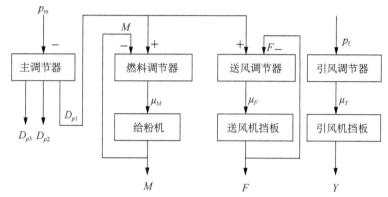

p_m—母管压力;M—燃料量;F—送风量;Y—引风量;p_f—炉膛负压;
D_{p1}、D_{p2}、D_{p3}—均为不同的压力输出信号。

图 11. 11 "燃料—空气"燃烧调节系统的原理框图

(2) 利用热量信号的燃烧调节系统原理图如图 11.12 所示。

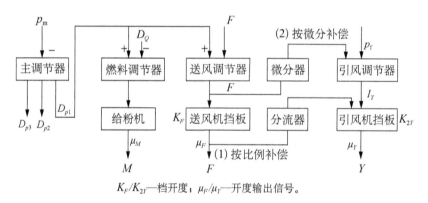

K_F/K_{2Y}—档开度;μ_F/μ_Y—开度输出信号。

图 11. 12 利用热量信号的燃烧调节系统的原理框图

该系统中用热量信号 D_Q,作为燃料信号 M,并在送、引风调节器之间加入了扰动补偿信号。

在该系统中,燃料量测量采用了蒸汽流量加汽包压力微分信号,简称"热量信号"。在静态时,蒸汽流量是燃料发热量的准确度量(一定气压和气温条件下)。但在燃料量扰动后的动态过程中,有一部分热量贮存在锅炉内部的汽水中(表现为汽包压力 p_b 的变化),因此可以用热量信号作为燃烧率的测量信

号,即:

$$D_Q = D + C_b \cdot \frac{\mathrm{d}p_b}{\mathrm{d}t} \tag{11.1}$$

式中:D_Q——热量信号,t/h;

　　　D——蒸汽流量,t/h;

　　　C_b——蓄热系数,t/h;

　　　p_b——汽包压力,大气压。

由上式可知,单位时间内燃料供给锅炉的热量折算成蒸汽量以后,应与锅炉实际产生的蒸汽量与锅炉储热量(也折算成蒸汽量)之和相等。

(3)采用氧量信号的调节系统

烟气成分分析是判定燃烧经济性的良好指标,在完全燃烧的条件下,空气过剩系统与烟气中含氧的关系可近似表示为:

V_{O_2}——烟气中氧气量($\mathrm{Nm}^3/\mathrm{kg}$);

V_{gy}——烟气量($\mathrm{Nm}^3/\mathrm{kg}$);

w_{O_2}——烟气中含氧比(%)。

$$w_{O_2} = \frac{V_{O_2}}{V_{gy}} \times 100\% \tag{11.2}$$

$$\alpha = \frac{21}{21 - w_{O_2}} \tag{11.3}$$

由上式可知,过剩空气系数 α 与烟气含氧比 w_{O_2} 呈线性关系。用最佳含氧量来反映燃烧的经济性是比较合理的。其原理图如图 11.13 所示。

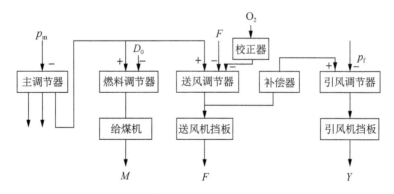

图 11.13　采用氧量信号作为校正信号的调节系统框图

　　用氧化锆测氧气,迅速测量烟气中的氧量,并作为校正信号送至送风调节器,提高送风调节的质量,为使负压不致波动过大,在送风和引风调节系统之间加了一个补偿器。

　　2. RTGW-10 锅炉微机装置的燃烧调节系统

　　调节原理如图 11.14 所示。

　　调节过程:若负荷增加,D 增大,主气压 p_m 下降。主调节器前由于给定值 PSP 和 p_m 间产生偏差 Δ_1,使调节器 PI$_1$ 输出增加。对于送风调节系统,由于 PI$_1$ 输出增加,送风调节器的给定值和还未发生变化的 F 值之间产生偏差 Δ_2,使 PI$_2$ 的输出增加。这样,送风挡板就开大,风量 F 就会增加。当 F 增大到与 PI$_1$ 输出相同时,Δ_2 为零,此时 PI$_2$ 的输出不再变化,送风挡板就停止在新位置上。在送风调节系统动作的同时,PI$_1$ 输出值的增加使燃料调节器 PI$_3$ 的输入端产生偏差 Δ_3(注意:PI$_3$ 输入端,D 虽然增大了,但因 p_b 的减少,使 p_b 的微分值也随之减少,两者正好相抵)。所以当 PI$_1$ 输出增加时,在燃料调节器前会立即产生偏差 Δ_3,Δ_3 使 PI$_3$ 的输出增加,这样炉排转速就增加,进入炉膛的煤量就增加。

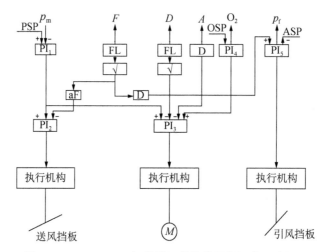

图 11.14　RTGW-10 锅炉微机装置的燃烧调节系统框图

　　由此,煤量和风量同时增加,炉膛热负荷就会提高,主汽压力 p_m 上升。当 p_m 上升到原来的给定值时,PI$_1$ 的输出不再变化,达到新的平衡。此时,由于负荷增加,蒸汽流量 D 增加而汽包压力信号不再变化,压力 p_b 的微分等于零,因此热量信号也增加,它与增大了的主调节器 PI$_1$ 输出值相平衡,这时燃料调节器 PI$_3$ 输入偏差为零。PI$_3$ 输出不再变化,炉排转速就在新的位置上停止。

3. 燃油、燃气锅炉的燃烧自动调节系统

对调节对象而言,燃油、燃气锅炉反应迅速,调节系统的差异主要是由于燃料量测量比较方便和准确,可以不采用热量信号作为燃烧率信号,而是直接采用测量燃料量作为燃烧率信号。

一般燃油、燃气锅炉的燃烧调节系统原理图如图 11.15 所示。在该系统中,进行油量与回油量之差作为锅炉的燃油量。燃料调节系统的执行对象是回油调节阀。燃料调节系统是一个串级调节系统,主回路是气压调节回路,副回路是燃料调节回路。

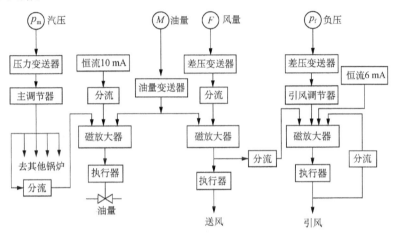

图 11.15　一般燃油、燃气锅炉的燃烧系统框图

11.3.5　RTGW-10 工业锅炉微机控制系统总结

使用该控制系统的优点为:

1. 控制手段严格,确保安全运行。采用后使锅炉整个系统互相制约,避免出现超温、超压、缺水、满水等事故,当执行机构的位置将要超越允许的限度时,计算机将发出声、光报警信号,如继续超越规定极限将会停炉,因而保证了正常供气和安全运行。

2. 气压稳定。气压根据需要设定在一个固定的范围内,产气量可以在设定的范围内浮动,避免了因气压过高造成不必要的浪费。

3. 使管理上等级。采用微机后,可将各种运行参数如蒸汽流量、锅炉出口汽压、热平衡效率等重要经济指标打印出来,减小了手抄误差,大大减轻劳动强度。

4. 经济运行,节能降耗。能将主要工艺参数控制在给定值的要求范围内,实现最佳控制,达到提高热效率和节约能源的目的。

实际工作环境下,使用锅炉自动控制系统要注意以下几点:

1. 在锅炉运行期间,如要对蒸汽压力自动控制系统进行手动/自动切换,必须注意做到无扰动切换;

2. 要经常检查蒸汽压力等变送器的输出信号与输入的实际压力是否相符,并检查其工作是否正常;

3. 要经常检查燃油控制阀动作和工作是否平稳,填料压盖有没有泄漏,是否按设计的输入信号工作等;

4. 蒸汽压力等变送器和各调节器的放大器、节流部件、喷嘴、检测管的吹通和清洗,每年进行一次。

11.3.6 微机控制的效果及不足

目前我国新建的锅炉系统普遍都采用了计算机集散控制系统(DCS),该系统操作界面直观明了,锅炉主要运行参数都能在锅炉结构示意图上实时显示,操作简单,较好地实现了人机结合,减轻了操作人员的工作强度。系统运行稳定,每台主机可以交叉控制另一台锅炉,提高了锅炉运行的可靠性。拥有全面的安全机制,水位和超压报警及连锁保护响应及时,增强了锅炉运行的安全性。不同用户权限设定,有效避免了不同用户对系统的误操作,促进了不同用户对控制系统的合理使用。控制系统对运行状况进行准确记录,随时打印关键参数,有利于事故的调查分析。

但也存在不足方面,由于考虑成本和工作实际情况,有很多操作还没有集中到控制系统中,炉排转速、给水等还要在单独的手动操作台上进行操作,供煤、软水处理等没有采用集中控制,变频技术在锅炉系统中仍有很大的使用空间,有待进一步挖掘。

微机锅炉控制技术具有良好的实用前景,既可节能又可提高锅炉的运行管理水平,减轻环境污染。目前国内只有少数锅炉采用微机控制,推广任务繁重。同时,该技术也在不断完善和提高,在进一步降低造价及锅炉本体设备的改造紧密配合方面还有许多工作要做。

11.4 锅炉自动控制实例1——基于DCS的燃气锅炉自动控制系统

11.4.1 工艺介绍

以某型锅炉为例,该锅炉系统主要通过燃烧高炉煤气和焦炉煤气为某钢铁公司 1000M3 高炉提供动力,并季节性提供工业用暖。锅炉主要包括煤气(高炉煤气、焦炉煤气)系统、炉体部分、对流受热面(汽包及冷却壁,Ⅰ、Ⅱ过热器,Ⅰ、Ⅱ省煤器,Ⅰ、Ⅱ空气预热器)、点火器、送引风设备。

按照各部分的功能大致分为汽水系统、风烟系统、燃烧系统、减温减压及公用系统等几个子系统。

1. 汽水系统

汽水系统是供给锅炉保护和产生蒸汽的除氧水,生成载热的过热蒸汽送到汽机膨胀做功或经过减温减压后供热。来自除氧给水系统的除氧水经过调节后送到Ⅰ、Ⅱ省煤器预热,然后送到锅炉汽包和与汽包相连的锅炉冷却壁中,经过锅炉燃烧生成的高温烟气的加热,生成不饱和蒸汽,不饱和蒸汽经过Ⅰ级过热器、Ⅰ级过热器蒸汽集箱,然后经过喷水减温器减温处理后,再经过Ⅱ级过热器、Ⅱ级过热器蒸汽集箱后生成饱和的过热蒸汽,最后送到蒸汽母管,一部分送到汽机膨胀做功,一部分进入减温减压系统,一部分提供给除氧汽动给水泵做功给水。

2. 风烟系统

空气(冷风)经过净化后通过 1♯、2♯ 送风机送到Ⅰ、Ⅱ空气预热器中预热成为热风,热风被送到热风烧嘴和煤气混合燃烧;高炉煤气和焦炉煤气通过高炉煤气管道和焦炉煤气管道被送到燃烧喷嘴和热风混合燃烧,生成高温烟气,加热锅炉汽包中的除氧水使之成为不饱和蒸汽,然后高温烟气依次通过Ⅰ过热器、Ⅱ过热器、Ⅱ省煤器、Ⅱ空气预热器、Ⅰ省煤器、Ⅰ空气预热器,将不饱和蒸汽加热成高温高压的饱和蒸汽,并预热送到锅炉汽包中的除氧水和送到锅炉炉膛中的空气,最后通过引风机引至烟囱中排放。

3. 燃烧系统

高炉煤气由外部接入,分为 4 路,分别进入锅炉的 4 个角(每角 4 个燃烧喷嘴),参与燃烧;进入锅炉和高炉煤气混合燃烧的热风分别进入锅炉的 4 个角(每角 4 个燃烧喷嘴),参与燃烧;焦炉煤气由外部接入,分为 4 路,分别进入锅炉的 4 个角(每角 2 个燃烧喷嘴),参与燃烧。正常情况下,燃料为高炉煤气,焦炉煤气只是在点火的时候用到,平时只是作为保安气(作为锅炉燃烧过程中的炉膛温度低时保护气)。

燃烧过程中通过热电偶和火焰观测器来检测炉膛温度变化。通过调节高炉煤气、焦炉煤气、风的配比来调节锅炉炉膛温度(燃料配比一般为 100% 高炉煤气、80%～90% 高炉煤气加 20%～10% 焦炉煤气、50% 高炉煤气加 50% 焦炉煤气)。整个燃烧过程中炉膛温度控制在(1 100±10)℃。

4. 减温减压及公用系统

本锅炉产生的过热蒸汽大部分被送到汽机做功给高炉供风,其余的一部分被送到中温中压联络管,另一部分被送到1♯、2♯减温减压器经过工业水的减温减压后变为低温低压蒸汽,一部分被送到厂区供热,另一部分通过加热蒸汽母管被送到除氧器,还有一部分提供给除氧汽动给水泵做功给水。

5. DCS 系统

计算机集散控制系统(DCS)由上位系统和下位系统组成。上位系统采用工业控制计算机,用 Siemens 组态软件 WinCC 完成现场数据的实时显示、存储、报警处理、打印及控制参数设定。下位系统由 Siemens PLC 构成,与现场设备相连。上位系统和下位系统之间的通信采用以太网(Ethernet)方式,其最高传输速率可达 10～100 Mbit/s,完全满足对数据实时监控的要求。自动控制系统采用某品牌 S7-400 系列 PLC 硬件组成基础自动化系统,采用 WINCC V6.0 监控软件,编程软件采用 STEP 7 V5.3,Windows 2000 作为系统平台界面,组成计算机操作系统,实现人机通信。系统配置图见图 11.16。

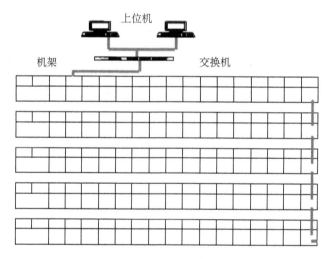

图 11.16　DCS 系统组成

11.4.2　控制功能

1. 燃烧控制

锅炉运行供汽是为了满足汽轮机运行负荷的要求,同时满足鼓风机站提供低压蒸汽的需要。汽轮机和外供汽的负荷变化会影响锅炉蒸汽压力的变化。只要满足蒸汽压力的稳定,必然会满足蒸汽量的要求。因此,锅炉燃烧自动控制的目的是通过自动燃烧稳定蒸汽母管的压力,来满足汽轮机及外供汽对蒸汽的要求。

由于锅炉的燃烧系统到供汽系统是一个较复杂的热力过程,在运行中将受到以下因素的影响:汽轮机工况变化所引起的蒸汽负荷的变化及外供汽对蒸汽负荷的变化(称外扰);燃料热值、燃料种类等锅炉内部热负荷的变化所引起的蒸汽量的变化(称内扰);从燃料变化开始到炉内建立热负荷的时间(称燃烧设备的惯性);在锅炉受到外扰且燃烧工况未变时所具有的吸热和放热能力(称锅炉的蓄热能力)。因此,自动燃烧程序应具有抗干扰的能力,以达到平稳的自动调节。

为保证锅炉燃烧的经济性,在对燃料或负荷调节的同时,应改变送风量和引风量。锅炉中使用的燃料可能有如下配比:100%高炉煤气(正常运行使用此种配比)、80%～90%高炉煤气加 20%～10%焦炉煤气、50%高炉煤气加 50%焦炉煤气。锅炉增减负荷量较大时,可以采用停开某一层或者数层高炉煤气燃烧器煤气管道上的电动调节阀和热风管道上的电动调节阀进行自动调节。

2. 汽包水位控制

采用三冲量调节,即根据给水流量、汽包液位和蒸汽流量调节主给水阀,保证锅炉汽包水位的稳定,是前馈-反馈串级调节回路,结构图如图 11.17 所示。

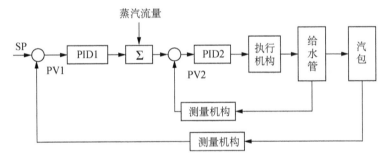

图 11.17　汽包水位控制系统的结构图

其中:SP——汽包液位设定点;

PV1 ——汽包液位测量值;

PV2——给水流量测量值;

PID1——汽包液位调节,为主调,反作用;

PID2——给水量调节,为副调;

$\sum$ ——加法器,公式为 $X_0 = 2X_2 + 2 \times (X_1 - 50\%)$;

X_0 ——输出;

X_2 ——蒸汽流量信号;

X_1 ——汽包液位调节的输出。

锅炉给水系统中,由锅炉提供两个给水调节阀,其中 DN150 调节阀是主调节阀,在正常负荷和高负荷运行时使用;旁通管设置一个 DN100 的调节阀,在低负荷时使用,同时也作为主调节阀的备用阀。在自动给水状态下,只允许其中之一自动调节给水,此时,另一调节阀可手动给水;在程序投入之前,操作人员需要事先选定哪一个调节阀自动投入。如果此次未能设定,将按照上一次的设定执行。将液位进行 PID1 调节后输出,和蒸汽流量进行加法运算,其结果作为 PID2 的设定点,PID2 将此设定点与给水流量的偏差进行调节,输出带动执行机构,调节给水阀。

汽包液位是主被调量,给水量是副被调量,蒸汽流量是前馈量。当汽包液位上升时,PID1 的输出减小,则加法器的输出也减小,给水阀关小,就减小了给水量。当汽包负荷变大时,蒸汽流量增加,加法器的输出就增大,给水阀开大,就增大了给水量。

当蒸汽负荷突然增加而出现"假液位"时,由于 PID1 是反作用,PID1 的输出就减小,即加法器里的 X_1 就减小;由于负荷增加,加法器里的 X_2 就增加,这样,加法器的输出基本变化不大。经过短时间后汽包内压力恢复平衡,"假液位"消除,此时液位因蒸发量增加而开始下降,PID1 的输出就增加,则给水量增加,直至汽包液位恢复到给定位置。

3. 炉膛负压调节

炉膛负压自动控制是通过调节引风机入口风门开度,保持炉膛负压在 -20 ~ 10 Pa 的微负压状态,保证锅炉安全燃烧。当两台引风机同时运行时,应并列或者固定其中的一个对另一个进行调节,可在画面上选择并列还是固 1 调 2(1 为固 1 调 2,0 为固 2 调 1)。炉膛负压设高、低报警。

4. 锅炉送风自动控制

送风自动控制目的:使锅炉所投入的燃料在炉膛中燃烧时自动投入合适的风量,达到最高的锅炉热效率,以保证锅炉的经济燃烧。主要控制的参数为煤气压力及送风压力,烟气含氧量是总风量的修正量。通过调节送风机的挡板开度来调节送风压力;当两台送风机同时运行时,应并列或者固定其中之一,对另一个进行调节,调节入口风门,可在画面上选择并列还是固 1 调 2(1 为固 1 调 2,0 为固 2 调 1)。

5. 锅炉过热蒸汽温度自动调节(减温水自动调节)

锅炉过热蒸汽温度自动调节(如图 11.18 所示)采用自制冷凝水喷水减温装置。锅炉过热蒸汽温度自动调节是根据集汽集箱和减温器出口蒸汽温度自动调节减温水调节阀开度,控制减温水量,以保证集汽集箱中蒸汽温度控制在 $430\sim$ 450 ℃范围内。当集汽集箱出口蒸汽温度降低时,气温自动调节系统自动减少减温水量,随着气温升高,减温水量增加,保证集汽集箱出口蒸汽温度稳定,反之则减小减温水量,避免气温产生较大波动。喷水减温系统中,由锅炉提供两个给水调节阀,其中 DN50 调节阀是主调节阀,在正常运行时使用;旁通管设一个DN50 的调节阀,作为主调节阀的备用阀。在自动给水状态下,只允许其中之一自动调节给水,另一调节阀备用。在程序投入使用之前,操作人员需要事先选定一个调节阀自动投入。如果此次未能设定,将按照上一次的设定执行。在主给水调节阀后设 DN150 的调节阀,根据所需要的冷凝水量调节该调节阀的开度。采用串级调节,蒸汽出口温度经 PID1 调节输出后,作为 PID2(减温器出口温度调节)的设定点,PID2 对此设定点和减温器出口温度的偏差进行调节,输出带动执行机构,调节减温水调节阀。

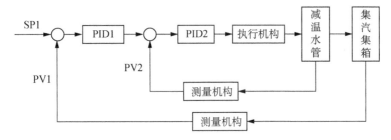

图 11.18　过热蒸汽温度自动调节结构图

当测得集汽集箱出口蒸汽温度高时,PID1 的输出增大,则减温水调节阀开大,增加减温水量;反之,则减小阀门开度,减少减温水量。当有扰动时(主要扰动有烟气流量和温度的变化引起的扰动,减温器入口蒸汽流量和温度引起的扰动,减温水压力变化引起的扰动),首先反映在减温器出口的蒸汽温度变化,温度一高,则要求增加减温水量,调节就比较迅速,对集汽集箱出口的蒸汽温度的影响就比较小,因此提高了调节品质。

11.4.3　监控功能

在画面上可实时显示锅炉各部分的温度、压力、流量分布状况,采集的数据,历史趋势,报警闪烁画面;可完成各阀门、设备的开启及操作,煤气、助燃空气的调节阀的操作及调节,各系统的自动调节与软手动调节、硬手动调节的无扰自动切换;可实现各调节阀的操作及调节,保持各数据的动态显示。主要画面如下:

(1) 主菜单　完成系统登录,选择工作制度、切入主画面。

(2) 主画面　可显示锅炉的整个工艺生产流程及相关的主要参数值,报警闪烁,切入其他画面的功能按钮。

(3) 分画面　各调节系统的画面,包括参数设定的功能键,棒状图,控制流程图,报警记录,相关信息,历史趋势,相关的 PID 参数设定等。

(4) 报警画面　按工艺要求,当过程值超过报警上下限时,发出报警,并在报警画面上显示报警发生时间、报警值、报警等级、报警点,操作员在报警画面中可以完成报警确认、报警信息过滤等。

(5) 报表打印　可设置任意格式报表,可打印所有输入输出参数的报表。

另外,对监控站设有的多个安全级进行管理,每个安全级均有不同的权限,防止侵权或误操作。

11. 4. 4　应用效果

采用 DCS 系统及相关控制流程以后,操作工操作方便,使用鼠标点击即可,整个锅炉的运行状况在计算机屏幕上一目了然。此外采用 DCS 及相关控制技术更有以下主要优点:提高能源利用率,保证系统能够高效安全运行;出水温度稳定,提高舒适度;升温速度快;从控制性能看,调节比较及时,超调不大,上下波动小,运行稳定。

从节能降耗看,该生产线使用了工业过程优化自动控制技术以后,提高了系统可靠性,与同种类型锅炉相比,每年减少故障停机时间约 200 h,锅炉功率为130 t/h,蒸汽按 70 元/t 计,每年可节约资金 180 余万人民币,给企业带来了可观的经济效益。

这种基于分布式煤气燃烧锅炉的控制系统,既充分利用了 PC 机丰富的软硬件资源来实现友好的人机界面,又通过工业以太网结构与 PLC 机进行通信,可对锅炉现场进行数据采集和及时处理,满足了锅炉燃烧工况良好、节能降耗的工艺要求;全面实现了仪电合一,统一由 PLC 和 DCS 完成其控制功能,实现了全面 EIC 一体化的系统。该系统控制思想较为先进,运行稳定、安全、可靠、节能。采用 SIMATIC S7-400 系列可编程控制器进行锅炉控制,硬件可由软件组态,软件编程层次清楚,现场调试方便,利用其强大的通信功能可组成各种分布式监控管理的系统。

11. 5　锅炉自动控制实例 2——循环流化床 FSSS 中燃料控制系统

FSSS 即"锅炉炉膛安全监视系统",是指当锅炉炉膛燃烧熄火时,保护炉膛不爆炸(外爆或内爆)而采取监视和控制措施的自动系统。FSSS 包括燃烧器控制系统(BCS)和炉膛安全系统(FSS)。BCS 一般包括油燃烧器管理、煤炭燃烧器管理和等离子系统管理。FSS 一般包括油泄漏实验、炉膛吹扫、主燃料跳闸、油燃料跳闸、Runbak(快速减负荷)和其他设备。

11.5.1　燃料系统的主要组成

相对于普通煤粉锅炉的制粉系统,循环流化床锅炉有自己的燃料制作系统,两者之间的差异是制出的燃料粒径大小不同。

燃料制作系统的主要设备有:

(1) 称重式给煤机;

(2) 链式给煤机;

(3) 链式给煤机出口门;

(4) 中心给料机;

(5) 启动床料称重式给煤机;

(6) 启动称重式给料机进口闸门;

(7) 称重式给料机出口闸门;

(8) 启动床料链式给料机。

11.5.2　燃料系统的控制

1. 煤粉点火条件

(1) 主燃料跳闸继电器已复位;

(2) 风量大于 30%;

(3) 床温高于设定值 1 且两侧各有一只床下燃烧器投运,或床温高于设定值 2;

(4) 左侧(右侧)炉膛与布风板压差正常;

(5) 汽包水位正常。

2. 循环流化床锅炉的燃料系统顺控控制

给煤机的启动顺序:

(1) 启动链式给煤机,反馈为链式给煤机运行信号;

(2) 开称重式给煤机,反馈称重式给煤机运行;

(3) 开链式给煤机出口闸板门,反馈为闸板门开到位;

(4) 开中心给料机,反馈为中心给料机已运行。

3. 循环流化床锅炉燃料系统的设备

链式给煤机是循环流化床锅炉燃料系统中最重要的设备,是通过它把床料直接送入炉膛。循环流化床锅炉燃料系统的启动顺序为启动链式给煤机→称重式给煤机→中心给料机,沿着逆煤流的方向启动;而停止的顺序是按照顺煤流的方向依次停掉所有的设备:中心给料机→称重式给煤机→链式给煤机。

11.6　锅炉自动控制实例3——家用燃气锅炉自动控制系统

全自动控制系统包括自动检测、自动调节、程序控制和自动保护等内容。

自动检测主要检测锅炉运行工况的温度、水位等,以便为自动调节装置输入信号。

自动调节包括燃烧过程自动调节和给水自动调节。前者通常为燃气—空气比例调节,以工质温度为信号;后者多为位式水位调节。

程序控制包括点火、风机(水泵)启停等。自动点火的程序控制过程为:开风机→吹扫炉膛→开电子点火器→开电磁阀。

自动保护有熄火自动保护、高低水位自动保护和超温自动保护等。熄火自动保护采用光敏电阻监视火焰,当突然熄火时,光敏电阻发出信号,关闭电磁阀,切断燃气。高低水位自动保护装置有电极式和电感式两种。这两种自动保护装置的共同作用特点是高水位时,切断水泵电源,停止向锅炉供水;低水位时,切断燃烧器电源,停止向锅炉供燃料。超温自动保护的作用是锅炉出口温度超过限值时,切断燃烧器电源。

现代的家用燃气锅炉均设计为全自动、多功能的。设计有定时、定温度、自动运行系统,燃气泄漏、检测、报警和自动关断系统,超温、低水位、熄火保护系统。通常还设计为采暖和热水兼用功能。小型家用锅炉控制系统的工作原理如图11.19所示。

由图11.19可以看出:加热后的水由循环水泵强制进入散热器,经散热器冷却后,再由管道流回锅炉。因此,散热器部分可认为是锅炉系统的负载,循环水泵前供水口流出的是热水,经循环后流回锅炉的是已冷却的水。由于水泵所产生的作用力可以很大,因此供暖范围可以扩大到不止1户使用。同时系统还可以为用户提供热水,水量损失后由补水口自动加入。温度传感器的输出信号经调理电路处理后作为单片机系统的输入信号。

控制系统的控制信号通过固态继电器控制燃烧器内的进气量,由3个进气阀实现控制。燃烧器的作用是固态继电器接通燃烧器电源后,燃烧器通过其内部的光电检测管检测锅炉内有无火光,若有火光则表示点火成功,不需启动点火变压器,否则启动点火变压器进行点火,同时电磁阀打开进气。这时光电管检测到火焰,关闭点火变压器,系统点火成功。控制系统根据传感器检测到的温度,经一定的控制算法给出控制信号,调节进气量和锅炉炉火的大小,进而调节锅炉的出水温度,从而完成室温的调节。

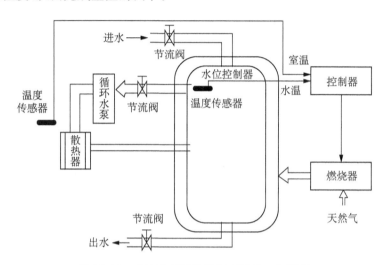

图 11.19　小型家用锅炉控制系统的工作原理

11.6.1　锅炉水温采集系统

采用 PID 控制(比例、积分、微分控制)方案解决燃气锅炉温度及水位控制,使得家庭采暖个性化。系统主要包括温度采集与控制和锅炉水位检测与控制两个子系统。其中,温度采集与控制系统利用相应控制软件使温度稳定在用户设定值;锅炉水位检测与控制系统主要包括水位检测、显示,供水阀门控制及报警控制等。

采用新型数字式温度传感器完成大规模分布式温度测量系统,可以使系统的精度、稳定性、可靠性和抗干扰能力都大大优于模拟系统。系统配置简单、维护容易、造价低,而且与单片机连接只占用 1 个 I/O 口,无须增加外围元件。锅炉水温采集系统采用达拉斯(Dallas)半导体公司生产的 DS18B20 数字温度传感器。DS18B20 具有用户可定义的非易失性温度报警设置,每片 DS18B20 包括 1个唯一的 64 位长 ROM 编码,可在同一根线上连接多片 DS18B20,以进行多点温度的测量。基于 DS18B20 温度传感器设计温度检测电路如图 11.20 所示。

图中,AT89S51 单片机的 P1.0 口接 3 个 DS18B20 温度传感器,采用的是多点温度测量,所测结果以数字信号的形式输入单片机里。3 个测量值经比较后取中间值作为要处理的信号。温度显示电路采用 2 个 LED 显示器显示两位温度值。LED 显示器在显示容量、对比度、亮度和数字化方面都具有较好的性能,且 LED 的寿命长、成本低。

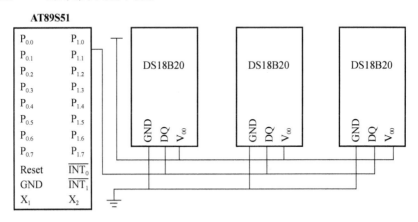

图 11. 20　温度检测电路图

11. 6. 2　锅炉水位控制系统

锅炉水位控制系统主要包括锅炉水位检测和进水阀门的控制。系统通过水位传感器检测锅炉内水位。当锅炉内的水位下降至设定的下限水位值以下时,启动报警系统并开启进水阀门;反之,当水位上升超过上限水位设定值时,启动报警系统并关闭进水阀门。锅炉水位检测与控制系统结构如图 11. 21 所示。系统采用 HU201 磁敏传感器测量锅炉内水位。

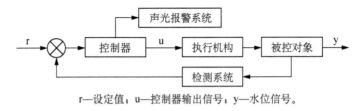

r—设定值;u—控制器输出信号;y—水位信号。

图 11. 21　锅炉水位检测与控制系统结构

HU201 磁敏传感器的输出端分别接 CD4543BCD/七段译码器和 CM14028BCD/十进制译码器,前者驱动 LED 显示器,后者向 AT89S51 输出信号。经过处理后,光报警信号从 $P_{1.1}$ 和 $P_{1.2}$ 口输出,声报警信号从 $P_{1.7}$ 口输出,

控制信号从 $P_{1.6}$ 口输出,同时,通过继电器动作来控制电磁阀并报警。

11.6.3　燃气—空气比例控制系统

调节比(TDR)为燃气壁挂炉在持续燃烧情况下,最大功率和最小功率之比。调节比越大,燃气壁挂炉有越大的火焰比例调节能力。在特定燃气压力范围内,能提供持续恒定的出水温度,不受出水流量或使用模式的影响。通过控制燃气出口压力和混合来控制负荷。

电子燃气—空气比例控制系统中,燃气和空气量通过电子系统关联控制。这种系统能够很大程度地改善误差。该系统需要一个或多个传感器来控制燃气—空气的比例和精确电子比例燃气阀(基于压力或流量)。基于这种流量传感器、压力传感器或燃烧传感器的信号反馈到燃气阀的电子比例控制装置。

这种控制还有一个优点是在空气过量系数改变时,能自适应控制。实现了完全免调整和燃气自适应,可以根据燃气的品质或气种变化自行调整。电子燃气—空气控制系统的调节比(TDR)要求比气动比例更高。为了实现自适应系统,电子燃气—空气控制可以通过当今的高精度的燃气阀和传感器技术,以及采用补偿和反馈系统来实现。

测试结果表明,这种前馈和后馈系统能达到高调节比(TDR),燃烧反馈系统能提供可靠的解决方案。有了这些反馈系统,就能监测到燃气成分的改变并通过调整混合比例来校正,该系统的最大优点就是它的自适应免调整性。

电子燃气—空气控制调节比(TDR)可以达到 10∶1,甚至 20∶1,而且电子燃气—空气控制的燃气自适应特点,可以实现锅炉的免调试,使单一锅炉适用于任何使用区域,不会因为各地的燃气质量的变化影响锅炉的表现。

习题

1. 工业锅炉自动控制和调节的任务有哪些?
2. 锅炉常用的测温仪表有哪些?
3. 锅炉常用的测压仪表有哪些?
4. 在锅炉燃料调节系统中,过量空气系数是如何定义的,具有什么意义?
5. 常见的气温调节系统有哪几种?简述其工作原理。
6. 根据给水调节对象在扰动时的阶跃曲线简述汽包水位调节对象的动态特性。
7. 基于 DCS 的燃气锅炉自动控制系统中各部分系统的主要功能是什么?
8. 简述 RTGW-10 工业锅炉微机自动控制系统的优点。

参考文献

［1］张良仪,朱勇.工业锅炉微机控制［M］.上海:上海交通大学出版社.1991.8

［2］顾晓栋,徐耀文.电厂热工过程自动调节［M］.北京:电力工业出版社,1981.

［3］李之光,范柏樟.工业锅炉手册［M］.天津:天津科学技术出版社,1988.

［4］邵裕森.过程控制及仪表［M］.修订版.上海:上海交通大学出版社,2003.

［5］周永恒,谭华.工业锅炉的自动化控制研究［J］.广西轻工业,2007,23(1):59-60.

［6］任毅,杨德山,徐强,等.工业锅炉的自动控制与实践［J］.黑龙江粮油科技,1997(2):39
　　-40.

［7］郑兴国.浅析"锅炉微机控制技术"［J］.啤酒科技,2004(8):36-37.

［8］苏丹.锅炉微机控制技术［J］.中国仪器仪表,1996(5):3-4.

［9］林清香.锅炉微机控制系统的设计［J］.微计算机信息,2007,23(9):33-34.

［10］张晓慧.论锅炉微机控制技术［J］.锅炉制造,2005(3):71-72.

［11］王疆,张永霞,潘钢,等.锅炉炉膛安全监控系统及其应用［M］.北京:中国电力出版
　　社,2014.

［12］王亚姣,李丽宏.工业锅炉微机自动控制系统及其应用前景［J］.山西科技,2000,15(2):
　　36-37.

［13］Isaka S, Sebald A V. An optimization approach for fuzzy controller design［J］. IEEE
　　transactions on systems, man, and cybernetics, 1992, 22(6): 1469-1473.

［14］王志明.基于 DCS 的燃气锅炉自动控制系统［J］.微计算机信息,2008,24(19):94-96.

第12章 工业锅炉的节能与环保

12.1 工业锅炉的节能

12.1.1 概述

人类在同自然界的斗争中，不断地改造自然，利用能源发展经济。但由于人类认识能力和科学技术水平的限制，在能源利用中会对环境造成污染和破坏。大气环境是人类生存的基本条件之一，优良的空气质量是人类赖以生存的保障。我国正处于经济高速发展时期，大量煤炭资源的利用对大气环境质量产生较大影响，其中锅炉大气污染物排放就是重要来源。表 12.1 为我国 2011—2020 年废气中污染物的排放情况。

表 12.1 我国 2011—2020 年废气中污染物排放情况　　　　单位:万 t

时间	二氧化硫排放量	氮氧化物排放量	烟(粉)尘排放量	颗粒物排放量
2011 年	2 217.91	2 404.27	1 278.83	—
2012 年	2 118.00	2 337.76	1 235.77	—
2013 年	2 043.90	2 227.36	1 278.14	—
2014 年	1 974.40	2 078.00	1 740.75	—
2015 年	1 859.10	1 851.02	1 538.01	—
2016 年	854.89	1 503.30	—	1 608.01
2017 年	610.84	1 348.40	—	1 284.92
2018 年	516.12	1 288.44	—	1 132.26
2019 年	457.29	1 233.85	—	1 088.48
2020 年	318.22	1 019.66	—	611.40

    我国是少数以煤炭为主要能源的国家之一,因而成为世界上少数几个污染物排放量较大的国家之一,也自然成为空气污染较严重的国家之一。能源需求的日益增长,机动车数量的激增以及工业的迅速扩张,使得空气质量严重恶化,对人体健康和生态系统产生了负面影响。2013 年 1 月 14 日,亚洲开发银行、清华大学联合发布了一份名为《迈向环境可持续的未来:中华人民共和国国家环境分析》中文版报告,其中提到在中国最大的 500 个城市中,只有不到 1% 达到了世界卫生组织推荐的空气质量标准,世界上污染最严重的 10 个城市之中,有 7 个在中国。我国北京、上海的大气质量也均低于国际和国家标准,和国外的大都市有很大差距,见表 12.2。

表 12.2   世界部分大都市空气质量比较表   单位:mg/m^3

城市/国家/组织	总悬浮颗粒物	SO_2	NO_2
北京	377	90	122
上海	246	53	73
柏林	50	18	26
东京	49	18	68
纽约	26(PM_{10})	26	79
世界卫生组织标准	<120	≤60	<150
中国二级标准	<200	≤60	<40

    近年来,国家不断加大经济结构调整和环境保护力度,污染物排放量进一步得到控制,空气质量有所好转。特别是 2011 年环保部发布的《环境空气 PM_{10} 和 $PM_{2.5}$ 的测定重量法》开始实施,首次对 $PM_{2.5}$(2.5 μm 及以下的微沉)的测定进行了规范。2011 年 11 月 10 日,环保部在第七届区域空气质量管理国际研讨会上表示,我国的 $PM_{2.5}$ 大气环境质量标准即将出台,标准将会采用世界卫生组织(WHO)规定的第一过渡时期的数值。2012 年环保部常务会议审议并原则通过了《环境空气质量标准》(以下简称《标准》),$PM_{2.5}$ 平均浓度限值和臭氧 8 h 平均浓度限值将纳入空气质量标准。我国现行的标准中,仅监测 PM_{10}(10 μm 及以下颗粒物)。

    生态环境部(原环保部)表示,一些城市经常出现长时间灰霾天气,空气污染对公众健康产生了严重威胁,同时发布的评价结果与群众主观感受存在差异,为此,《标准》中增加了大气污染物监测指标,并改进了环境质量评估办法。生态环境部还表示,空气质量评价体系,从原先的"空气污染指数"(API)改为更全面的"空气质量指数"(AQI)。根据标准,在全国普遍硬性施行 $PM_{2.5}$ 监测的时间是

2016 年。2012 年,在北京、天津、河北和长三角、珠三角等重点区域以及其他直辖市和省会城市率先开展 $PM_{2.5}$ 和臭氧监测。

　　$PM_{2.5}$ 指大气中直径小于或等于 2.5 μm 的颗粒物,也称为可入肺颗粒物。它的直径还不到人头发丝粗细的 1/20。同理把直径小于或等于 10 μm 的颗粒物称为 PM_{10},又称为可吸入颗粒物或飘尘。$PM_{2.5}$ 主要对呼吸系统和心血管系统造成伤害,包括使呼吸道受刺激,引发咳嗽、呼吸困难,降低肺功能,加重哮喘,导致慢性支气管炎、心律失常、非致命性的心脏病、心肺病患者的过早死。老人、小孩以及心肺疾病患者是 $PM_{2.5}$ 污染的敏感人群。如果空气中 $PM_{2.5}$ 的浓度长期高于 10 $\mu g/m^3$,死亡风险就开始上升。浓度每增加 10 $\mu g/m^3$,总的死亡风险就上升 4%,得心肺疾病的死亡风险上升 6%,得肺癌的死亡风险上升 8%。由于能源结构的关系,我国的 $PM_{2.5}$ 指数和发达国家有很大差距,并在相当长时间内还无法得到很好的解决,见表 12.3。

表 12.3　中国及美国 AQI 指数对比

AQI 指数	0.0	50.0	100.0	150.0	200.0	300.0	400.0	500.0
中国 $PM_{2.5}$ 标准	0.0	35.0	75.0	115.0	150.0	250.0	350.0	500.0
美国 $PM_{2.5}$ 标准	0.0	15.4	35.4	65.4	150.4	250.4	350.4	500.0

注:AQI 指数越小,空气质量越高。

　　由于能源紧缺,煤炭、石油等资源价格不断升高,环境污染需要得到有效控制,因此节能减排成为当务之急。节能减排的定义有广义和狭义之分。广义而言,节能减排是指节约物质资源和能量资源,减少废弃物和环境有害物(包括三废和噪声等)的排放;狭义而言,节能减排是指节约能源和减少环境有害物排放。

　　我国经济快速增长,各项建设取得巨大成就,但也付出了巨大的资源被浪费和环境被破坏的代价,这两者之间的矛盾日趋尖锐,群众对环境污染问题反映强烈。这种状况与经济结构不合理、增长方式粗放直接相关。不加快调整经济结构、转变增长方式,资源支撑不住,环境容纳不下,社会承受不起,经济发展难以为继。只有坚持节约发展、清洁发展、安全发展,才能实现经济又好又快发展。同时,温室气体排放引起全球气候变暖,备受国际社会关注。进一步加强节能减排工作,也是应对全球气候变化的迫切需要。

12.1.2　工业锅炉节能标准

　　根据国家标准,对工业锅炉的监测有五项指标,其中测试项目四项,即排烟温度、过量空气系数、炉渣含碳量和炉体表面温度,检查项目一项,即考察锅炉热效率。通过五项监测指标即可了解该锅炉的运行状况,并分析锅炉存在的问题,找出节能的方法。下面对五项指标逐一进行介绍。

1. 排烟温度

排烟热损失是锅炉的主要热损失之一,可达 10%～20%。排烟热损失主要取决于排烟温度和过量空气系数的大小。在锅炉运行过程中,为了减小排烟热损失,应在满足燃烧反应需要的前提下,尽量保持较低的过量空气系数,尽可能减小燃料室及各部分烟道的漏风,以降低排烟热损失。排烟温度也不是越低越好,太低的排烟温度会增加锅炉尾部受热面,这是不经济的;同时还会增加通风阻力,增加引风机的电耗。此外,排烟温度若低于烟气的露点,会引起受热面的腐蚀,危及锅炉安全运行。因此最合理的排烟温度应该根据排烟热损失和尾部受热面的金属耗量,并结合烟气露点进行经济核算来确定。

造成排烟温度过高的原因有:没有装设尾部受热面、烟气短路、受热面的积灰结垢和运行负荷有关。可以通过定期检查锅炉的炉膛及水冷壁、空气预热器和省煤气的运行状况;及时清理积灰和结垢等措施来保持受热面的清洁,提高传热效率,进而降低排烟温度,提高锅炉的使用寿命和运行效率。

2. 过量空气系数

对于一台确定的锅炉,都有一个最佳的空气消耗系数。但实际上几乎所有炉子的过量空气系数都超过设计值。过量空气系数是根据燃料的性质、燃烧方式、燃烧设备等条件来确定的,当过量空气系数过大时,会造成燃煤与空气混合不均匀,有的区域出现空气不足,另外的区域出现空气严重过剩,致使炉膛温度降低,排烟量增大,排烟热损失增加。最佳的选择是在保证燃料得到充足氧气完全燃烧的前提下,使空气消耗系数降低。造成空气过剩通常有以下原因:

(1) 炉排下部的风室隔断不严,各风室相互串风。

(2) 锅炉烟气系统及锅炉本体漏风。

(3) 锅炉燃烧的调整技术差,造成风量配置不当。

(4) 锅炉仪表配备不够齐全。

3. 炉渣含碳量

炉渣含碳量反映了锅炉的机械不完全热损失。对层燃炉来说,机械不完全燃烧热损失是最大的,可达 15%～20%。造成炉渣含碳量高的主要原因如下:

(1) 水分大、挥发分少　对链条炉和往复炉来说,水分过大,会造成煤着火延后;挥发分低,燃料不容易着火。所以燃用水分过大或挥发分较少的煤,会导致燃烧过程结束时,煤炭来不及完全燃尽,造成炉渣含碳量超标。

(2) 锅炉运行参数调整不合理　运行参数主要包括煤层厚度、进煤速度、风煤配比等。这些参数设计不合理时,都会使炉渣的含碳量增加。

(3)炉膛温度过低　为了保证炉膛内良好的燃烧条件,应保证炉膛温度不低于 800 ℃。炉膛温度偏低是目前工业锅炉中普遍存在的问题。产生的原因很多:严重的漏风、风量配置不当、炉膛水冷系数过大等。

4. 炉体表面温度

炉体表面温度主要用来反映锅炉的散热损失。一般来说,锅炉的外表面相对面积越大,外壁温度越高,则散热损失越大。在实际运行过程中,锅炉墙体存在的问题很多。一旦发现,应及时用先进的保温材料对保温层进行检修,以降低散热损失。

12.1.3　工业锅炉的环保

工业锅炉的污染物包括固态污染物和气态污染物。固态污染物有不完全燃烧产生的炭黑和飞灰。气态污染物主要有硫的氧化物 SO_2 和 SO_3、氮氧化物 NO_x、碳的氧化物 CO 和 CO_2。

目前我国工业锅炉的环保还处于初级阶段,即"消烟除尘"阶段。所谓消烟,是指消灭烟气中的炭黑。炭黑是不完全燃烧的产物,不仅污染大气,而且造成能源损失,应该通过改进燃烧来解决。炭黑比较轻,又有憎水性,用除尘装置去收集炭黑,效果不佳。通过燃烧调整是可以做到消灭炭黑的。如果能维持较高的炉膛温度,保证可燃物与空气良好混合,并且有足够的处于高温区域的燃烧时间(足够的炉膛容积),则对于机械化、连续供煤、送风和出渣燃煤炉,可以实现不产生黑烟。

气态污染物中的 SO_2 和 SO_3 是大气污染防治第二阶段的主攻对象。目前工业锅炉消除 SO_2 和 SO_3 的主要途径是在工业锅炉中脱硫。在煤粉炉、油炉、沸腾炉内投入添加剂,如石灰石、白云石,它们在炉内分解为 CaO 和 MgO 与 SO_2 和 SO_3 化合成 $CaSO_4$ 和 $MgSO_4$,起到脱硫的作用。目前对于工业锅炉烟气中的 SO_2 防治工作正在展开,尚未普及。

大气污染防治的第三阶段是消除 NO_x。这类污染物主要是在高温燃烧时产生的,采用低氧燃烧或低温燃烧可以减少或防止 NO_x 的产生。工业锅炉一般都是小型锅炉,炉膛温度没有很高,这类污染物产生得很少。

最后是碳的氧化物问题。CO 是不完全燃烧的产物,其含量直接与 q_3 成正比。在正常燃烧的情况下,CO 排放量是很少的。CO_2 是完全燃烧的产物,其产生是不可避免的,虽然没有直接的毒害作用,但是大量燃用化石燃料的结果使大气中的 CO_2 含量增加,造成温室效应,会对生态平衡产生严重的破坏。这是人类在考虑未来能源问题时要解决的问题。

12.1.4　太阳能辅助燃煤发电系统

　　太阳能辅助燃煤发电系统是将太阳能热利用系统集成到常规燃煤发电机组中,利用太阳能替代部分由燃料燃烧产生的热量,以实现降低燃煤消耗、减少污染物排放的发电方式。由于燃煤机组系统可调整范围大,这种发电方式可以利用常规燃煤机组的蒸汽动力循环系统,省去为克服太阳能的间歇性而设置的储热系统,降低太阳能热发电的成本,减小由于太阳能波动所导致的并网压力,因此被视为 21 世纪大规模太阳能热利用的发展方向之一。

　　光热发电技术一般又称聚光太阳能发电技术,是指利用大规模阵列抛物或碟形镜面将光能聚集到焦线或焦点上,通过集热装置吸收存储热量再将热量传递给工质,从而产生高温高压蒸汽,带动汽轮机发电的工艺。光热发电技术根据聚光方式的不同,可以分为槽式、塔式、蝶式、线性菲涅尔式等,其中以槽式光热和塔式光热发电应用较为成熟和广泛。槽式太阳能热系统的聚光比和热转化效率较低,受其集热温度和运行压力的制约,与常规火电机组集成时整个系统经济性的提高有限。塔式太阳能热发电系统聚光比较高、能量集中过程简便且集热温度较高、系统容量较大、热转换效率较高,可以实现高温蓄热、联合运行等方式,适合大规模联网发电,将其与常规机组集成可以获得更好的经济效益。

　　目前,意大利 0.75 MW 的 Eurelios 电站、西班牙 1.2 MW 的 CESA-1 电站、美国 10 MW 的 Solar One 电站和西班牙 11 MW 的 PS10 电站等塔式太阳能热电站均已投入商业化运行,国内北京 1 MW 的塔式太阳能热发电实验电站和南京江宁 70 kW 塔式太阳能热发电示范工程都已成功并网发电。例如某350 MW 亚临界常规燃煤机组与塔式太阳能系统耦合连接,形成太阳能光热配套电站系统,耦合方案为:从机组高加出口引 5% 的给水进入太阳能光热系统,给水经增压泵进入位于塔顶的太阳能锅炉,在蒸发、过热受热面吸热达到额定参数,与电站锅炉产生的主蒸汽混合后一同进入汽轮机,最终实现机组的节煤降耗。其系统图如图 12.1 所示。

　　太阳能与燃煤机组联合发电系统可免去独立太阳能热发电系统中必需的储热系统,提高机组的调峰能力;塔式太阳能系统可将蒸汽参数提高到燃煤机组运行参数,替代燃煤机组的部分燃料,达到节能减排的目的。由于太阳辐射强度的变化趋势与用电峰值相对应,在 10:00 至 14:00 间塔式太阳能系统的集热效率和换热效率都比较高,可以有效地缓解电网的调峰压力。

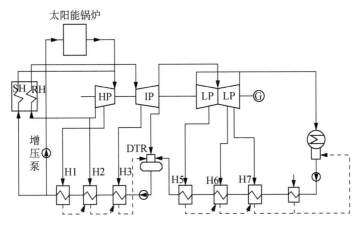

图 12.1　塔式太阳能辅助燃煤发电系统图

12.1.5　氢气锅炉

能源问题一直是一个国家工业发展的关键支柱,节约和替代石油是我国的重点工程,鼓励化学工业采用高效节能设备,加强热能回收利用,加快以洁净能源替代原料油燃料。氯碱企业多存在氢气富余的情况。对富余的氢气,有的企业制取高纯氢气,有的企业上马耗氢项目,多数企业则直接排空,既浪费资源,又污染大气。

现在市场上燃用氢气的锅炉大致可分为 LHS 型锅炉和 SZS 型锅炉,前者一般最大蒸发量为 2 t/h,后者蒸发量为 6 t/h 以上,是常采用的炉型。LHS 型锅炉采用立式布置结构,本体受热面采用水、火管相结合的方式;辐射受热面由布置于炉膛四周的水冷壁组成,内侧水冷壁管与外侧下降管形成自然循环回路,水冷壁及下降管下部与环形集箱相连,上部与锅壳下管板相连。对流受热面为锅壳筒体内的烟管。锅炉本体上方布置有省煤器,燃烧器布置在锅炉底部,烟气自下向上流动。该型锅炉的高度随锅炉容量的增加而增加,常受到锅炉房的高度限制而无法向大容量发展;其锅筒空间小,影响了蒸汽品质,需要外置汽水分离器;锅壳筒体与炉膛相连,爆燃时会受到冲击,影响锅炉寿命。

SZS 型锅炉,炉膛为全膜式壁结构,炉膛截面成 D 形,所以又称为 D 形锅炉。炉膛前壁设有燃烧器,烟气经过炉膛后绕 180° 进入对流受热面,对流受热面由连接上下锅筒的管束组成,利用管内介质的密度差产生自然循环,烟气最终由对流受热面尾部排出。该型锅炉为双锅筒结构,容量较小时制造成本偏高。烟气绕 180° 时会产生烟气死角,不利于吹扫。

上海氯碱化工股份有限公司华胜化工厂已经在上海化工区与拜耳(Bayer)、亨斯迈(Huntsman)和巴斯夫(BASF)公司的产品链形成园区型循环经济模式。烧碱生产能力为 72 万 t/a,在烧碱生产过程中产生大量富余氢气,经过论证与调研,建设了以氢气作燃料的中压蒸汽锅炉。运行至今,状况良好,使宝贵的氢能源得到充分利用,节能减排,产生了很大的经济效益。采用 LHS10-2.45 型氢气锅炉,为立式自然循环燃气锅炉,具有结构简单、尺寸紧凑、占地面积小、寿命长、传热效率高等特点。

LHS10-2.45 型氢气锅炉主要由圆形炉膛与汽水锅筒两大部件组成,为圆筒、烟管型结构,一体化出厂,到现场直接支承在结构基础上,建造操作平台、扶梯和安装烟囱,并对锅炉燃烧系统、汽水系统、控制系统和电气系统进行安装。

氢气作为燃料,最大的特点是易爆,爆炸浓度极限宽达 4.1%～74.2%,因此对锅炉的结构、燃烧器、自控系统的安全要求更高。但是氢气作为公认的清洁能源,完全燃烧后不会对环境造成污染。在一些生产氢气的相关产业,可以更好地利用这部分能源,氢能源将是未来能源发展需求。

12.1.6　高效节能陶瓷燃油锅炉技术

高效节能陶瓷技术系在锅炉燃烧室内安装耐高温陶瓷,耐高温陶瓷吸收锅炉的燃烧热能,实现热辐射转换,将火焰的燃烧方向由往前改为旋转,使燃料燃烧更充分有效。耐高温陶瓷在燃烧器停止运行时,仍可持续释放热能,继续保持炉膛温度,从而节省燃料的消耗。此外,在燃烧室内,特殊的陶瓷蓄能结构使高温气体与燃烧室充分接触,增加高温气体停留时间,提高热能利用效率,同时使高温气体产生扰流与燃烧室内的热能转化达到最优,均匀温度场分布,提高燃烧效率。

在欧洲锅炉节能陶瓷应用广泛,WNS 型燃气燃油蒸汽锅炉安装高效节能陶瓷可以节约更多的能量,投资回报期短,效果明显。但因为东西方的燃油锅炉设计有区别,实际节能效果会有一些差别。

节能陶瓷具有稳定特性,安装过程中不与锅炉任何受压部件焊接,安装位置距燃烧器较远等,不影响锅炉的安全稳定运行。

12.2　传统工业锅炉的节能环保改造

工业锅炉形式各异,主要是层燃锅炉(60%以上均为正转链条炉排),它们的热效率普遍较低,大多数均低于80%,高效低污染宽煤种的循环流化床锅炉数量很少。结构设计不合理,制造质量不良,辅机配套不协调,可用煤种与设计不符,运行操作不当等原因,都会造成锅炉出力不足,热效率低下和输出参数不合格等问题,结果是能源消耗量过大,甚至不能满足生产要求。对于半新以下的锅炉,采取技术改造措施解决问题,经济合理;对于接近寿命期的锅炉,则以更新为佳。究竟采取何种措施,应以技术先进、成熟、经济合理为原则。

12.2.1　链条炉的改造

由于在用的工业锅炉正转链条炉排锅炉居多,因此当前推广应用的节能改造技术大部分是针对正转链条炉排锅炉的。各种技改措施分述如下:

1. 给煤装置改造

中国的层燃锅炉都是燃用原煤,其中多数是正转链条炉排锅炉。它原有的斗式给煤装置使得块、末煤混合堆实在炉排上,阻碍锅炉进风,影响燃烧。将斗式给煤改造成分层给煤,即使用重力筛选将原煤中块、末自下而上松散地分布在炉排上,有利于进风,改善燃烧状况,提高煤的燃烧率,减少灰渣含碳量,可实现5%~20%的节煤率,节能效果视改前炉况而异,炉况越差,效果越好。投资很少,回收很快。

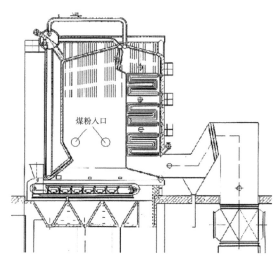

图 12.2　改进后的链条炉

2. 燃烧系统改造

对于正转链条炉排锅炉,这项技术改造是从炉前适当位置喷入适量煤粉到炉膛的适当位置,如图 12.2 所示,使之在炉排层燃基础上,增加适量的悬浮燃烧,可以获得10%左右的节能率。这项技术的关键在于煤粉的喷入量、喷射速度、喷射位置要控制得当。否则,煤粉没有完全燃烧,将增大排烟黑度,影响节能效果。对于燃油、燃气和煤粉锅炉,一般是通过用新型节能燃烧器取代陈旧、落后的燃烧器,改造效果也与原设备状况相关,原况越差,效果越好,一般可达5%~10%的节能率。

3. 炉拱改造

正转链条炉排锅炉的炉拱是按设计煤种配置的,当锅炉不能使用设计煤种时,燃烧条件不好,燃烧过程不完全,直接影响锅炉的热效率,甚至影响锅炉出力。所以如果按照实际使用的煤种,适当改变炉拱的形状与位置,如图12.3所示,可以改善燃烧状况,提高燃烧效率,减少燃煤消耗。现在已有使用多种煤种的炉拱配置技术。这项改造可获得10%左右的节能效果,技改投资半年左右可收回。

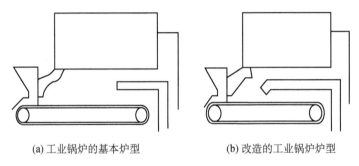

(a) 工业锅炉的基本炉型   (b) 改造的工业锅炉炉型

图 12.3   炉拱改造示意图

4. 锅炉辅机节能改造

燃煤锅炉的主要辅机——鼓风机和引风机的运行参数与锅炉的热效率和耗能量直接相关,用适当的调速技术,按照锅炉的负荷需要调节鼓、引风量,维持锅炉运行在最佳状况,既可以节约锅炉燃煤,又可以节约风机的耗电,节能效果很好。除此之外还应该采用一些经济适用的除尘脱硫装置。随着国家对节能减排及环保的要求不断提高,脱硫脱硝及除尘越来越重要。

5. 层燃锅炉改造成循环流化床锅炉

循环流化床锅炉是煤粉在炉膛内循环流化燃烧,所以它的热效率比层燃锅炉高15~20个百分点,而且可以燃用劣质煤。由于可以使用石灰石粉在炉内脱硫,因此不但可以大大减少燃煤锅炉酸雨气体 SO_2 的排放量,而且其灰渣可直接生产建筑材料。这种改造已有不少成功案例,但它的改造投资较高,约为购置新炉费用的70%,所以要慎重决策。

6. 旧锅炉更新

这项改造是用新锅炉替换旧锅炉,包括用新型节能锅炉替换旧型锅炉,用大型锅炉替换小型锅炉,用高参数锅炉替换低参数锅炉,以实现热电联产等。如用适当台数大容量循环流化床锅炉替换多台小容量层燃锅炉,实现热电联产。

7. 控制系统改造

工业锅炉控制系统节能改造有两类:一是按照锅炉的负荷要求,实时调节给煤量、给水量、鼓风量和引风量,使锅炉经常处在良好的运行状态。将原来的手工控制或半自动控制改造成全自动控制。这类改造对于负荷变化幅度较大,而且变化频繁的锅炉节能效果很好,一般可达 10% 左右。二是针对供暖锅炉,在保持足够室温的前提下,根据户外温度的变化,适时调节锅炉的输出热量,达到舒适、节能、环保的目的。实现这类自动控制,可使锅炉节约 20% 左右的燃煤。对于燃油、燃气锅炉,节能效果是相同的,其经济效益更高。

工业锅炉节能改造的以上各项内容实施后,均可较大幅度地减少煤炭或其他化石燃料的消耗。不仅可以带来直接的经济效益,而且可大幅度地减少温室气体 CO_2 的排放量,有利于缓解全球气候变暖,同时也减少酸雨气体 SO_2 和总悬浮颗粒物的排放量,有益于改善地区的生态环境。

8. 脱硫除尘技术改造

为了做好脱硫除尘工作,技术人员需要引进钠钙双碱法脱硫工艺,这项工艺相对成熟,具有脱硫效率高、运行安全、操作便利等优势,有效地改善了石灰法塔内易结垢的缺陷,吸收效率比较高,在经过脱硫除尘后排放的烟气符合锅炉大气污染排放标准。

12.2.2　其他型号工业锅炉改造

近年来,我国工业锅炉产品产量、种类虽有很大提高,但存在的问题不少,在能源发展中存在的环境污染等问题更为突出。下文将结合工业锅炉具体情况,探讨其他工业锅炉的环保措施。

调整燃料结构,影响工业锅炉性能最重要的因素是入炉燃料品种,要提高工业锅炉各项性能,必须从调整燃料结构入手。燃料结构调整应包括以下内容。

1. 大炉燃煤,小炉燃油、气

随着能源和环保政策的调整,使用油、气为燃料的锅炉占比增加。同时发展生物质锅炉、生活垃圾锅炉、余热锅炉和电加热锅炉。表 12.4 为锅炉行业内具有一定代表性的 63 家锅炉企业的锅炉生产情况统计,目前燃油气锅炉已成为主要的生产锅炉,生物质锅炉和生活垃圾锅炉均由于受政策鼓励而具有一定的比例上升趋势。我国油、气资源虽然不丰富,但近年来陆续发现很多大油田和大气田,此外,我国有丰富的煤层气,储量占世界煤层气的13.5%,环保要求的提高和世界能源共享的原则,都是工业锅炉增加油、气比例的有力保证。

表12.4　63家受统计企业2016年、2017年、2018年各锅炉生产情况统计(按燃料分类)

单位:%

年份	燃煤锅炉占比	燃油气锅炉占比	生物质锅炉占比	生活垃圾锅炉占比	余热锅炉占比	电加热锅炉占比
2016	7.88	72.12	6.8	0.236	2.71	10.21
2017	3.83	79.98	6.9	0.242	2.14	6.9
2018	3.28	78.34	6.11	0.292	1.86	10.11

2. 炉煤应商品化

工业锅炉应该采用洗煤或型煤,洗煤可消除60%的灰分和1/3～1/2的黄铁矿硫。1995年我国煤的入洗率为24%,入洗率应该提高,至2022年已达70%以上。此外,洗煤可固硫40%～60%,减少烟尘排放60%,提高锅炉效率,节省燃料15%～27%。燃煤工业锅炉如能采用水煤浆技术或其他高效清洁燃烧技术,同样有望大大提高燃煤炉的热工性能。

3. 大力发展燃用城市煤气工业锅炉

鉴于燃煤工业锅炉热效率低、污染物排放多等缺点,而迅速提高燃用油、天然气的比例又有一定困难(我国油、天然气资源并不充裕),因此,从长远来看,工业锅炉应燃用城市煤气。我国煤的资源相对比较丰富,按目前的年开采量估计,至少还可开采100年,而煤的气化早已工业化,城市煤气的价格用于工业锅炉还是可以承受的。因此,要使工业锅炉实现高效低污染,在油、天然气资源不丰富的情况下,将煤先气化,工业锅炉燃用气化后的城市煤气应是长远的正确的道路。

4. 低品位能源再利用,如余热回收

这样不仅可以提高能源的利用效率,而且可以起到节能环保的效果。随着科学技术的发展,这类锅炉的制作及运用已不是什么困难的事情,可以大力推广。图12.4为一台余热回收锅炉,它采用了最新的制造技术,结构简单,易于维护,操作方便。

5. 冷凝式锅炉或冷凝回收装置

通过降低排烟温度,使烟气中的水蒸气充分凝结,回收了烟气中的显热和水蒸气的凝结潜热。传统锅炉中,排烟温度一般在160～250 ℃,烟气中的水蒸气仍处于过热状态,不可能凝结成液态的水而放出汽化潜热。因此传统锅炉热效

率一般只能达到 $87\%\sim91\%$。而冷凝式余热回收锅炉,把排烟温度降低到 $50\sim$ $70\,℃$,既回收了烟气中的显热又回收水蒸气的凝结潜热。所以冷凝式锅炉的效率可以接近 100%。

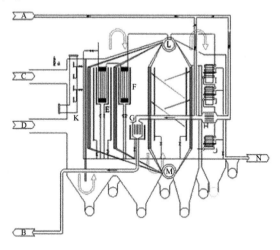

图 12.4　余热回收锅炉

提高锅炉效率和控制污染的排放,在工业锅炉中推广高效低污染和节能技术(或产品)也很重要。这包括以下内容:循环流化床燃烧(CFBC)技术和产品,大型(29 MW、58 MW)热水炉和集中供热,高效辅机,新型绝热材料及炉墙,强化传热元件,燃烧、给水自动化等技术的研究和产品的开发。广泛采用这些技术和产品,把工业锅炉提高到新的水平。燃煤工业锅炉的节能与环保应该是燃烧效率 $>94\%$,额定负荷锅炉效率 $>78\%$,60% 负荷时锅炉效率 $>76\%$,辅机配套合理,风机水泵低噪声,除尘效率 $>94\%$。

提高机组自动化程度和可靠性。我国工业锅炉自动监测和自动控制程度低,这也是机组效率不高、事故多的原因之一。今后,油、气炉应实现全自动电脑控制,并向自动尾气监测和无人看守努力。煤炉也应实现燃烧、给水自动控制,要有自动尾气监测和机组全自动控制。

12.3　自动控制对锅炉节能环保的影响

12.3.1　概述

微机控制系统类型主要有数据采集系统(DAS)、操作指导系统(OCCS)、直接数字控制系统(DDC)、监督控制系统(SCC)、分散控制系统(DCS)、现场总线控制系统(FCS),以及计算机集成制造系统(CIMS)等,其中计算机集散控制系统(DCS)技术比较成熟且应用比较广泛,在工业锅炉中已经得到很好的应用,如图12.5所示。由于工业锅炉广泛运用于生产制造业,如烟草食品等,因此提高该类锅炉的控制水平,有利于提高该行业的生产效率和效益,并起到节能减排的作用。

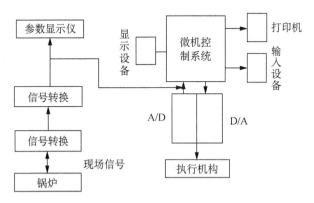

图 12.5　工业锅炉微机系统控制图

为了及时跟上气候变化和时间变化对热负荷的不同要求,选择一个稳定可靠的自动控制系统成为必然要求。新一代DCS在链条锅炉中被成功应用。

该系统最显著的特点就是稳定、可靠及其开放性和灵活性。为实现管控一体化,系统由一个工程师站、一个操作员站、两个过程控制站组成。工程师站用于集中管理监测 1♯、2♯ 锅炉运行工况。操作员站用于完成监视处理系统 1♯、2♯ 锅炉的热工参数。过程控制站用于数据采集和控制。系统结构如图 12.6 所示。

国内燃煤链条锅炉在燃烧方面与国外的主要差距在于使用煤种不稳定,燃烧前对煤缺乏必要的预处理,氧量分析仪失效及炉子漏风。这些因素导致采用传统的含氧定值控制方式无法解决经济燃烧的问题。

此控制系统以传统的 PID 控制、模糊控制等经典的控制理论为依据,运用锅炉的数学模型,从实际出发推出全新的控制方式:以热效率最高为目标,对风煤比(或含氧量)进行自动寻优,成功解决了上述问题。这种系统不是简单地对传统盘装仪表显示的替代,而是对整个生产过程及运行情况进行监视、控制、显示、报警、记录和存档,是新一代 DCS(分散控制系统)系统的浓缩,代表着国内自动控制系统的最高水平。

1. 系统简介

（1）采用 PLC 技术，中央处理器（CPU）内置浮点运算和 PID 算法，响应速度快，配以锅炉控制系统的核心算法和程序。即使操作员站发生故障，也不会影响锅炉的自投入。

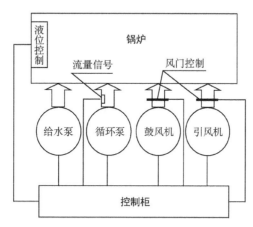

图 12.6　控制系统结构简图

（2）系统扩展性强，每一个过程控制站都能独立完成对应的控制任务。过程控制站、操作员站、工程师站采用最新、通用以太网技术，数据传输快，每个操作员站都可以对整个系统数据进行集中分析、统计和处理，可集中管理被控对象。

（3）系统采用 Windows 操作平台，支持国际通用编程标准，组态灵活，具有很好的开放性和很强的可扩充能力。

（4）支持各种数据库连接，与企业信息系统融为一体。

2. 软件的功能

（1）工艺流程的显示　在每个工艺流程中都可以灵活地进入其他的流程界面和各功能界面。

（2）操作面板功能　操作员通过点击流程图上的特定对象来打开一个显示窗口，取代常规的操作面板。标准显示窗口显示与特定对象相关的标志号、中文名称和状态。

显示的设备状态信息包括：阀门开、阀门正在开、阀门开故障、阀门关、阀门正在关、阀门关故障、电机运行、电机停止、电机启故障、电机停故障、超时失败、设备组运行、设备组停止、手动控制、自动控制、跟踪模式、高/低报警、连锁投入/解除、故障复位等。

操作员对设备的操作包括：开阀、关阀、电机启动、电机停止、故障复位、切入手动、切入自动、启动跟踪、取消跟踪、复位故障、操作命令。

（3）参数显示　把所有的过程变量都放到一起，以供操作员集中监视，跟踪工艺流程。

（4）趋势显示　趋势图（曲线）用于显示参数的变化趋向。水平坐标轴为时间，时间轴范围可选。变量曲线采用公共的相对坐标，并显示变量绝对值数值。包括实时趋势和历史趋势，实时趋势是在实时跟踪工艺过程的显示。历史趋势可以保存整个工艺设备的运行情况，为寻找最佳运行状况和故障分析提供依据。

（5）报警　实时监视运行是否正常，一旦过程变量超出报警限，立刻给以声、光报警，并包含下列信息：当前过程变量报警显示、未确认报警显示、报警确认显示、报警消除显示。

12.3.2　控制方式

主机和辅机均采用就地集中控制方式。锅炉的自动控制系统应该具有安全性、可靠性及经济性，在保证安全的基础上，提高锅炉运行的经济性即燃烧效率，这直接关系到电厂的经济效益。

自动调节项目：燃料调节、蒸汽压力调节、送风调节、炉膛负压调节、汽包水位调节、除氧器水位调节和压力调节等。

1. 水位三冲量控制回路

汽包水位控制回路采用串级三冲量控制，如图 12.7 所示。以汽包水位为主调节信号，蒸汽流量为前馈，给水流量为串级，采用智能 PID 控制。可设定信号的滤波系数、控制周期、不限制正负限幅、死区。稳态控制精度可达 +10 mm。

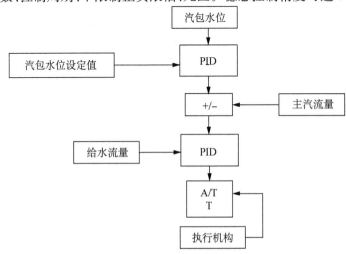

图 12.7　汽包水位控制系统

2. 燃烧调节

包括燃料调节、蒸汽压力调节、送风调节、炉膛负压调节。如图 12.8 所示，负压调节采用单回路，控制引风机转速来达到控制目的；以蒸汽压力作为被控参数来控制给煤，PID 的运算结果给到以含氧量为被控参数控制送风的回路中，从而实现最优化燃烧控制。

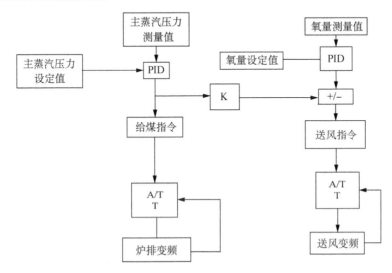

图 12.8 燃烧调节系统

3. 除氧水位/压力调节

分别采用单回路控制，保证最佳除氧效果，实现辅机的安全稳定运行。

控制系统是否能很好地实现自动控制功能，控制策略是最重要的，但外围设备的好坏直接影响到功能的执行。就好比一个人头脑发达，四肢简单，那他也不算完整的人。我们在送风机、引风机和炉排电机上采用变频控制，从而实现最佳的控制效果。

新一代 DCS 系统在我国已有成功的运用，表 12.5 为工业锅炉采用自动控制设备前后各项性能的对比，从表中可以看出，自控回路的使用以及过程控制站稳定良好的性能，变频调速系统的使用，提高了生产系统的科技含量，推动了企业的技术进步，提高了员工的业务能力；节省了大量的水耗、电耗、煤耗；减少了运行人员的数量，减轻了运行人员的劳动强度；减少了有害气体及灰渣的排放量，减轻了对周围环境的污染；提高了热效率，节约了能源，降低了成本，保证了供热质量，为创造良好、稳定的社会环境做出了应有的贡献。

表 12.5　对比试验结果汇总表

序号	项目	单位	系统投用前(工频、手动)	系统投用后(变频、自动)
1	锅炉出力	kg/h	4 941.00	5 019.00
2	蒸汽压力	MPa	0.85	0.84
3	原煤消耗量	kg/h	791.00	757.60
4	原煤低位热值	kJ/kg	23.216	22.858
5	排烟处空气系数	—	2.31	1.77
6	炉渣含碳量	%	24.28	19.57
7	排烟温度	℃	208.00	185.33
8	锅炉设备用电功率	kW	47.32	36.54
9	锅炉正平衡热效率	%	69.36	74.69
10	吨蒸汽耗电量	kW·h/t 汽	9.58	7.26
11	吨蒸汽耗标煤量	kg 标煤/t 汽	126.97	117.87

4. 监控调节

在锅炉自动控制系统的监控屏幕上可以显示不同设备的温度、压力等数据,并且可以根据历史数据和发展趋势来控制阀门和其他设备的关闭和打开,同时还可以实时地切换不同的屏幕,捕捉数据的动态变化。正常情况下,系统的主屏幕、副屏幕、主菜单、系统登录等都有显示,并且可以随意切换和调整主屏幕和分画面。此外,系统还提供了报警屏幕,按照设计的要求,在不同的运行状态下,设置了报警系数和相应的系数,并且给出了具体的保护措施,这样,操作者就可以根据报警屏幕执行控制任务,生成相应的报告,并将其打印出来。

社会在发展,科技在进步。新型控制系统在锅炉热控系统上的应用发挥了它应有的作用,为环保节能提供了有效的途径,取得了良好的经济效益和社会效益。

12.4　生物质循环流化床锅炉介绍

12.4.1　生物质能源

生物质能作为世界一次能源消费中的第四大能源资源,它是唯一可储存和运输的可再生能源。因此生物质能的开发与利用对改变我国传统的能源生产、能源消费模式及建立可持续发展的能源系统,促进我国经济发展和环境保护均具有十分重大的现实和战略意义。

生物质能资源可分为直接来自光合作用的各类树木、草类植物、农作物和水生植物等一次资源,以及间接产生的二次生物质资源,如城市有机垃圾、人畜粪便、有机废水、下水污泥即工农业生产中所产生的有机废弃物。它们的低位发热量见表 12.6。

表 12.6　一些生物质的低位发热量　　　　单位:kJ/kg

名称	发热量	名称	发热量(kJ/kg)
薪材	16 747~18 840	淀粉	17 501
秸秆	14 654~16 747	城市垃圾	7 188~10 467
蛋白质	16 747	猪粪	12 560

我国作为一个农业大国,生物质资源是相当丰富。全国可作为能源利用的农作物秸秆及农产品加工剩余物、林业剩余物和能源作物、生活垃圾与有机废弃物等生物质资源总量每年约 4.6 亿 t 标准煤。生物质作为一种含碳、固体形态的可再生能源,其热转化利用技术、设备与煤炭具有相似性,且生物质氮、硫含量低,污染物排放要远低于燃煤。因此,大力发展生物质燃料锅炉将有助于缓解燃煤带来的环境污染问题。

我国政府历来重视生物质能的开发利用,并将其作为能源领域的一个重要方面,纳入了国家能源发展战略。生物质能经过适宜的方式转变可成为燃料,而这些转变技术称之为生物质能的转换技术。生物质能转换技术基本上可分为直接燃烧、生物质转换技术、化学转换技术三种类型。锅炉是生物质燃料燃烧利用的主要设备,也是我国节能减排的主战场,锅炉行业必须紧跟新时代要求,加快实现原料绿色化、生产清洁化和产品智能化。本书主要通过直接燃烧技术,以生物质循环流化床锅炉与传统循环流化床锅炉的区别来说明生物质能与煤炭燃烧利用技术上的差别及在节能环保上的优点。

12.4.2　传统循环流化床锅炉

循环流化床(CFB)燃烧技术由于在替代燃料、处理各种废弃物和保护环境三方面具有其他燃烧技术无可比拟的优势,受到各国的大量关注。传统循环流化床采用的是工业化程度最高的洁净煤燃烧技术,且采用流态化燃烧,主要结构包括燃烧室(包括密相区和稀相区)和循环回炉(包括高温气固分离器和返料系统)两大部分。

　　如图 12.9 所示,为传统循环流化床锅炉燃烧系统。该系统主要由燃烧室(炉膛)、布风板、飞灰分离收集装置、料腿及飞灰回送器等组成。燃烧室又分成密相区(主燃烧区)和稀相区(悬浮区或辅燃烧区)两部分。前部及后部两个竖井组成其燃烧系统。前部竖井为总吊结构,四周布置膜式水冷壁,自下而上,依次为一次风室、密相区、稀相区;后部竖井为支撑结构,一般无水冷壁布置,自上而下,旋风除尘器的旋风子通过底部竖管与密封料腿及回料器连接。在密相区及除尘器内部表面通常都设有绝热防磨内衬。

在运行的过程中,通过传送带、埋刮板或螺旋等输送装置将符合粒度要求的粉煤送入炉内,与高温炉料混合,完成脱水、干馏及燃烧等过程。从风室进入的高压一次风作为动力,使得全部炉料达到流化状,该高压一次风也是主燃区的助燃风;二次风为稀相区的助燃风,也即燃尽风。出稀相区的烟气夹带颗粒进入高温旋风分离器,分离器底部收集的未燃尽颗粒(含颗

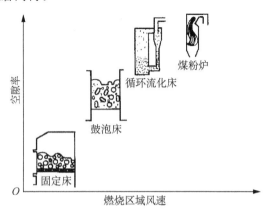

图 12.9　传统循环流化床锅炉燃烧系统图

粒灰)通过密封料腿及回送器重新返回密相区。为了维持床层稳定,运行过程中所产生的多余大颗粒高温灰渣,采用干式方法从燃烧室底部间歇性或连续性排出。

　　传统循环流化床锅炉具有燃料利用高、燃料适应性广、负荷调节范围大和速度快、排放污染物少的技术特点。传统循环流化床锅炉明显地提升了燃料的利用效率,这是因为传统循环流化床锅炉在燃料燃烧的过程之中,能够达到很好的气固混合的效果,其燃烧的速率也会非常高,也就能够做到对飞灰进行二次循环燃烧,实现了最大的资源利用率,对煤炭的损耗量比较少。传统循环流化床锅炉能够适应多种类型的燃料,因为在传统循环流化床锅炉之中,做到了将燃料和不可燃固体颗粒进行一个良好的融合,灰渣将燃料进行充分的加热直至达到着火点进行燃烧,燃烧的燃料又能够释放出热量,促进床体能够保持在一定的温度水平。所以传统循环流化床锅炉能够将燃料利用率提升至最大水平,并且具有很强的适应性,可以用烟煤、贫煤、褐煤、无烟煤、煤矸石和煤泥等作为原料。传统

循环流化床锅炉的操作简洁而高效,工作人员只需要调节煤炭以及空气、物料的供给量,以此来达到调节负荷的作用,并且调节的效率高,范围也更为广泛。传统循环流化床锅炉运用一级飞灰分离循环燃烧技术来减少有害气体和其他污染气体的排放量,相对来说对环境比较友好。

传统循环流化床锅炉采用的是近年来迅速发展的高效低污染的燃烧技术。同参数传统循环流化床锅炉和煤粉炉对比如表 12.7 所示,具有较好的燃料适应性等众多优势,显示出传统循环流化床锅炉的独特优势。

表 12.7　同参数传统循环流化床锅炉和煤粉炉对比

对比项目	煤粉炉	循环流化床锅炉
改烧其他燃料	需对锅炉主体及辅机进行改造	不必改装设备,快而容易
燃烧制备系统	复杂	简单
燃料对水分限制	干燥到 1%～3%	不必干燥
炉膛结渣机会	高	无
受热面积灰	高	低
炉膛吹灰	需要	不需要
吹灰用蒸汽量	高	低
维护保养	中等	低
对流受热面烟气流速/(m/s)	最大 10～13	最大 15～16
机械设备数目	多	少

传统循环流化床锅炉现在的技术基本上可以满足当今工业生产的需要,但是相对于未来的国家经济发展需求来说还存在着一定的进步空间,对其的技术革新措施是势在必得的。因为当前的传统循环流化床锅炉本身就具有燃烧的特性,所以未来的锅炉技术不可避免地会向着超临界、大型化的方向发展。超临界锅炉的关键在于水冷壁技术,而其核心难题就是从亚临界到超临界,两者之间的水动力完全是两个概念:亚临界是一种不需要任何外力的自然循环,通过蒸汽和水的密度差异来驱动管道中的工作液来冷却管道。超临界流体是一种强迫流,通过泵来克服流体的阻力,没有热的适应性,因此热流的分配非常关键。同时,由于传统循环流化床锅炉的水冷壁采用竖直管道进行防磨,工作液的流动速度比煤粉炉要慢得多,因此不能充分利用煤粉炉的超临界技术和经验。同时,超临界 CFB 锅炉炉膛高度、床截面积、除尘器回路数目等指标都超出了现有的研究和应用范畴,需要进行进一步深入研究。

12.4.3 生物质循环流化床锅炉

随着煤炭等一次资源的逐渐减少,寻找可再生能源受到社会的广泛关注。生物质能是一种可再生能源,来源十分丰富,它是仅次于煤炭、石油和天然气而居于世界能源消费总量第四位的能源。利用循环流化床锅炉技术处理生物质能源应运而生,生物质循环流化床锅炉成为接下来的重点发展产品。

生物质与燃煤的燃烧过程基本接近,只是生物质着火更容易一些,但由于在性能指标上,如水分含量、尺寸均一性、流动性、灰分含量、灰熔点、密度及低位发热量等都存在很大差异,用设计以燃煤为原料的锅炉来烧生物质势必会使某些原来设计的系统不能满足运行的要求,如果不针对这些差异化的因素进行分析,设备优化改造及运行控制都将没有方向。

生物质跟燃煤相比:流动性差,密度和发热量均比较低,都约为煤的三分之一。因此,具有相同能量的燃料,生物质的体积是燃煤的十倍之多,对于设计的输料、给料系统来烧生物质必定需要大容量,同时也带来输料、给料系统尤其是给料口容易堵塞的问题。输料系统的改造相对独立,主要是增加皮带宽度或是皮带提速,同时涉及电机增容及料斗加大等配套改造。给料系统的改造尤其是锅炉进料口的扩大比较复杂,必须考虑进料口扩大对水冷壁让管的影响,生物质还有一个大的特点就是品种多、质量不一,水分含量差异大,这样的燃料进入锅炉,着火时间和强度都是有较大差异的,继而引起的就是燃烧工况波动性大。需要系统的进一步实时反馈与调整。在循环流化床床温的控制中,返料灰量的控制是最为有效的措施,但生物质较燃煤灰分含量低,返料灰量往往不能满足运行的需要。尤其是开炉初期,如果返料装置在停炉期间检修清理过,要建立起正常的返料灰位需要一个很漫长的过程,而此时因返料灰少使炉内温度较高,且因最低流化风量的要求使氧量偏高,NO_x 的控制是一件十分艰难的事情。

12.4.4 燃煤循环流化床锅炉到生物质燃料的改造

随着环保问题越来越被重视,一些小型的燃煤锅炉逐渐被淘汰。对于可改造锅炉可进行从燃煤到生物质燃料的转型,但是由于燃料的转换会出现除尘器蓬灰堵塞、返料中断、尾部受热面积灰严重、炉膛布风板铁钉沉积等问题。针对这些问题,可采取以下措施改造:

1. 除尘器改造

生物质燃料的灰熔点较低,在高温烟气中以熔化状态存在,容易黏附于金属管的壁面;在燃烧时容易发生结焦和聚团现象。由于锅炉生产技术的特殊性,锅炉的负荷经常会出现很大的波动,而且流化床锅炉的变载速度很慢,因此在一定的时间里,炉膛的温度很难保持在一定的范围之内,甚至超过了灰熔点,再加上飞灰的流动性,飞灰很容易在除尘器的锥段末端形成一团松散的灰块,从而导致了回料的中断。要增设一组在线自动梳理装置,从而实现循环吹扫和无尘排放。

2. 尾部受热改造

生物质锅炉尾部受热面积灰是一个比较常见的问题,加上该锅炉原来设计燃料为原煤,尾部对流管束管间节距较小,前期运行堵灰尤为严重。针对此现象,采取将管子节距拉大,在每组管束上端加装燃气脉冲吹灰器的改造方案。

3. 炉膛风板改造

建筑板材、成型颗粒等都是生物质燃料,其中必然会有钉子之类的金属,当燃料被点燃后,钉子就会堆积在挡风罩上,随着时间的推移,钉子会越来越多,最后会堵塞盖子上的孔洞,导致床料因为流化不良而结焦。对于常规的布风板结构,其排渣管不能排除质量较大的铁钉。采用新型管式布风盘结构,将一次风管分为上下两排,增大风管间的距离,使得铁钉等大颗粒残留物可以排出。

习题

1. 链条炉节能改造主要从几个方面考虑,试分别叙述。
2. 叙述生物质循环流化床锅炉的优缺点。
3. 如果锅炉运行效率 η 能从 65% 提高到 80%,可节约燃煤 18.75%,以 10 t/h 锅炉为例,燃 20 930 kJ/kg 的三类烟煤,$\eta=65\%$ 时,燃煤量为 1 723 kg/h。按每天满负荷运行 10 h 计,每吨煤按 600 元计算,一年(300 个工作日)可节约燃料费多少万元?
4. 某型号锅炉燃烧产生的烟气组分如表 12.8 所示。在标准大气压下,烟气以 5 kg/s 的速度通过冷凝式换热器时温度从 130 ℃ 降到 100 ℃,假设水蒸气有 60% 凝结成水,试计算冷凝式换热器的功率是多少(即每秒钟收集的热量)? 在标准大气压下,烟气在 130 ℃ 的比焓是 129.11 kJ/(kg·K),100 ℃ 的比焓是 98.48 kJ/(kg·K),水的汽化潜热为 2 255.2 kJ/(kg·K)。

表 12.8　湿烟气的组分　　　　单位:%

组分	CO_2	H_2O	O_2	N_2	SO_2
体积分数	11.05	12.22	3.25	73.47	0.012
质量分数	16.95	7.67	3.63	71.73	0.026

参考文献

［1］林宗虎.我国能源政策的调整对工业锅炉发展的影响［J］.工业锅炉,2002(3):4-7.

［2］天津市锅炉压力容器学会,机械工业沈阳教材编委会.工业锅炉技术管理手册［M］.沈阳:东北工学院出版社,1987.

［3］姜政华.燃精细煤工业锅炉发展动向与展望［J］.工业锅炉,2001(1):12-13.

［4］石超林.浅析流化床锅炉特点、现状及发展前景［J］.装备制造技术,2005(1):43-44.

［5］贾胜海,刘明东.DCS在锅炉控制系统的应用［J］.应用能源技术,2003(2):45-46.

［6］《热工自动化设计手册》编写组.热工自动化设计手册［M］.北京:水利电力出版社,1981.

［7］哈尔滨工业大学热能工程教研室.小型锅炉:设计与改装［M］.北京:科学出版社,1987.

［8］张庆丰,克鲁克斯.迈向环境可持续的未来:中华人民共和国国家环境分析［M］.北京:中国财政经济出版社,2012.

［9］王善武.我国锅炉行业演进与发展展望［J］.工业锅炉,2020(1):5-20.

［10］李斌,李岩,张玉斌,等.塔式太阳能辅助燃煤发电系统设计与运行特性仿真研究［J］.中国电机工程学报,2018,38(6):1729-1737.

［11］叶科尼.角管式燃氢气锅炉的开发设计［J］.工业锅炉,2016(2):19-22.

［12］李春宝.燃氢锅炉结构、运行及维护［J］.中国氯碱,2012(8):21-24.

［13］李定祥,林欣.一种新型燃气燃油锅炉节能技术:高效节能陶瓷技术［J］.工业锅炉,2018(2):47-50.

［14］赵培尧.燃煤工业锅炉节能减排的建议及措施初探［J］.中小企业管理与科技(中旬刊),2019(7):52-53.

［15］刘丁赫,冯玉鹏,孙瑞彬,等.超临界循环流化床锅炉技术发展现状与展望［J］.电站系统工程,2022,38(1):8-12.

［16］曾孝阳.燃煤循环流化床锅炉改烧生物质燃料的改造方案［J］.应用能源技术,2021(7):39-42.